高职高专土木与建筑规划教材

U0269197

房屋建筑构造
（第2版）

魏　松　刘　涛　主　编
毛风华　张华洁　副主编

清華大学出版社
北京

内 容 简 介

本书重点介绍了民用建筑的基本构件构造、工业建筑构造及建筑设计原理等内容,主要包括建筑概述、基础与地下室、墙体、楼板层与地面、楼梯、屋顶、门与窗、变形缝、民用建筑设计、工业建筑构造等。

本书针对高职高专教育的特点,根据住房和城乡建设部最新颁布的相关规范、规程和标准,结合工程实例进行编写,突出了新材料、新技术、新方法的运用。

本书可作为高等职业院校建筑工程技术专业、工程管理、工程造价、工程监理等专业的教材,也可供建筑工程技术人员学习、参考之用。

图书在版编目(CIP)数据

房屋建筑构造/魏松,刘涛主编. —2版. —北京:清华大学出版社,2018(2025.1 重印)
(高职高专土木与建筑规划教材)
ISBN 978-7-302-48848-4

Ⅰ.①房… Ⅱ.①魏… ②刘… Ⅲ.①建筑构造—高等职业教育—教材 Ⅳ.①TU22

中国版本图书馆CIP数据核字(2017)第286787号

责任编辑:桑任松
装帧设计:刘孝琼
责任校对:周剑云
责任印制:杨 艳

出版发行:清华大学出版社
　　　　　网　　址:https://www.tup.com.cn, https://www.wqxuetang.com
　　　　　地　　址:北京清华大学学研大厦A座　　　　邮　　编:100084
　　　　　社 总 机:010-83470000　　　　邮　　购:010-62786544
　　　　　投稿与读者服务:010-62776969, c-service@tup.tsinghua.edu.cn
　　　　　质量反馈:010-62772015, zhiliang@tup.tsinghua.edu.cn

印 装 者:三河市铭诚印务有限公司
经　　销:全国新华书店
开　　本:185mm×260mm　　　印　　张:20.75　　　字　　数:504千字
版　　次:2013年1月第1版　　　2018年5月第2版　　　印　　次:2025年1月第20次印刷
定　　价:56.00元

产品编号:075642-01

前　　言

为满足高职高专院校建筑工程类专业的教学需要，培养从事建筑工程施工、管理、设计等高等工程技术人才，根据土建类高职高专建筑工程技术及相关专业人才培养的要求，以建筑行业新规范、新标准为依据，在第1版的基础上与课程团队成员共同修订了本教材。

本书重点介绍了民用建筑的六个基本构件的构造、工业建筑构造及建筑设计原理等内容，教材后附有建筑设计实训任务书、指导书、评价标准及一套建筑施工图，便于师生参考。本书主要特色如下。

(1) 教材内容采用新规范、新技术，紧密结合工程实际。

(2) 利用大量的实物照片、现场施工录像、音频、视频等通过扫描二维码再次展现构件的构造，直观、真实。

(3) 附有一套完整的建筑施工图，便于学生学习。

(4) 附有课程实训环节所需要的教学文件，为教师指导学生实训提供方便。

(5) AR 建筑模型 (　互联网+　) 可 360° 展现立体效果。

(6) 在线解答学习中的任何问题，提供高效的服务，QQ：44022556。

本书适用于高职高专院校建筑工程技术专业、建筑设计技术专业、工程造价等专业的学生，也可作为本科院校土建类专业学生和土建类工程技术人员的参考用书。

本书由魏松、刘涛任主编，毛风华、张华洁任副主编。本书编写的具体分工为：魏松编写第 1、5、6、10 章、附录 1、附录 2，刘涛编写第 9 章、附录 3，毛风华编写第 2、3 章，张华洁编写第 4 章，陈晓文编写第 7、8 章，图片、音频、视频等资料由青岛理工大学李潇整理，刘志麟教授对本书的编写进行指导并提出宝贵意见。

本书在编写过程中参考和借鉴了许多国内外同类教材和文献资料，特此向有关作者致以真诚的谢意。

由于编者的水平有限，教材中难免有疏漏和不足之处，恳请读者批评指正，以便再版时修正。

编　者

建筑构造教学设计 .rar

电子教案 .zip

目　　录

试卷一 .pdf

试卷二 .pdf

试卷三 .pdf

第 1 章　建筑概述

01

【学习目标】

- 了解建筑构成的基本要素。
- 掌握建筑物的分类和等级划分。
- 掌握建筑物的构造组成部分和影响因素及设计原则。
- 了解建筑定位轴线的确定。
- 掌握建筑模数的概念并会应用。

【核心概念】

构成要素、等级划分、建筑模数、定位轴线、构造组成。

【引子】

　　建筑物是人们用泥土、砖、瓦、石材、木材(近代用钢筋混凝土、型材)等建筑材料搭建的一种供人居住和使用的物体,如住宅、桥梁、体育馆、窑洞、水塔、寺庙等。广义上来讲,园林也是建筑的一部分。有人说过:上帝一次性给出了木头、石头、泥土和茅草,其他的一切都是人类的智慧创作、劳作而成……这就是建筑。建筑是凝固的音乐,建筑是一部石头史书,让我们翻开它探寻其中的奥秘……

建筑构造是研究建筑物的构成、各组成部分的组合原理和方法的学科。建筑构造课程的主要任务是，根据建筑物的基本功能、技术经济和艺术造型要求，提供合理的构造方案，作为建筑设计的依据，在建筑设计方案和建筑初步设计的基础上，通过建筑构造设计形成完整的建筑设计。

建筑构造课程具有实践性强和综合性强的特点，其内容庞杂，涉及建筑材料、建筑物理、建筑力学、建筑结构、建筑施工以及建筑经济等方面的知识。学习建筑构造，就要理解和掌握建筑构造的原理、理论联系实践，多观察、勤思考，多接触工程实际，了解和熟悉相关课程的更多内容，使学习建筑构造课程取得事半功倍的效果。

1.1　建筑构成的基本要素

"适用、安全、经济、美观"是我国的建筑方针，这就构成建筑的三大基本要素——建筑功能、建筑技术和建筑形象。

1. 建筑功能

建筑功能，就是建造房屋的目的，是建筑物在生产和生活中的具体使用要求。建筑功能随着社会的发展而发展，从古时简单低矮的巢居到现在鳞次栉比的高层建筑，从落后的手工作坊到先进的自动化工厂，建筑功能越来越复杂多样，人类对建筑功能的要求也日益提高。

不同的功能要求需要不同的建筑类型，如生产性建筑、居住建筑、公共建筑等。

2. 建筑技术

建筑技术是建造房屋的手段，包括建筑结构、建筑材料、建筑设备、建筑施工等内容。建筑结构和建筑材料构成了建筑的骨架，建筑设备是建造房屋的技术条件，建筑施工使建造房屋的目的得以实现。随着科学技术的发展，各种新材料、新技术、新设备的出现和新施工工艺的提高，新的建筑形式不断涌现，更加满足了人们对各种不同建筑功能的要求。

3. 建筑形象

建筑形象的塑造不但要遵循美观的原则，还要根据建筑的使用功能和性质，综合考虑建筑所在的自然条件、地域文化、经济发展和建筑技术手段。影响建筑形象的因素包括建筑体量、组合形式、立面构图、细部处理、建筑装饰材料的色彩和质感、光影效果等。处理手法不同，可给人或庄重宏伟或简洁明快或轻快活泼的视觉效果，如人民大会堂、南京中山陵、鸟巢、蛋形国家大剧院等。

完美的建筑形象甚至是国家象征或历史片段的反映，如埃及金字塔、中世纪的代表建筑教堂、北京故宫建筑群、印度泰姬陵等。

在建筑的建筑功能、建筑技术、建筑形象这三个基本构成要素中，建筑功能处于主导地位，建筑技术是实现建筑目的的必要手段，建筑形象则是建筑功能、建筑技术的外在表现，常常具有主观性。因而，同样的设计要求、相同的建筑材料和结构体系，也可创造完全不同的建筑形象，产生不同的美学效果。而优秀的建筑作品是三者的辩证统一。

1.2　建筑物的分类

1.2.1　按建筑物的使用功能分

建筑物提供了人类生存和活动的各种场所，根据其使用功能，通常可分为生产性和非生产性建筑两大类。生产性建筑可以根据其生产内容划分为工业建筑、农业建筑等，非生产性建筑则可统称为民用建筑。

录音素材 /1.2.1 建筑物的分类 .mp3

1. 工业建筑

工业建筑是指为工业生产服务的生产车间、辅助车间、动力用房、仓库等建筑。

2. 农业建筑

农业建筑是指供农业、牧业生产和加工用的建筑，如温室、畜禽饲养场、水产品养殖场、农畜产品加工厂、农产品仓库、农机修理厂（站）等。

3. 民用建筑

民用建筑按使用情况可分为以下两种。

(1) 居住建筑：主要是指为家庭和集体提供生活起居用的建筑，如住宅、宿舍、公寓等。

(2) 公共建筑：主要是指为人们提供进行各种社会活动的建筑，如生活服务性建筑、科研建筑、行政办公建筑、文教建筑、托幼建筑、医疗建筑、商业建筑、体育建筑、交通建筑、通信建筑、园林建筑、纪念建筑、观演建筑、展览建筑、旅馆建筑等。

1.2.2　按建筑层数或总高度分

1. 居住建筑

1 ～ 3 层为低层建筑，4 ～ 6 层为多层建筑，7 ～ 9 层为中高层建筑，10 层及以上为高层建筑。

2. 公共建筑及综合性建筑

建筑总高度不超过24m的建筑为普通建筑，建筑总高度超过24m(不包括单层主体建筑)的建筑均为高层建筑。

3. 超高层建筑

不论居住建筑还是公共建筑，建筑高度超过100m的建筑，均为超高层建筑。

1.2.3 按建筑结构的承重方式分

1. 墙体承重

墙体承重是指由墙体承受建筑的全部荷载，并把荷载传递给基础的承重体系。这种承重体系适用于内部空间较小、建筑高度较小的建筑。

2. 框架承重

框架承重是指由钢筋混凝土梁、柱或型钢梁、柱组成框架承受建筑的全部荷载，墙体只起围护和分隔作用的承重体系。其适用于跨度大、荷载大、高度大的建筑。

3. 框架墙体承重

框架墙体承重是指建筑内部由梁、柱体系承重，四周由外墙承重。其适用于局部设有较大空间的建筑。

4. 空间结构承重

空间结构承重是指由钢筋混凝土或型钢组成空间结构承受建筑的全部荷载，如网架、悬索、壳体等。其适用于特种建筑、大空间建筑。

知识拓展

索膜结构

索膜结构是用高强度柔性薄膜材料经受其他材料的拉压作用而形成的稳定曲面，能承受一定外荷载的空间结构形式。膜结构一改传统建筑材料而使用膜材，其质量只是传统建筑的1/30。而且膜结构可以从根本上克服传统结构在大跨度（无支撑）建筑上实现时所遇到的困难，可创造巨大的无遮挡的可视空间。其特点是造型自由轻巧、阻燃、制作简易、安装快捷、节能、使用安全等，因而在世界各地受到广泛应用。另外，值得一提的是，在阳光的照射下，由膜覆盖的建筑物内部充满自然漫射光，无强反差的着光面与阴影的区分，室内的空间视觉环境开阔和谐。夜晚，建筑物内的灯光透过屋盖的膜照亮夜空，建筑物的体型显现出梦幻般的效果。这种结构形式特别适用于大型体育场馆、入口廊道、小品、公众休闲娱乐广场、展览会场、购物中心等领域。

1.2.4 按建筑结构的材料分

1. 砖混结构

砖混结构也称砌体结构，是用砖墙（柱）、钢筋混凝土楼板及屋面板作为主要承重构件的建筑，属于墙体承重结构体系。一般情况下，这种结构只适合于建造高度为多层及以下的建筑物。

2. 钢筋混凝土结构

钢筋混凝土结构是指用钢筋混凝土材料作为建筑的主要结构构件的建筑，属于框架承重结构体系。

3. 钢结构

钢结构是指主要结构构件全部采用钢材，具有自重小、强度高的特点，多属于框架承重结构体系。

4. 砖木结构

砖木结构是指墙、柱用砖砌筑，楼板、屋顶用木料制作。此类建筑在城市已很少采用，在部分农村地区仍有采用。

 知识拓展

生 土 建 筑

生土建筑是指主要用未焙烧而仅作简单加工的原状土为材料，营造主体结构的建筑。生土建筑是人类最早的建筑方式之一，现在很多地方的古文化遗址中，都有生土建筑的文物，像古长城的遗址、墓葬以及故城遗址等，都可以看到古人用生土营造建筑物的痕迹。生土建筑按材料、结构和建造工艺区分，有黄土窑洞、土坯窑洞、土坯建筑、夯土墙或草泥垛墙建筑和各种"掩土建筑"，以及夯土的大体积构筑物。按营建方式和使用功能区分，则有窑洞民居、其他生土建筑民居和以生土材料建造的公用建筑（如城垣、粮仓、堤坝等）。生土建筑可以就地取材，易于施工，造价低廉，冬暖夏凉，节省能源；它又融于自然，有利于环境保护和生态平衡。因此，这种古老的建筑类型至今仍然具有生命力。但是各类生土建筑都有开间不大，布局受限制，日照不足，通风不畅和潮湿等缺点，需要改进。例如，安陆民风民俗就是采用的生土建筑。

1.2.5 按数量和规模分

1. 大量性建筑

大量性建筑是指建筑数量较多的民用建筑，如居住建筑和居民服务的一些中小型公共建筑（中小学、住宅楼、公寓等）。

2. 大型性建筑

大型性建筑是指建造数量较少，但单栋建筑体型比较大的公共建筑，如大型体育馆、影剧院、航空站、海港、火车站等。

1.3 建筑物的等级划分

1.3.1 建筑物的耐久等级

以建筑主体结构的正常使用年限为依据分成下列四级。

一级：耐久年限为 100 年以上，适用于重要的建筑和高层建筑。

二级：耐久年限为 50 ～ 100 年，适用于一般性建筑。

三级：耐久年限为 25 ～ 50 年，适用于次要建筑。

四级：耐久年限为 15 年以下，适用于临时性建筑。

知识拓展

通常我们所居住和使用的建筑耐久年限都属于二级。

1.3.2 建筑物的耐火等级

耐火等级是依据房屋主要构件的燃烧性能和耐火极限确定的。按材料的燃烧性能把材料分为不燃材料、难燃材料、可燃材料和易燃材料。耐火极限是建筑构件对火灾的耐受能力的时间表达，指的是按时间 - 温度标准曲线，对建筑构件进行耐火试验，从受到火的作用时起，到失去稳定性、完整性或隔热性时止的这一段时间，用小时 h 表示。根据我国《建筑设计防火规范》(GB 50016—2014) 规定，民用建筑的耐火等级分为四级，如表 1-1 所示。

表 1-1 建筑物构件的燃烧性能和耐火极限（普通建筑）

名称和构件		耐火等级			
		一 级	二 级	三 级	四 级
墙	防火墙	不燃烧 3.00	不燃烧 3.00	不燃烧 3.00	不燃烧 3.00
	承重墙	不燃烧 3.00	不燃烧 2.50	不燃烧 2.00	难燃烧 0.50
	非承重外墙	不燃烧 1.00	不燃烧 1.00	不燃烧 0.50	燃烧体
	楼梯间的墙 电梯井的墙 住宅单元之间的墙 住宅分户墙	不燃烧 2.00	不燃烧 2.00	不燃烧 1.50	难燃烧 0.50

续表

名称和构件		耐火等级			
		一　级	二　级	三　级	四　级
墙	疏散走道两侧的隔墙	不燃烧 1.00	不燃烧 1.00	不燃烧 0.50	难燃烧 0.25
	房间隔墙	不燃烧 0.75	不燃烧 0.50	难燃烧 0.50	难燃烧 0.25
柱		不燃烧 3.00	不燃烧 2.50	不燃烧 2.00	难燃烧 0.50
梁		不燃烧 2.00	不燃烧 1.50	不燃烧 1.00	难燃烧 0.50
楼板		不燃烧 1.50	不燃烧 1.00	不燃烧 0.50	燃烧体
屋顶承重构件		不燃烧 1.50	不燃烧 1.00	燃烧体	燃烧体
疏散楼梯		不燃烧 1.50	不燃烧 1.00	不燃烧 0.50	燃烧体
吊顶 (包括吊顶格栅)		不燃烧 0.25	难燃烧 0.25	难燃烧 0.15	燃烧体

注：① 除规范另有规定者外，以木柱承重且以不燃烧材料作为墙体的建筑物，其耐火等级应按四级确定。

　　② 二级耐火等级建筑的吊顶采用不燃烧体时，其耐火极限不限。

　　③ 在二级耐火等级的建筑中，面积不超过 100m² 的房间隔墙，如执行本表的规定确有困难时，可采用耐火极限不低于 0.3h 的不燃烧体。

　　④ 一、二级耐火等级建筑疏散走道两侧的隔墙，按本表规定执行确有困难时，可采用 0.75h 不燃烧体。

　　建筑物类型、耐久等级和耐火等级的不同，都直接影响和决定着建筑构造方式的不同。例如，当建筑物的用途、高度和层数不同时，建筑物就会采用不同的结构体系和结构材料，建筑物的抗震构造措施也会有明显的不同。因此，建筑物的分类和分级及其相应的标准，是建筑设计从方案构思直至构造设计整个过程中非常重要的设计依据。

1.4　建筑标准化和建筑模数

1.4.1　建筑标准化

　　建筑业是国民经济的支柱产业，为了适应市场经济发展的需要，使建筑业朝着工业化方向发展，必须实行建筑标准化。

　　建筑标准化的内容包括两个方面：一方面是建筑设计的标准问题，包括各种建筑法规、建筑设计规范、建筑制图标准、定额与技术经济指标等；另一方面是建筑的标准设计，包括国家或地方设计、施工部门所编制的构配件图集，整个房屋的标准设计图等。

1.4.2　建筑模数

　　建筑模数是选定的标准尺寸单位，作为尺度协调中的增值单位，也是建筑设计、建筑施工、建筑材料与制品、建筑设备、建筑组合件等各部门进行尺度协调的基础。

1. 基本模数

基本模数是模数协调中选用的基本尺寸单位,其数值定为100mm,符号为M,即1M=100mm。整个建筑物及其部分或建筑物组合构件的模数化尺寸,应为基本模数的倍数。

2. 扩大模数

扩大模数是基本模数的整倍数。扩大模数的基数应符合下列规定。

(1) 水平扩大模数的基数为3M、6M、12M、15M、30M、60M 6个,其相应的尺寸分别为300mm、600mm、1200mm、1500mm、3000mm、6000mm。

(2) 竖向扩大模数的基数为3M和6M,其相应的尺寸分别为300mm和600mm。

3. 分模数

分模数是基本模数的分数值,其基数为1/10M、1/5M、1/2M 3个,其相应的尺寸分别为10mm、20mm、50mm。

4. 模数数列

录音素材/1.4.2 模数数列的应用.mp3

模数数列是指以基本模数、扩大模数、分模数为基础扩展成的一系列尺寸,它可以保证不同建筑及其组成部分之间尺度的统一协调,有效地减少建筑尺寸的种类,并确保尺寸具有合理的灵活性。模数数列根据建筑空间的具体情况有各自的使用范围,建筑物的所有尺寸除特殊情况之外,均应满足模数数列的要求。表 1-2 所示为我国现行的模数数列。

表 1-2　模数数列

基本模数	扩 大 模 数						分　模　数		
1M	3M	6M	12M	15M	30M	60M	1/10M	1/5M	1/2M
100	300	600	1200	1500	3000		10	20	50
100	300						10		
200	600	600					20	20	
300	900						30		
400	1200	1200	1200				40	40	
500	1500	1800		1500			50		50
600	1800	2400					60	60	
700	2100	3000					70		
800	2400	3600	2400				80	80	
900	2700	4200					90		
1000	3000	4800		3000	3000		100	100	100
1100	3300	5400					110		

续表

基本模数	扩大模数						分模数		
1M	3M	6M	12M	15M	30M	60M	1/10M	1/5M	1/2M
1200	3600	6000	3600				120	120	
1300	3900	6600					130		
1400	4200	7200					140	140	
1500	4500	7800		4500			150		150
1600	4800	8400	4800				160	160	
1700	5100	9000					170		
1800	5400	9600					180	180	
1900	5700						190		
2000	6000		6000	6000	6000		200	200	200
2100	6300								
2200	6600							220	
2300	6900								
2400	7200		7200					240	
2500	7500					12 000			
2600									250
2700			8400			18 000		260	
2800									
2900			9600	7500		24 000		280	
3000									
3100								300	300
3200			10 800			30 000		320	
3300			12 000	9000	9000			340	
3400						36 000			
3500									350
3600				10 500				360	
								380	
				12 000	12 000			400	400
					15 000				450
					18 000				500
					21 000				550
					24 000				600
					27 000				650
					30 000				700
					33 000				750
					36 000				800
									850
									900
									950
									1000

1.4.3 建筑构件的尺寸

为了保证建筑制品、构配件等有关尺寸间的统一与协调，建筑模数协调尺寸分为标志尺寸、构造尺寸和实际尺寸，有些情况下还会运用到技术尺寸。

标志尺寸——应符合模数数列的规定，用以标注建筑物定位轴线之间的距离（如跨度、柱距、层高等），以及建筑制品、构配件、有关设备位置界限之间的尺寸。

构造尺寸——建筑制品、构配件等生产的设计尺寸。一般情况构造尺寸加上缝隙尺寸等于标志尺寸，缝隙尺寸的大小应符合模数数列的规定。标志尺寸与构造尺寸的关系如图1-1所示。

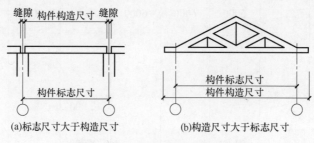

(a)标志尺寸大于构造尺寸　　　　(b)构造尺寸大于标志尺寸

图1-1　标志尺寸与构造尺寸的关系

实际尺寸——建筑制品、构配件等生产制作后的实有尺寸。实际尺寸与构造尺寸之间的差数，应符合允许偏差值。

技术尺寸——建筑功能、工艺技术和结构条件在经济上处于最优状态下所允许采用的最小尺寸数值。

1.5　定位轴线

定位轴线是确定建筑物承重构件位置的基准线。它是建筑设计、施工放线的重要依据。

录音素材/1.5
定位轴线
.mp3

1.5.1 砖墙的平面定位轴线

1. 承重外墙的平面定位轴线

以顶层砖墙内缘为准，承重外墙的平面定位轴线与外墙内缘的距离为半砖(120mm)或半砖的倍数(240mm等)，如图1-2所示。

2. 承重内墙的平面定位轴线

承重内墙的平面定位轴线与顶层砖墙中心线重合，如图1-3所示。

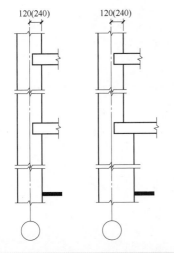

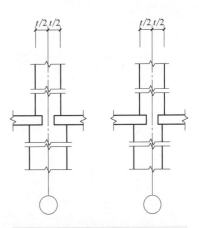

图 1-2　承重外墙的平面定位轴线 /mm　　　　**图 1-3　承重内墙的平面定位轴线**

1.5.2　框架柱的平面定位轴线

　　框架柱的中心线一般与平面定位轴线重合。边柱的定位轴线也可以位于柱的外边缘，如图 1-4 所示。

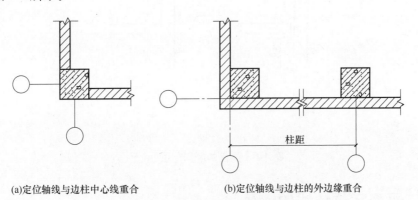

(a)定位轴线与边柱中心线重合　　　　　　(b)定位轴线与边柱的外边缘重合

图 1-4　框架柱的平面定位轴线

1.5.3　建筑的竖向定位

　　在建筑图中的楼层标高是定位在楼 (地) 面的面层的上皮，称为建筑标高，应符合 1M 的倍数，如图 1-5 所示。在结构图中的楼 (地) 层标高定位在楼板的结构层上皮，称为结构标高。一般情况下建筑标高减去楼 (地) 面的面层构造厚度等于结构标高。

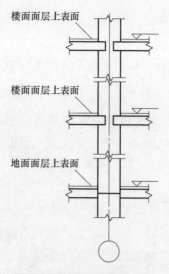

图 1-5　楼地面的竖向定位

屋顶的竖向定位，建筑标高和结构标高都是定在墙或柱内缘与屋面板的上皮相交处，如图 1-6 所示。

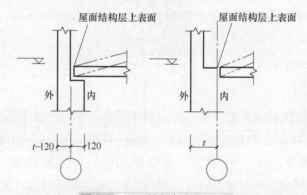

图 1-6　屋面的竖向定位 /mm

1.5.4　平面定位轴线的编号

定位轴线是确定主要结构或构件位置及标志尺寸的基线，用于平面时称为平面定位轴线。平面定位轴线之间的距离一般应符合 3M 的倍数。

在建筑平面图上，平面定位轴线按纵、横两个方向分别编号，横向定位轴线应用阿拉伯数字，从左至右顺序编号，横向定位轴线之间的距离称为开间。纵向定位轴线应用大写拉丁字母，从下至上顺序编号。大写拉丁字母 I、Z、O 不能使用，避免与数字 1、2、0 混淆。纵向定位轴线之间的距离称为进深，如图 1-7 所示。

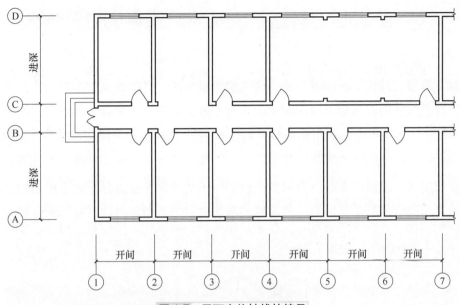

图 1-7　平面定位轴线的编号

当建筑平面图比较复杂时，定位轴线也可以采用分区编号。编号的注写方式为"分区号 - 轴线号"，如图 1-8 所示。

在建筑平面图中，次要的建筑构件也可以采用附加轴线进行编号。例如，1/3 表示 3 号轴线之后的第一根附加轴线，2/C 表示 C 号轴线之后的第二根附加轴线，1/01 表示 1 号轴线之前的第一根附加轴线，1/0A 表示 A 号轴线之前的第一根附加轴线。

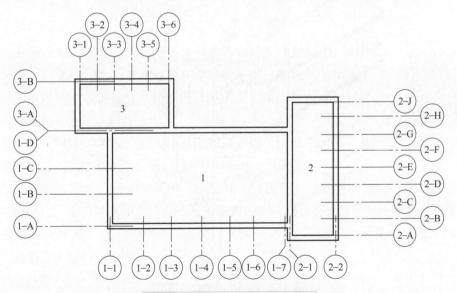

图 1-8　平面定位轴线的分区编号

1.6　建筑物的构造组成及影响因素和设计原则

1.6.1　建筑物的构造组成

　　针对建筑物的承载和围护两大基本功能，建筑物由建筑承载系统和建筑围护系统两部分组成。建筑承载系统是由基础、墙体（柱）、楼地层、屋顶、楼梯等组成的一个空间整体结构，用以承受作用在建筑物上的全部荷载，满足承载功能。建筑围护系统则主要通过各种非结构的构造做法以及门窗的设置等形成一个有机的整体，用以承受各种自然气候条件和各种人为因素的作用，满足保温、隔热、防水、防潮、隔声、防火等围护功能。各种民用建筑，一般都是由基础、墙或柱、楼地层、屋顶、楼电梯、门窗等几大部分组成，如图 1-9 所示。

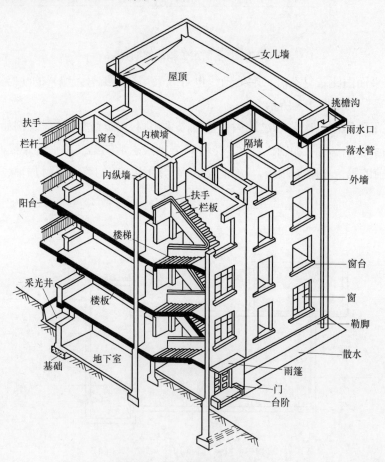

图 1-9　民用建筑的构造组成

　　(1) 基础：基础是建筑物的垂直承重构件，承受上部传来的所有荷载及自重，并把这些荷载传给下面的土层（该土层称为地基）。其构造要求是坚固、稳定、耐久，能经受冰冻、地下水及所含化学物质的侵蚀，保持足够的使用年限。基础的大小、形式取决于荷载大小、土壤性能、材料性质和承重方式。

(2) 墙或柱：墙或柱是建筑物的竖向承重构件，它承受着由屋盖和各楼层传来的各种荷载，并把这些荷载可靠地传给基础。其设计要求是必须满足强度和刚度要求。作为墙体，外墙有围护的功能，抵御风霜雪雨及寒暑、太阳辐射热对室内的影响；内墙有分隔房间的作用，同时对墙体还有保温、隔热、隔声等作用。

(3) 楼地层：分为楼层和地层。楼层直接承受着各楼层上的家具、设备及人体自重和楼层自重，对墙或柱有水平支撑的作用，传递着风、地震等侧向水平荷载，并把上述各种荷载传递给墙或柱。对楼层的要求是要有足够的强度和刚度，以及良好的隔声、耐磨性能。由于地层接近土壤，对地层的要求是坚固、耐磨、防潮和保温性能。

(4) 屋顶：屋顶既是承重构件又是围护构件。作为承重构件，和楼层相似，承受着直接作用于屋顶的各种荷载，并把承受的各种荷载传给墙或柱。作为围护构件，用以抵御风霜雪雨及寒暑和太阳辐射热。

(5) 楼电梯：楼电梯是多层建筑的垂直交通工具。对楼电梯的基本要求是有足够的通行能力，以及满足人们在平时和紧急状态时的通行与疏散，并符合坚固、稳定、耐磨、安全等要求。

(6) 门窗：门与窗属于围护构件，都有采光通风的作用。门的基本功能还包括保持建筑物内部与外部或各内部空间的联系与分隔。对门窗的要求有保温、隔热、隔声、防风沙等。

1.6.2 建筑物构造的影响因素

所有的建筑物都有明确的使用意图，存在于自然界之中，自始至终都经受着来自于人为和自然的各种影响。如果对这些影响因素没有充分考虑，就难以保证建筑物的正常使用。这些影响大致可归纳为四个方面。

1. 自然环境的影响

自然界的风霜雨雪、冷热寒暖、太阳辐射、大气腐蚀等都时时作用于建筑物，对建筑物的使用质量和使用寿命有着直接的影响。不同的地域有着不同的自然环境特点，在构造设计时常采取相应的防水、防冻、保温、隔热、防风、防雨雪、防潮湿、防腐蚀等措施。有时也可将一些自然特点加以利用，如北方利用太阳辐射热可提高室内温度，利用自然通风改善室内空气质量。

2. 外力的影响

外力的形式多种多样，如风力、地震力、构配件的自重力、温度变化、热胀冷缩产生的内应力以及正常使用中人群、家具设备作用于建筑物上的各种力等。在构造设计时，必须考虑这些力的作用形式、作用位置和力的大小，以便决定构件的用材用料、尺寸形状及连接方式。

3. 人为因素的影响

人们在生产生活中，常伴随着产生一些不利于环境的负效应，诸如噪声、机械振动、化学腐蚀、烟尘，有时还有可能产生火灾等，对这些因素，设计时要认真分析，采取相应的防范措施。

4. 技术经济条件的影响

建筑构造措施的具体实施，必将受到材料、设备、施工方法、经济效益等条件的制约。同一建筑环节可能有不同的构造设计方案，设计时应对这些方案综合比较。例如，哪个能充分满足功能要求，哪个在现有技术条件下更便于实施，哪个能获得最好的经济效益等，尽可能降低材料消耗、能源消耗和劳动力消耗。

1.6.3 建筑构造的设计原则

在建筑构造设计过程中，应遵守以下基本原则。

1. 满足使用要求

建筑构造设计必须最大限度地满足建筑物的使用功能，这也是整个设计的根本目的。综合分析诸多因素，设法消除或减少来自各方面的不利影响，以保证使用方便、耐久性好。

2. 确保结构安全可靠

房屋设计时，不仅要对其进行必要的结构计算，在构造设计时，还要认真分析荷载的性质、大小，合理确定构件尺寸，确保强度和刚度，并保证构件间连接可靠。

3. 适应建筑工程的需要

建筑构造应尽量采用标准化设计，采用定型通用构配件，以提高构配件间的通用性和互换性，为构配件生产工业化、施工机械化提供条件。

4. 执行行业政策和技术规范，注意环保，经济合理

建设政策是建筑业的指导方针，技术规范常常是知识和经验的结晶。从事建筑设计的人员应时常了解这些政策、法规，对强制执行的标准，不得折扣。另外，从材料选择到施工方法都必须注意保护环境，降低消耗，节约投资。

5. 注意美观

有时一些细部构造直接影响着建筑物的美观效果，所以构造方案应符合人们的审美观念。

综上所述，建筑构造设计的总原则应是：坚固适用、先进合理、经济美观。

 知识拓展

常用建筑名词

(1) 建筑物：直接供人们生活、生产服务的房屋，如教学楼、公寓、医院等。

(2) 构筑物：间接为人们生活、生产服务的设施，如水塔、烟囱、桥梁等。

(3) 地貌：地面上自然起伏的状况。

(4) 地物：地面上的建筑物、构筑物、河流、森林、道路等。

(5) 地形：地球表面上地物和地貌的总称。

(6) 地坪：多指室外自然地面。

(7) 横向：建筑物的宽度方向。

(8) 纵向：建筑物的长度方向。

(9) 横向轴线：平行于建筑物宽度方向设置的轴线。

(10) 纵向轴线：平行于建筑物长度方向设置的轴线。

(11) 开间：一间房屋的面宽，即两条横向轴线之间的距离。

(12) 进深：一间房屋的深度，即两条纵向轴线之间的距离。

(13) 层高：指本层楼（地）面到上一层楼面的高度。

(14) 净高：房间内楼（地）面到顶棚或其他构件的高度。

(15) 建筑总高度：指室外地坪至檐口顶部的总高度。

(16) 建筑面积：指建筑物各层面积的总和，一般指建筑物的总长 × 总宽 × 层数。

(17) 结构面积：建筑各层平面中结构所占的面积总和，如墙、柱等结构所占的面积。

(18) 有效面积：建筑平面中可供使用的面积，即建筑面积减去结构面积。

(19) 交通面积：建筑中各层之间、楼层之间和房屋内外之间联系通行的面积，如走廊、门厅、过厅、楼梯、坡道、电梯、自动扶梯等所占的面积。

(20) 使用面积：建筑有效面积减去交通面积。

(21) 使用面积系数：使用面积所占建筑面积的百分比。

(22) 有效面积系数：有效面积所占建筑面积的百分比。

(23) 红线：规划部门批给建设单位的占地面积，一般用红笔圈在图纸上，具有法律效力。

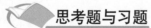 思考题与习题

习题库

一、单选题

1. 某建筑公司承建一工程主体部分，已知受力部分是由钢筋混凝土或型钢组成空间结构承受建筑的全部荷载，则该建筑物的结构承重方式属于(　　)。

　　A. 框架 - 墙体承重　　　B. 空间结构承重　　　C. 框架承重　　　D. 墙体承重

2. 某建筑公司承建一住宅楼，已知该住宅楼层数为 9 层，那么该住宅属于(　　)。

　　A. 多层住宅　　　　　　B. 高层住宅　　　　　　C. 中高层住宅　　D. 低层住宅

3. 人民大会堂是世界上最大的会堂式建筑，那么如果按建筑物的耐久等级来分，属于（　　）。

    A. 一级   B. 二级   C. 三级   D. 四级

4. 已知一房间隔墙材料为砖砌，在受到火的作用时可以承受 0.5h，那么该隔墙防火等级属于（　　）。

    A. 一级   B. 二级   C. 三级   D. 四级

5. 已知某工程为 13 层的住宅，那么按工程等级来分，其属于（　　）。

    A. 一级建筑   B. 四级建筑   C. 三级建筑   D. 二级建筑

二、多选题

1. 在下列建筑中属于民用建筑的是（　　）。

    A. 医院   B. 水塔   C. 鸟巢   D. 博物馆

2. 建筑模数是作为尺度协调中的增值单位，也是建筑设计、建筑施工、建筑材料与制品、建筑设备、建筑组合件等各部门进行尺度协调的基础，下列数值符合模数的是（　　）。

    A. 3000   B. 115   C. 10   D. 100

三、简答题

1. 构件耐火极限的含义是什么？耐火等级如何划分？

2. 模数协调的意义是什么？

四、案例题

某建筑公司于 2009 年某月承建一园区建设，该小区住宅楼 10 栋，其中 4 栋 9 层、6 栋 6 层，为框架承重结构体系，试回答以下问题。

(1) 按规模和数量，该小区属于哪类建筑？

(2) 按高度及层数，该小区分为哪几种建筑？

(3) 试述框架结构的特点。

(4) 试述民用建筑的组成部分及各部分的作用。

习题答案

第 2 章　基础与地下室

02

【学习目标】

- 掌握地基、基础、埋置深度的基本概念。
- 掌握基础的分类。
- 掌握基础的构造。
- 掌握地下室防潮及防水构造。

【核心概念】

地基、基础、埋置深度、地下室。

【引子】

　　中国在建筑物的基础建造方面有悠久的历史。从陕西半坡村新石器时代的遗址中发掘出的木柱下已有掺陶片的夯土基础；陕县庙底沟的屋柱下也有用扁平的砾石做的基础；洛阳王湾墙基的沟槽内则填红烧土碎块或铺一层平整的大块砾石。到战国时期，已有块石基础。到北宋元丰年间，基础类型已发展到木桩基础、木筏基础及复杂地基上的桥梁基础、堤坝基础，使基础类型日臻完善。

2.1 地基与基础概述

2.1.1 地基与基础的概念

地基是基础底面以下，受到荷载作用范围内的部分岩、土体。也就是说，地基不是建筑物的组成部分。地基承受建筑物荷载而产生的应力和应变随着土层深度的增加而减小，在达到一定深度后便可忽略不计。直接承受建筑物荷载而需要进行压力计算的土层为持力层，持力层以下的土层为下卧层，如图2-1所示。

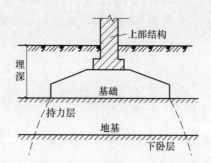

图2-1 地基与基础的构造

建筑物最下面的部分，与土层直接接触的部分称为基础。也就是说，基础是建筑物的组成部分。它承受建筑物上部结构传下来的全部荷载，并把这些荷载连同自重一起传到地基上。

基础承受建筑物的全部荷载，并将荷载传给下面的地基，因此要求地基具有足够的承载能力。每平方米地基所能承受的最大垂直压力称为地基承载力。在进行结构设计时，必须计算基础下面的地基承载能力，只有基础底面受到的平均压力不超过地基承载力才能确保建筑物安全稳定。以f表示地基容许承载力，N代表上部结构传至基础的总荷载，G代表基础自重和基础上的土重，A代表基础的底面积，则$f \geqslant N+G/A$。

知识拓展

区分地基与基础的不同：基础是建筑物的组成部分，而地基是承受建筑物的土层，不是建筑物的组成部分。

2.1.2 地基的分类

按土层性质不同，地基可分为天然地基和人工地基。

天然地基是指在天然状态下即可满足承载力要求，不需人工处理，可直接在上面建造房屋的地基，如岩石、碎石土、砂土、粉土、黏性土等，一般均可作为天然地基。

人工地基是指经人工处理的地基。人工地基的常见处理方法有换土垫层法、预压法、强夯法、振冲法、混凝土搅拌法、水泥粉煤灰碎石桩法、砂石桩法、化学加固法等，常用的有压实法、换土垫层法以及打桩法。压实法是指利用人工方法挤压土壤，排走土中的空气，从而提高地基的强度，降低其透水性和压缩性，如重锤夯实法、机械碾压法等。换土垫层法是指将地基中的软弱土全部或部分挖除，换以承载力高的好土，如采用砂石、灰土、工业废渣等强度较高的材料置换软弱土层。打桩法是指将钢筋混凝土桩与桩间土一起组成复合地基，或钢筋混凝土桩穿过软弱土层直接支撑在坚硬的岩层上。

 知识拓展

地基处理方法及应用范围

1. 换土垫层法

（1）垫层法：其基本原理是挖除浅层软弱土或不良土，分层碾压或夯实土，按回填的材料可分为砂（或砂石）垫层、碎石垫层、粉煤灰垫层、干渣垫层、土（灰土、二灰）垫层等。干渣分为分级干渣、混合干渣和原状干渣，粉煤灰分为湿排灰和调湿灰。换土垫层法可提高持力层的承载力，减少沉降量；常用机械碾压、平板振动和重锤夯实进行施工。该法常用于基坑面积宽大和开挖土方量较大的回填土方工程，一般适用于处理浅层软弱土层（淤泥质土、松散素填土、杂填土、浜填土以及已完成自重固结的冲填土等）与低洼区域的填筑。一般处理深度为 2～3m。其适用于处理浅层非饱和软弱土层、素填土和杂填土等。

（2）强夯挤淤法：采用边强夯边填碎石边挤淤的方法，在地基中形成碎石墩体。可提高地基承载力和减小变形。其适用于厚度较小的淤泥和淤泥质土地基，需要通过现场试验才能确定其适应性。

2. 振密、挤密法

振密、挤密法的原理是采用一定的手段，通过振动、挤压使地基土体孔隙比减小，强度提高，达到地基处理的目的。软土地基中常用强夯法。

强夯法：利用强大的夯击能，迫使深层土液化和动力固结，使土体密实，用以提高地基土的强度并降低其压缩性。

3. 排水固结法

其基本原理是软土地基在附加荷载的作用下，逐渐排出孔隙水，使孔隙比减小，产生固结变形。在这个过程中，随着土体超静孔隙水压力的逐渐消散，土的有效应力增加，地基抗剪强度相应增加，并使沉降提前完成或提高沉降速率。

排水固结法主要由排水和加压两个系统组成。排水可以利用天然土层本身的透水性，尤其是上海地区多夹砂薄层的特点，也可设置砂井、袋装砂井和塑料排水板之类的竖向排水体。加压主要包括地面堆载法、真空预压法和井点降水法。为加固软弱的黏土，在一定条件下，采用电渗排水井点也是合理而有效的。

(1) 堆载预压法：在建造建筑物以前，通过临时堆填土石等方法对地基加载预压，达到预先完成部分或大部分地基沉降，并通过地基土固结提高地基承载力，然后撤除荷载，再建造建筑物。

临时的预压堆载一般等于建筑物的荷载，但为了减少由于次固结而产生的沉降，预压荷载也可大于建筑物荷载，称为超载预压。为了加速堆载预压地基固结速度，常可与砂井法或塑料排水带法等同时应用。如黏土层较薄，透水性较好，也可单独采用堆载预压法。其一般适用于软黏土地基。

(2) 砂井法（包括袋装砂井、塑料排水带等）：在软黏土地基中，设置一系列砂井，在砂井之上铺设砂垫层或砂沟，人为地增加土层固结排水通道，缩短排水距离，从而加速固结，并加速强度增长。砂井法通常辅以堆载预压，称为砂井堆载预压法。其适用于透水性低的软弱黏性土，但对于泥炭土等有机质沉积物不适合用。

(3) 真空预压法：在黏土层上铺设砂垫层，然后用薄膜密封砂垫层，用真空泵对砂垫层及砂井抽气，使地下水位降低，同时在大气压力作用下加速地基固结。其适用于能在加固区形成（包括采取措施后形成）稳定负压边界条件的软土地基。

(4) 降低地下水位法：通过降低地下水位使土体中的孔隙水压力减小，从而增大有效应力，促进地基固结。其适用于地下水位接近地面而开挖深度不大的工程，特别适用于饱和粉、细砂地基。

(5) 电渗排水法：在土中插入金属电极并通以直流电，由于直流电场的作用，土中的水从阳极流向阴极，然后将水从阴极排除，而不让水在阳极附近补充，借助电渗作用可逐渐排除土中水。在工程上常利用它降低黏性土中的含水量或降低地下水位来提高地基承载力或边坡的稳定性。其适用于饱和软黏土地基。

2.1.3 地基的设计要求

1. 承载力要求

地基的承载力应足以承受基础传来的压力，所以建筑物尽量选择承载力较高的地段。

2. 变形要求

地基的沉降量和沉降差需保证在允许的沉降范围内。建筑物的荷载通过基础传给地基，地基因此产生变形，出现沉降。若沉降量过大，会造成整个建筑物下沉过多，影响建筑物的正常使用；若沉降不均匀，沉降差过大，会引起墙体开裂、倾斜甚至破坏。

3. 稳定性要求

稳定性要求即要求地基有防止产生滑坡、倾斜的能力。

2.1.4　基础的设计要求

1. 强度、稳定性和均匀沉降要求

基础是建筑物的重要构件，它承受着建筑物上部结构的全部荷载，是建筑物安全的重要保证。因此，基础必须具有足够的强度，才能保证将建筑物的荷载可靠地传给地基；要具有良好的稳定性，以保证建筑物均匀沉降，限制地基变形在允许范围内。

2. 耐久性要求

基础是埋在地下的隐蔽工程，在土中受潮而且建成后检查、维修、加固困难，所以在选择基础的材料与构造形式时应该考虑其耐久性，使其与上部结构的使用年限相适应。

3. 经济要求

基础工程占工程总造价的 10% ～ 40%，基础的设计要在坚固耐久、技术合理的前提下，尽量选用地方材料以及合理的结构形式，以降低整个工程的造价。

2.2　基础的类型与构造

2.2.1　基础埋深

1. 基础埋深的概念

室外设计地坪到基础底面的垂直深度为基础的埋置深度，简称基础埋深。室外地坪分为自然地坪和设计地坪。自然地坪是指施工地段的原有地坪，设计地坪是指按设计要求工程竣工后室外地段经垫起或开挖后的地坪。

录音素材 /2.2.1 基础
的埋置深度 .mp3

基础按其埋深的不同可分为浅基础和深基础。一般情况下，基础埋深不超过 5m 时称为浅基础，超过 5m 时称为深基础。

单从经济方面看，基础埋深越小，工程造价越低，但如果基础没有足够的土层包围，基础底面的土层受到压力后会把基础四周的土挤出，基础将产生滑移而失去稳定，同时基础埋置过浅，易受到外界的影响而损坏，所以基础的埋置深度一般不应小于 0.5m，如图 2-2 所示。

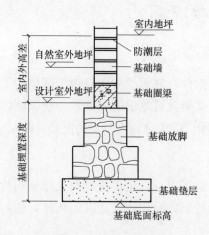

图2-2　基础埋置深度

2. 基础埋深的影响因素

(1) 建筑物的使用性质：应根据建筑物的大小、特点、刚度与地基的特性区别对待，高层建筑筏形和箱形基础的埋置深度应满足地基承载力、变形和稳定性要求。在抗震设防区，除岩石地基外，天然地基上的箱形和筏形基础其埋置深度不宜小于建筑物高度的1/15；桩箱或桩筏基础的埋置深度（不计桩长）不宜小于建筑物高度的1/18。位于岩石地基上的高层建筑，其基础埋深应满足抗滑稳定性要求。

(2) 地基土质条件：地基土质的好坏直接影响基础的埋深。土质好、承载力高的土层，基础可以浅埋，相反则深埋。如果地基土层均匀，为承载力较好的坚实土层，则应尽量浅埋，但应大于0.5m，如图2-3所示；如果地基土层不均匀，既有承载力较好的坚实土层，又有承载力较差的软弱土层，且坚实土层离地面近(距地面小于2m)，土方开挖量不大，可挖除软弱土层，将基础埋置在坚实土层上；若坚实土层很深(距地面大于5m)，可作地基加固处理；当地基土由坚实土层和软弱土层交替组成，建筑总荷载又较大时，可用桩基础，具体深度应作技术性比较后确定。

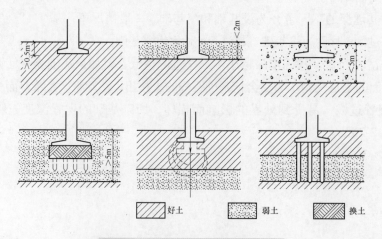

图2-3　地基土层对基础埋深的影响

(3) 地下水位的影响：地基土含水量的大小对承载力影响很大，所以地下水位高低直接影响地基承载力。例如，黏性土遇水后，因含水量增加，体积膨胀，使土的承载力下降。含有侵蚀性物质的地下水，对基础将产生腐蚀。因此，房屋的基础应争取埋置在地下水位以上。

4D 微课素材 / 基础与地下室 / 地下水位对基础埋深的影响 .mp4

当地下水位较高，基础不能埋置在地下水位以上时，应将基础底面埋置在最低地下水位 200mm 以下，不应使基础底面处于地下水位变化的范围之内。

(4) 土的冻结深度的影响：土的冻结深度主要是由当地的气候决定的。由于各地区的气温不同，冻结深度也不同。严寒地区冻结深度很大，如哈尔滨可达 2 ～ 2.2m，温暖和炎热地区冻结深度则很小，甚至不冻结，如上海仅为 0.12 ～ 0.2m。

4D 微课素材 / 基础与地下室 / 冰冻深度对基础埋深的影响 .mp4

地面以下冻结土和非冻结土的分界线称为冰冻线，冰冻线的深度为冰冻深度。土的冻结是由土中水分冻结造成的，水分冻结成冰体积膨胀。当房屋的地基为冻胀性土时，由于冻结体积膨胀产生的冻胀力会将基础向上拱起，解冻后冻胀力消失，房屋又将下沉，冻结和融化是不均匀的。房屋各部分受力不均匀会产生变形和破坏，因此建筑物基础应埋置在冰冻线以下 200mm 处，如图 2-4 所示。

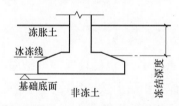

图 2-4　冻结深度对基础埋深的影响

(5) 相邻建筑物基础埋深的影响：在原有建筑物附近建造房屋时，应考虑新建房屋荷载对原有建筑物基础的影响。一般情况下，新建建筑物基础埋深不宜大于相邻原有建筑物基础的埋深。当新建建筑物基础的埋深必须大于原有房屋时，基础间的净距应根据荷载大小和性质等确定，一般为 $L=(1\sim2)H$，如图 2-5 所示。

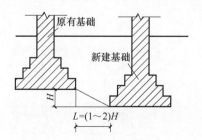

图 2-5　相邻基础埋深的影响

2.2.2 基础的类型

按所用材料及受力特点分类砖基础.ppt

建筑物的基础可按不同的方法进行分类。

1. 按所用材料及受力特点分类

建筑物的基础按所用材料及受力特点可分为刚性基础（砖基础、毛石基础、灰土及三合土基础、混凝土及毛石混凝土基础）、柔性基础（钢筋混凝土基础）等。

1) 刚性基础

刚性基础是指由砖、毛石、素混凝土、灰土等刚性材料制作的基础。这种基础抗压强度高，而抗拉、抗剪强度低。

(1) 砖基础：常砌成台阶形，一般是二皮一收砌筑或二一间隔砌筑，如图2-6所示。

(2) 毛石基础：常砌成阶梯形，每阶伸出的长度不宜大于200mm，毛石基础台阶的高度和基础墙的宽不宜小于400mm，如图2-7所示。

4D微课素材/基础与地下室/基础的类型-砖基础.mp4

4D微课素材/基础与地下室/基础的类型-毛石基础.mp4

4D微课素材/基础与地下室/基础的类型-灰土基础.mp4

(3) 灰土及三合土基础：用于地下水位较低、冻结深度较浅的南方4层以下民用建筑。灰土基础是经过消解的石灰和黏土按一定比例加适量的水拌和夯实而成，其配合比为3∶7或2∶8。有些地区用三合土代替灰土，是用石灰、砂、骨料(碎砖、碎石或矿渣)拌和而成，其配合比是石灰∶砂∶骨料=1∶2∶4或1∶3∶6，如图2-8所示。

(4) 混凝土及毛石混凝土基础：常用于地下水位以下的基础。其断面可做成矩形、阶梯形和锥形。当基础厚度小于350mm时多做成矩形；大于350mm时多做成阶梯形，每阶300～400mm；当大于3阶时常用锥形。在混凝土中加入毛石称为毛石混凝土，所用毛石尺寸不大于基础宽度的1/3，粒径不超过300mm，加入的石块占基础体积的20%～30%，如图2-9所示。

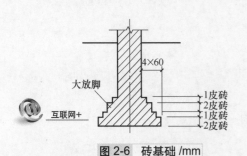

图2-6 砖基础/mm

图2-7 毛石基础

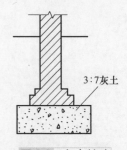

图2-8 灰土基础

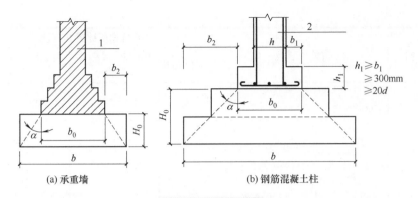

(a) 承重墙　　　　　　　　　(b) 钢筋混凝土柱

图 2-9　混凝土基础

　　从受力和传力角度考虑，由于土壤单位面积的承载能力小，只有将基础底面积不断扩大，才能适应地基受力的要求。上部结构 (墙或柱) 在基础上传递压力是沿一定角度分布的，这个传力角度称为压力分布角或称为刚性角，以 α 表示，如图 2-10 所示。由于刚性材料抗压能力强，抗拉能力差，因此压力分布角只能在材料的抗压范围内控制。如果基础底面宽度超过控制范围，则由 b_0 增加到 b 致使刚性角扩大，这时，基础会因受拉而破坏。所以刚性基础底面宽度的增大要受到刚性角的限制。为设计、施工方便，将刚性角换算成 α 的正切值 b/h，即宽高比。表 2-1 是各种材料基础的宽高比 b/h 的允许值，如砖基础的大放脚宽高比小于或等于 1：1.5。

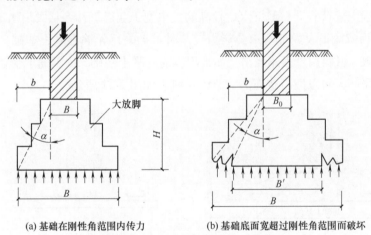

(a) 基础在刚性角范围内传力　　　　(b) 基础底面宽超过刚性角范围而破坏

图 2-10　刚性基础的受力、传力特点

表 2-1　无筋扩展基础台阶宽高比的允许值

基础材料	质量要求	台阶宽高比的允许值		
		$P_k \leqslant 100\text{kPa}$	$100\text{kPa} < P_k \leqslant 200\text{kPa}$	$200\text{kPa} < P_k \leqslant 300\text{kPa}$
混凝土基础	C15 混凝土	1：1.00	1：1.00	1：1.25
毛石混凝土基础	C15 混凝土	1：1.00	1：1.25	1：1.50

续表

基础材料	质量要求	台阶宽高比的允许值		
		$P_k \leqslant 100kPa$	$100kPa < P_k \leqslant 200kPa$	$200kPa < P_k \leqslant 300kPa$
砖基础	砖不低于 MU10，砂浆不低于 M5	1：1.50	1：1.50	1：1.50
毛石基础	砂浆不低于 M5	1：1.25	1：1.50	—
灰土基础	体积比为 3：7 或 2：8 的灰土，其最小干密度为：粉土，$1550kg/m^3$；粉质黏土，$1500kg/m^3$；黏土，$1450kg/m^3$	1：1.25	1：1.50	
三合土基础	体积比 1：2：4～1：3：6（石灰：砂：骨料），每层约虚铺 220mm，夯至 150mm	1：1.50	1：2.00	

2）柔性基础

当建筑物的荷载较大，而地基承载能力较小时，为增加基础底面 b_0，势必导致基础深度也要加大。这样，既增加了挖土工作量，还使材料用量增加。如果在混凝土基础的底部配以钢筋，利用钢筋来承受拉力，使基础底部能够承受较大弯矩，这时，基础宽度的加大不受刚性角的限制，故也称钢筋混凝土基础为柔性基础。在同样的条件下，采用钢筋混凝土，与混凝土基础相比可节省大量的混凝土材料和挖土工作量。钢筋混凝土基础用于上部荷载大、地下水位较高的大中型工业建筑和多层民用建筑。

当建筑物荷载很大或地基承载能力较差时，如果用无筋混凝土基础，底面很宽，受刚性角所限，材料用量很不经济。如果用钢筋混凝土基础，由钢筋承受较大的弯矩，不受刚性角限制，可以做得宽而薄，节约材料，如图 2-11 所示。

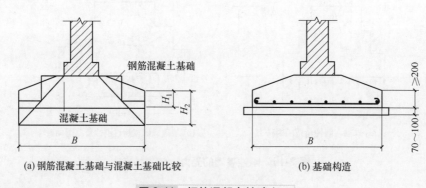

(a) 钢筋混凝土基础与混凝土基础比较　　　(b) 基础构造

图 2-11　钢筋混凝土基础 /mm

4D 微课素材 / 基础与地下室 / 基础的类型 - 独立基础 .mp4

2. 按基础构造形式分类

建筑物的基础按基础构造形式可分为独立基础、条形基础、筏形基础、桩基础、岩石锚杆基础。

1）独立基础

当建筑物上部采用框架结构或单层排架结构承重，且柱距较大时，基础常采用独立的块状形式，这种基础称为独立基础。独立基础是柱下基础的基本形式，常用的断面形式有阶梯形、锥形、杯形等，其材料常用钢筋混凝土、素混凝土等。当柱为预制时则基础做成杯口形，然后将柱子插入，并嵌固在杯口内，故称为杯口基础，如图 2-12 所示。

按基础构造形式分类条形基础 .ppt

独立基础 .ppt

@ 互联网+

(a) 阶梯形

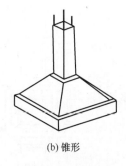

(b) 锥形

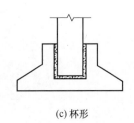

(c) 杯形

图 2-12　独立基础

2) 条形基础

当建筑物由墙承重时，基础沿墙设置成条形，这样的基础称为条形基础。条形基础呈连续的带状，故也称为带形基础。条形基础一般用于墙下，也可用于柱下，其构造形式如图 2-13 所示。当房屋为骨架承重结构或内骨架承重结构时，在荷载较大且地基为软土时，常采用钢筋混凝土条形基础将各柱下的基础连接在一起，使整个房屋的基础具有良好的整体性。柱下条形基础可以有效地防止不均匀沉降。

4D 微课素材 / 基础与地下室 / 基础的类型 - 井格式基础 .mp4

4D 微课素材 / 基础与地下室 / 基础的类型 - 条形基础 .mp4

4D 微课素材 / 基础与地下室 / 基础的类型 - 筏形基础 .mp4

3) 筏形基础

建筑物的基础由整片的钢筋混凝土板组成，板直接作用于地基上称为筏形基础。

当上部结构荷载较大，地基承载力较低，柱下交叉条形基础或墙下条形基础的底面积占建筑物平面面积较大比例时，可采用筏形基础。筏形基础具有减少基底压力，提高地基承载力和调整地基不均匀沉降

筏型基础、箱型基础、桩基础 .ppt

的能力，按结构形式可分为板式结构和梁板式结构两类。板式结构其基础板厚度较大，构造简单；梁板式结构其基础板厚度较小，但增加了双向梁，构造复杂，如图 2-14 所示。

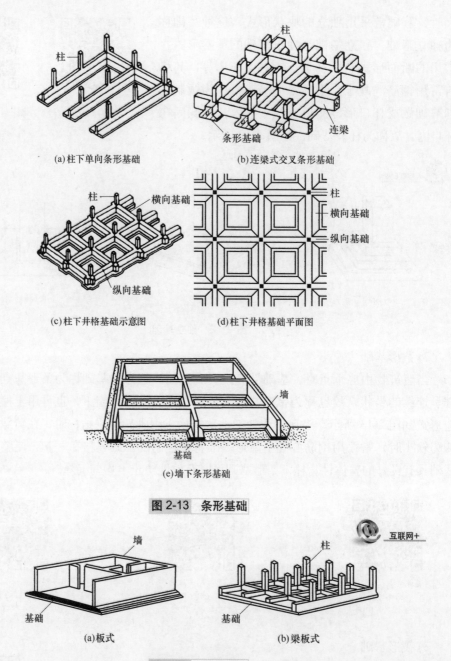

(a)柱下单向条形基础　　　　　(b)连梁式交叉条形基础

(c)柱下井格基础示意图　　　　(d)柱下井格基础平面图

(e)墙下条形基础

图 2-13　条形基础

互联网+

(a)板式　　　　　　　　　(b)梁板式

图 2-14　筏形基础

　　当建筑物为上部荷载很大，对地基不均匀沉降要求严格的高层建筑、重型建筑以及软弱土地基上的多层建筑时，为增加基础刚度，不致因地基的局部变形而影响上部结构，常采用钢筋混凝土浇筑成刚度很大的盒状基础，称为箱形基础，如图 2-15 所示。

　　4) 桩基础

　　当建筑物荷载较大，地基的软弱土层厚度在 5m 以上，基础不能埋在软弱土层内或对软弱土层进行人工处理困难或不经济时，就可考虑以下部坚实土层或岩层作为持力层的深基础，最常采用的是桩基础。桩基础一般由设置于土中的桩身和承接上部结构的承台组成，如图 2-16 所示。桩基础的类型很多，按桩的受力方式可分为端承桩和摩擦桩，按桩的施工方法可分为打入桩、压入桩、振入桩及灌注桩等，按所用材料可分为钢筋混凝土桩、钢管桩等。

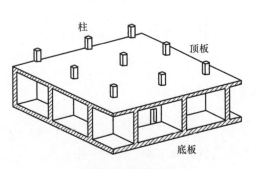

图 2-15　箱形基础

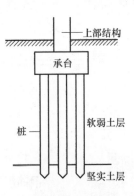

图 2-16　桩基础

4D 微课素材 / 基础与地下室 / 基础的类型 - 箱形基础 .mp4

4D 微课素材 / 基础与地下室 / 基础的类型 - 桩基础 .mp4

5) 岩石锚杆基础

岩石锚杆基础适用于直接建在基岩上的柱基，以及承受拉力或水平力较大的建筑物基础。锚杆基础应与基岩连成整体，并应符合下列要求。

(1) 锚杆孔直径宜取锚杆直径的 3 倍，但不应小于一倍锚杆直径加 50mm。

(2) 锚杆插入上部结构的长度应符合钢筋的锚固长度要求。

(3) 锚杆宜采用热轧带肋钢筋，水泥砂浆强度不宜低于 30MPa，细石混凝土强度等级不宜低于 C30。灌浆前，应将锚杆孔清理干净。

2.2.3　常用基础的构造

1. 混凝土基础

混凝土基础多采用强度等级为 C15 或 C20 混凝土浇筑而成，一般有锥形和阶梯形两种形式，如图 2-17 所示。混凝土基础底面应设置垫层，垫层的作用是找平和保护钢筋，用

4D 微课素材 / 基础与地下室 / 基础的类型 - 混凝土基础 .mp4

混凝土基础 .ppt

C15 的混凝土 (素混凝土强度等级不应低于 C15)，厚度为 100mm。

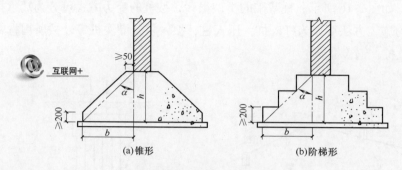

图 2-17　混凝土基础构造 /mm

2. 钢筋混凝土基础

4D 微课素材 / 基础与地
下室 / 基础的类型 - 钢
筋混凝土基础 .mp4

钢筋混凝土基础的基础底板下均匀浇筑一层素混凝土作为垫层，目的是保证基础和地基之间有足够的距离，以免钢筋锈蚀。垫层一般采用 C15 混凝土，厚度为 100mm，垫层每边比底板宽 100mm。钢筋混凝土基础由底板及基础墙（柱）组成，底板是基础的主要受力构件，其厚度和配筋均由计算确定，受力钢筋最小配筋率不应小于 0.15%，直径不得小于 10mm，间距不宜大于 200mm，也不宜小于 100mm。混凝土的强度等级不宜低于 C20，基础底板的外形一般有锥形和阶梯形两种。

钢筋混凝土锥形基础底板边缘的厚度一般不小于200mm，且两个方向的坡度不宜大于1：3。钢筋混凝土阶梯形基础每阶高度一般为300～500mm。当基础高度在500～900mm时采用两阶，超过900mm时采用三阶，如图2-18所示。

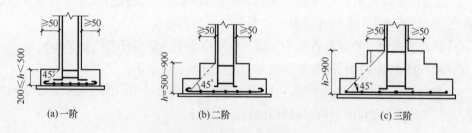

图 2-18　钢筋混凝土基础构造 /mm

2.3 地 下 室

建筑物室外地坪以下的房间叫作地下室，因其利用地下空间而节约了建设用地。地下室示意图如图 2-19 所示。

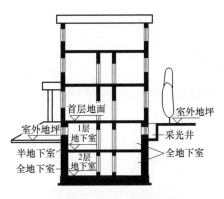

图 2-19　地下室示意图

2.3.1 地下室分类

地下室按使用功能分为普通地下室和防空地下室；按顶板标高分为半地下室 (埋深为地下室净高的 1/3 ～ 1/2) 和全地下室 (埋深为地下室净高的 1/2 以上)；按结构材料分为砖混结构地下室和钢筋混凝土结构地下室。

2.3.2 地下室的组成

地下室由墙体、顶板、底板、门窗、楼 (电) 梯五大部分组成。

1. 墙体

地下室的外墙应按挡土墙设计，如用钢筋混凝土或素混凝土墙，应按计算确定，其最小厚度除应满足结构要求外，还应满足抗渗厚度的要求，其最小厚度不低于 250mm，外墙应做防潮或防水处理。如用砖墙 (现在较少采用) 其厚度不小于 490mm。

4D 微课素材 / 基础
与地下室 / 地下室的
组成 .mp4

2. 顶板

顶板可用预制板、现浇板，或者预制板上作现浇层 (装配整体式楼板)。在无采暖的地下室顶板上，即首层地板处应设置保温层，以便首层房间使用舒适。

3. 底板

底板处于最高地下水位以上，并且无压力产生作用的可能时，可按一般地面工程处理；如底板处于最高地下水位以下时，底板不仅承受上部垂直荷载，还承受地下水的浮力荷载，因此应采用钢筋混凝土底板，并双层配筋，底板下垫层上还应设置防水层，以防渗漏。

4.门窗

普通地下室的门窗与地上房间门窗相同，地下室外窗如在室外地坪以下时，应设置采光井和防护箅，以便室内采光、通风和室外行走安全。防空地下室一般不允许设窗，如需开窗，应设置暂时堵严措施。防空地下室的外门应按防空等级要求，设置相应的防护构造。

5.楼（电）梯

楼（电）梯可与地面上房间结合设置，层高小或用作辅助房间的地下室可设置单跑楼梯，防空要求的地下室至少要设置两部楼梯通向地面的安全出口，并且必须有一个是独立的安全出口；这个安全出口周围不得有较高建筑物，以防空袭倒塌时堵塞出口，影响疏散。

2.3.3 地下室的防潮、防水设计原则

(1) 合理确定防水等级：地下室的防水等级应根据工程重要性和使用要求确定，如表 2-2 所示。

表 2-2　不同防水等级的适用范围

防水等级	适用范围
一级	人员长期停留的场所，因有少量湿渍会使物品变质、失效的储物场所及严重影响设备正常运转和危及工程安全运营的部位，极重要的战备工程、地铁车站
二级	人员经常活动的场所，在有少量湿渍的情况下不会使物品变质、失效的储物场所及基本不影响设备正常运转和工程安全运营的部位，重要的战备工程
三级	人员临时活动的场所，一般战备工程
四级	对渗漏水无严格要求的工程

4D 微课素材 / 基础
与地下室 / 地下室防
水及防水等级 .mp4

4D 微课素材 / 基础
与地下室 / 地下室防
潮及防潮做法 .mp4

(2) 合理确定防潮、防水设计方案。

当设计最高地下水位高于地下室底板，或地下室周围土层属弱透水性土存在滞水可能时，应采取防水措施。当地下室周围土层为强透水性的土，设计最高地下水位低于地下室底板且无滞水可能时应采取防潮措施。

当地下水位比较高时，为防止地下水对地下室的直接影响，通常通过排水来降低

地下水位高度。地下排水方案主要有降水法和排水法等。

　　地下室防水设计方案主要有：隔水法、降排水法和综合法。降排水法可分为外排法和内排法两种。所谓外排法是指当地下室水位已高出地下室地面以上时，采取在建筑物的四周设置永久性降排水设施，通常是采用盲沟降排水，即利用带孔套管埋设在建筑物的周围，地下室地坪标高以下。套管周围填充可以滤水的卵石及粗砂等材料，使地下水有组织地流入集水井，再经自流或机械排水排向城市排水管网，使地下水位低于地下室底板以下，变有压水为无压水。内排法是将渗入地下室内的水，通过永久性自流排水系统排至低洼处或用机械排除。但后者应充分考虑因动力中断而引起水位回升的影响，在构造上常将地下室地坪架空，或设隔水间层，以保持室内墙面和地坪干燥，然后通过集水沟排至集水井，再用泵排除。为保险起见，有些重要的地下室，既做外部防水又设置内排水设施，以减少或消除地下水的影响。

2.3.4　地下室的防潮

　　当设计最高地下水位低于地下室底板 300 ～ 500mm，且无形成上层滞水可能时，地下水不能浸入地下室内部，地下室底板和外墙可以做防潮处理，地下室防潮只适用于防无压水。

　　地下室防潮的构造要求是，砌体必须采用水泥砂浆砌筑，灰缝必须饱满；在外墙外侧设垂直防潮层，防潮层做法一般为：

录音素材 /2.3.4 地下室
的防潮和防水 .mp3

20mm 厚 1 ：2.5 水泥砂浆找平、刷冷底子油一道、热沥青两道，防潮层做至室外散水处，然后在防潮层外侧回填低渗透性土壤如黏土、灰土等，并逐层夯实，底宽 500mm 左右。此外，地下室所有墙体必须设两道水平防潮层，一道设在墙体与地下室地坪交接处，另一道设在距室外地面散水上表面 150 ～ 200mm 的墙体中。地下室防潮的做法如图 2-20 所示。

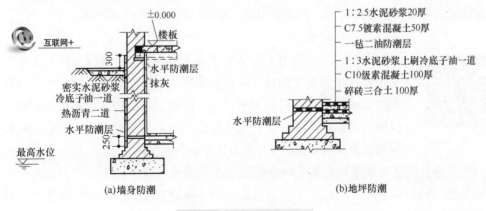

图 2-20　地下室防潮 /mm

2.3.5 地下室的防水

当设计最高地下水位高于地下室底板标高且地面水可能下渗时，地下水不仅可以浸入地下室而且外墙和底板还受到侧压力和浮力，这时必须对地下室作防水处理。

目前常见的防水做法有：防水混凝土防水、卷材防水、水泥砂浆防水、涂料防水、塑料防水板防水、金属板防水等。

1) 防水混凝土防水

防水混凝土适用于防水等级为 1 ～ 4 级的地下整体式混凝土结构，不适用于环境温度高于 80℃ 或处于耐侵蚀系数小于 0.8 的侵蚀性介质中的地下工程。防水混凝土防水处理做法如图 2-21 所示。防水混凝土的抗渗等级取决于埋置深度。

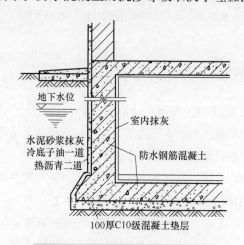

地下水位

室内抹灰

水泥砂浆抹灰
冷底子油一道
热沥青二道

防水钢筋混凝土

100厚C10级混凝土垫层

图 2-21 防水混凝土防水处理 /mm

防水混凝土结构底板的混凝土垫层的强度等级不应小于 C15，厚度不应小于 100mm，在软弱土层中不应小于 150mm。防水混凝土结构应符合下列规定：结构厚度不应小于 250mm，裂缝宽度不得大于 0.2mm 并不得贯通，以及钢筋保护层厚度应根据结构的耐久性和工程环境选用，迎水面钢筋保护层厚度不应小于 50mm。

2) 卷材防水

卷材防水 ppt

卷材防水层宜用于经常处在地下水环境，且受侵蚀性介质作用或受振动作用的地下工程。卷材防水层应铺设在混凝土结构的迎水面。卷材防水层用于建筑物地下室时，应铺设在结构底板垫层至墙体防水设防高度的结构基面上；用于单建式的地下工程时，应从结构底板垫层铺设至顶板基面，并应在外围形成封闭的防水层。

防水卷材的品种规格和层数，应根据地下工程防水等级、地下水位高低及水压力作用状况、结构构造形式和施工工艺等因素确定。卷材防水层的基面应坚实、平整、清洁，阴阳角处应做圆弧或折角，并应符合所用卷材的施工要求。铺贴卷材严禁在雨天、雪天、五级及以上大风中施工；冷粘法、自粘法施工的环境气温不宜低于 5℃，热熔法、焊接法施工的环境气温不宜低于 –10℃。施工过程中下雨或下雪时，应做好已铺卷材的防护工作。防水卷材施工前，基面应干净、干燥，并应涂刷基层处理剂；当基面潮湿时，应涂刷湿固化型胶粘剂或潮湿界面隔离剂。

卷材防水的施工方法有两种：外防水和内防水。卷材防水层设在地下工程围护结构外侧（即迎水面）时，称为外防水，这种方法的防水效果较好；卷材粘贴于结构内表面时称为内防水，这种做法的防水效果较差，但施工简单，便于修补，常用于修缮工程。

(1) 外防外贴法：首先在抹好水泥砂浆找平层的混凝土垫层四周砌筑永久性保护墙，其下部干铺一层卷材作为隔离层，上部用石灰砂浆砌筑临时保护墙，然后先铺贴平面，后铺贴立面，平、立面处应交叉搭接。防水层铺贴完经检查合格立即进行保护层施工，再进行主体结构施工。主体结构完工后，拆除临时保护墙，再做外墙面防水层。地下室材料防水处理如图 2-22 所示。卷材防水层直接粘贴在主体外表面，防水层与混凝土结构同步，较少受结构沉降变形影响，施工时不易损坏防水层，也便于检查混凝土结构及卷材防水质量，发现问题易修补。其缺点是防水层要进行几次施工，工序较多，工期较长，需较大的工作面，且土方量大，模板用量多，卷材接头不易保护，易影响防水工程质量。

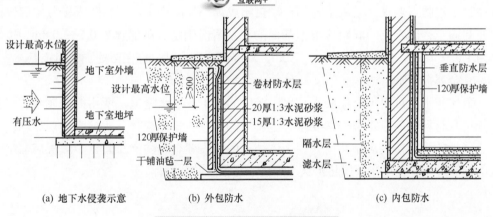

(a) 地下水侵袭示意　　(b) 外包防水　　(c) 内包防水

图 2-22　地下室材料防水处理 /mm

(2) 外防内贴法：先在需防水结构的垫层上砌筑永久性保护墙，保护墙内表面抹 1∶3 水泥砂浆找平层，待其基本干燥后，再将全部立面卷材防水层粘贴在该墙上。永久性保护墙可代替外墙模板，但应采取加固措施。在防水层表面做好保护层后，方可进行防水结构施工。可一次完成防水层施工，工序简单，工期短，可节省施工占地，土方量小，可节省外侧模板，卷材防水层无须临时固定留茬，可连续铺贴；其缺点是立墙防水层难以和立体结构同步，受结构沉降变形影响，防水层易受损。卷材防水层及结构混凝土的抗渗质量不易检查，如发生渗漏，修补卷材防水层将十分困难。

3) 水泥砂浆防水

防水砂浆应包括聚合物水泥防水砂浆、掺外加剂或掺合料的防水砂浆，宜采用多层抹压法施工。

水泥砂浆防水层可用于地下工程主体结构的迎水面或背水面，不应用于受持续振动或温度高于80℃的地下工程防水。水泥砂浆防水层应在基础垫层、初期支护、围护结构及内衬结构验收合格后施工。水泥砂浆防水层应分层铺抹或喷射，铺抹时应压实、抹平，最后一层表面应提浆压光。聚合物水泥防水砂浆拌和后应在规定时间内用完，施工中不得任意加水。水泥砂浆防水层各层应紧密黏合，每层宜连续施工。

4) 涂料防水

涂料防水层应包括无机防水涂料和有机防水涂料。无机防水涂料可选用掺外加剂、掺合料的水泥基防水涂料、水泥基渗透结晶型防水涂料。有机防水涂料可选用反应型、水乳型、聚合物水泥等涂料。无机防水涂料宜用于结构主体的背水面，有机防水涂料宜用于地下工程主体结构的迎水面。用于背水面的有机防水涂料应具有较高的抗渗性，且与基层有较好的黏结性。

5) 塑料防水板防水

塑料防水板防水层宜用于经常受水压、侵蚀性介质或受振动作用的地下工程防水，宜铺设在复合式衬砌的初期支护和二次衬砌之间，宜在初期支护结构趋于基本稳定后铺设。塑料防水板防水层应由塑料防水板与缓冲层组成。可根据工程地质、水文地质条件和工程防水要求，采用全封闭、半封闭或局部封闭铺设。塑料防水板应牢固地固定在基面上，固定点的间距应根据基面的平整情况确定，拱部宜为0.5～0.8m，边墙宜为1.0～1.5m，底部宜为1.5～2.0m。局部凹凸较大时，应在凹处加密固定点。

6) 金属板防水

金属防水层可用于长期浸水、水压较大的水工及过水隧道，所用的金属板和焊条的规格及材料性能应符合设计要求。金属板的拼接应采用焊接，拼接焊缝应严密。竖向金属板的垂直接缝应相互错开。主体结构内侧设置金属防水层时，金属板应与结构内的钢筋焊牢，也可在金属防水层上焊接一定数量的锚固件。

习题库

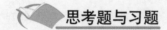

思考题与习题

一、单选题

1. 关于地基承载力下列说法正确的是（   ）。

A. 地基所能承受的最大垂直压力

B. 每立方米地基所能承受的最大垂直压力

C. 每平方米地基所能承受的最大压力

D. 每平方米地基所能承受的最大垂直压力

2. 地基应符合其设计要求，在下列选项中不属于其设计要求的是（   ）。

A. 经济要求   B. 刚度要求

　　C．耐久性要求　　　　　　　　　　　　D．强度要求

　　3．当地下水位较高，基础不能埋置在地下水位以上时，应将基础底面埋置在最低地下水位（　　），不应使基础底面处于地下水位变化的范围之内。

　　A．500mm 以下　　　　　　　　　　　B．150mm 以下

　　C．250mm 以下　　　　　　　　　　　D．200mm 以下

　　4．刚性基础底面宽度的增大要受到刚性角的限制，砖基础的刚性角为（　　）。

　　A．1∶1.00　　　　　B．1∶2.00　　　　　C．1∶1.50　　　　　D．1∶0.50

　　5．如果基础没有足够的土层包围，基础底面的土层受到压力后会把基础四周的土挤出，基础将产生滑移而失去稳定，同时基础埋置过浅，易受到外界的影响而损坏，所以基础的埋置深度一般不应小于（　　）。

　　A．1000mm　　　　　B．300mm　　　　　C．500mm　　　　　D．600mm

　　6．关于地下室，下列说法不正确的是（　　）。

　　A．地下室的外墙如用砖墙，其厚度不小于 490mm

　　B．当设计最高地下水位高于地下室底板，或地下室周围土层属弱透水性土存在滞水可能时，应采取防水措施

　　C．地下室由墙体、底板、顶板、门窗组成

　　D．防水措施有卷材防水和混凝土自防水两类

二、多选题

　　1．人工地基是指经人工处理的地基。下列选项中属于人工地基常见处理方法的是（　　）。

　　A．化学加固法　　　　B．换土法　　　　C．打桩法　　　　D．压实法

　　2．一般情况下，新建建筑物基础埋深不宜大于相邻原有建筑物基础的埋深。当新建建筑物基础的埋深必须大于原有房屋时，基础间的净距应根据荷载大小和性质等确定。已知原有建筑物的基础埋深为 2m，则新建建筑物基础与原有建筑物基础的基础净距为（　　）时，可满足要求。

　　A．3m　　　　　　　　B．1.5m　　　　　　C．1m　　　　　　D．2.5m

三、简答题

　　1．简述地基与基础的关系。

　　2．地基的处理方法有哪些？

　　3．何为刚性基础、柔性基础？

　　4．基础构造形式分为哪几类？一般适用于什么情况？

　　5．基础埋深的定义是什么？基础埋深的影响因素有哪些？

四、案例题

　　某工程基础为钢筋混凝土，垫层厚度为 120mm，受力钢筋直径为 20mm，间距为 200mm，采用 C25 混凝土浇筑。则

(1) 在钢筋混凝土基础上，对垫层的要求是什么？垫层的作用是什么？

(2) 在钢筋混凝土基础上，受力钢筋应满足什么要求？对混凝土的强度等级有什么要求？

(3) 钢筋混凝土基础按外形可分为哪两种？

习题答案

第3章 墙 体

03

【学习目标】

- 掌握墙体的作用和分类。
- 掌握墙身的构造。
- 熟悉墙体装修的做法。
- 了解墙体节能构造。
- 熟悉隔墙的种类及应用。
- 熟悉幕墙的种类和基本做法。

【核心概念】

墙体、细部构造、隔墙、墙面的装修、幕墙。

【引子】

墙体作为建筑工程项目中的空间要素，墙体设计能够对建筑空间的价值体现带来重要导向作用，同时墙体本身也是建筑项目结构体系中的一部分，在一般的民用建筑中，墙体的重量占建筑物总重量的40%～50%，墙体的造价约占全部建筑造价的30%～40%。

3.1 概 述

墙体是建筑物的承重和围护构件，是建筑的重要组成部分，墙体对整个建筑的使用、造型、自重和成本方面影响较大。

4D 微课素材 / 墙体 /
墙体类型 .mp4

1. 墙体的作用

在承重墙结构中，墙体承受屋顶、楼板等构件传来的垂直荷载、风和地震荷载，具有承重作用；墙体还抵挡自然界的风、雨、雪的侵蚀，防止太阳辐射、噪声的干扰及室内热量的散失。根据具体使用需要，墙体具有保温、隔热、隔声、防水等围护分隔的作用。

2. 墙体的分类

(1) 墙体按其在建筑中位置的不同有内墙和外墙之分。建筑与外界接触的墙体称为外墙，建筑内部的墙体称为内墙，如图 3-1 所示。

(2) 墙体按布置方向的不同有纵墙和横墙之分。建筑长轴方向的墙体称为纵墙；与建筑长轴方向垂直的墙体称为横墙，外横墙也称为山墙。窗与窗之间或门与窗之间的墙称为窗间墙，窗洞下部的墙称为窗下墙。

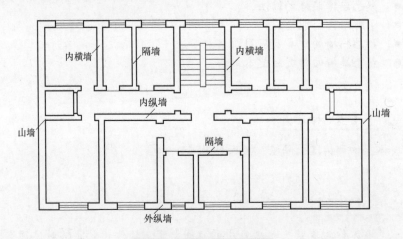

图 3-1　墙体各部分的名称

(3) 墙体根据结构受力情况不同有承重墙和非承重墙之分。承受由梁、楼板、屋顶等构件传来的荷载的墙体称为承重墙；不承受其他构件传递荷载的墙体称为非承重墙；仅起分隔空间作用，自身重力由楼板或梁来承担的墙称为隔墙；位于框架的梁、柱之间仅起分隔或围护作用的墙称为框架填充墙；而悬挂在建筑物外部的轻质墙称为幕墙。

(4) 墙体按材料不同，有砖墙、石墙、土墙、砌块墙及钢筋混凝土墙之分。目前大多采用工业废料如粉煤灰、矿渣等制作的各种砌块构建墙体。

(5) 墙体按构造形式的不同分实体墙、空心墙和复合墙。实体墙是指由单一材料组砌而成的墙体，如普通砖墙、毛石砖墙等，由于黏土砖材需占用大量的土地，浪费资源、耗能，目前我国已严格限制使用黏土实心砖，提倡使用节能型的砌块砖墙。空心墙是材料或砌筑方式空心的墙体，如空心砖墙、空斗墙等。复合墙由两种以上材料组合而成，如在墙的内侧或外侧加贴轻质保温板，用于内侧的常用材料有水泥聚苯板、石膏聚苯复合板、石膏岩棉复合板、挤压型聚苯乙烯泡沫板及珍珠岩保温砂浆和各种保温浆料等；用于外侧的常用材料有聚苯颗粒的保温砂浆和其他保温砂浆以及贴、挂挤压型聚苯乙烯泡沫板、水泥聚苯板等外加耐碱网格布和保温砂浆，如图 3-2 所示。

(a)混凝土墙内贴复合保温板

(b)内墙贴玻璃棉板

(c)外墙贴挤压型泡沫塑料板

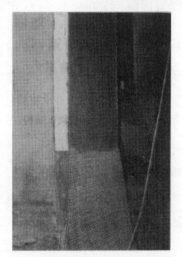
(d)外墙贴EPS板

图 3-2 墙体外保温

(6) 墙体按施工方法的不同分为砌筑墙、板筑墙和装配墙。砌筑墙是用砂浆等胶结材料将砖、石、砌块等组砌而成，如实砌砖墙；板筑墙是在施工现场支模板现浇而成的墙体，如现浇混凝土墙；装配墙是预先制成墙板，在施工现场安装、拼接而成的墙体，如预制混凝土大板墙。

3. 墙体的设计要求

(1) 具有足够的承载力和稳定性。设计墙体时要根据荷载及所用材料的性能和情况，通过计算确定墙体的厚度和所具备的承载能力。在使用中，砖墙的承载力与所采用砖、砂浆强度等级及施工技术有关。

墙体的稳定性与墙体的高度、长度、厚度及纵、横向墙体间的距离有关。墙体的高厚比是保证墙体稳定的重要措施。高厚比指墙柱的计算高度 H_0 与墙厚 h 的比值，高厚比越大、构件越细长，其稳定性越差。

(2) 具有保温、隔热性能。作为围护结构的外墙应满足建筑热工的要求。根据地域的差异应采取不同的措施。北方寒冷地区要求围护结构要具有较好的保温能力，以减少室内热损失，同时防止外墙内表面与保温材料内部出现凝结水的现象。南方地区气候炎热，设计时要满足一定的隔热性能，还需考虑朝阳、通风等因素。

(3) 具有隔声性能。为保证室内有一个良好的工作、生活环境，墙体必须具有足够的隔声能力，以避免噪声对室内环境的干扰。因此，墙体在构造设计时，应满足建筑隔声的相关要求。一般采取以下措施：加强墙体的密缝处理，增加墙体的密实度和厚度，采用有空气间层或多孔的夹层墙。

(4) 满足防火要求。墙体材料的选择和应用，要符合国家建筑设计防火规范的规定。在较大的建筑中设置防火墙，把建筑分成若干区段。例如，耐火等级为一、二级的建筑防火墙的最大间距为150m，三级为100m，四级为60m。

(5) 满足防潮、防水要求。为了保证墙体的坚固耐久性，对建筑物外墙的勒角部位及卫生间、厨房、浴室等用水房间的墙体和地下室的墙体都应采取防潮、防水的措施。选用良好的防水材料和构造做法，可使室内有良好的卫生环境。

(6) 满足建筑工业化要求。随着建筑工业化的发展，墙体应用新材料、新技术是建筑技术的发展方向。可通过提高机械化施工程度来提高工效、降低劳动强度，采用轻质、高强的新型墙体材料，以减小自重，提高墙体的质量，缩短工期，降低成本。

4. 墙体的承重方案

墙体有四种承重方案：横墙承重、纵墙承重、纵横墙承重和墙与柱混合承重。

(1) 横墙承重。横墙承重是将楼板及屋面板等水平承重构件搁置在横墙上，楼面及屋面荷载依次通过楼板、横墙、基础传递给地基。这种建筑一般来说房间的开间尺寸不宜过大，由于横墙间距不大，建筑的整体性比较高；纵墙为非承重墙体，在其上开设门窗洞口比较灵活。这一布置方案适用于墙体位置比较固定的建筑，如宿舍、旅馆、住宅等。

录音素材 /3.1.4 墙体
的承重方案 .mp3

4D 微课素材 / 墙体 / 墙体
的承重方案 .mp4

(2) 纵墙承重。纵墙承重是将楼板及屋面板等水平承重构件均搁置在纵墙上，横墙只起分隔空间和连接纵墙的作用。这一布置方案适用于使用上要求有较大空间的建筑，如办公楼、商店、教学楼中的教室、阅览室等。

(3) 纵横墙承重。这种承重方案的承重墙体由纵、横两个方向的墙体组成。纵横墙承重方式平面布置灵活，两个方向的抗侧力都较好。这种方案适用于房间开间、进深变化较多的建筑，如医院、幼儿园等。

(4) 墙与柱混合承重。房屋内部采用柱、梁组成的内框架承重，四周采用墙承重，由墙和柱共同承受水平承重构件传来的荷载，称为墙与柱混合承重。这种方案适用于室内需要大空间的建筑，如大型商店、餐厅等。

3.2 砌体墙的构造

3.2.1 常用墙体材料

墙体所用材料主要分为块材和黏结材料两部分。标准机制黏土砖(普通砖)、灰砂砖、页岩砖、煤矸石砖、水泥砖、炉渣砖等都是常见的砌筑用的块材。这些块材多为刚性材料，即其力学性能中抗压强度较高，但抗弯、抗剪性能较差。当砌体墙在建筑物中作为承重墙时，整个墙体的抗压强度主要由砌筑块材的强度决定，而不是由黏结材料的强度决定。

1. 砌筑材料的强度

普通砖：MU30，MU25，MU20，MU15，MU10。

石材：MU100，MU80，MU60，MU50，MU40，MU30，MU20。

砌块：MU20，MU15，MU10，MU7.5，MU5。

蒸压灰砂砖、蒸压粉煤灰砖：MU25，MU20，MU15，MU10。

砂浆：M5，M7.5，M10，M15，M20。

2. 常用砌筑块材的规格

(1) 标准机制黏土砖：其常用尺寸为 240mm(长)×115mm(宽)×53mm(厚)。在工程中，通常以其构造尺寸为设计依据，即与砌筑砂浆灰缝的厚度加在一起综合考虑。灰缝一般为 10mm 左右，砖的构造尺寸就形成了 4∶2∶1 的比值。标准机制黏土砖的长、宽、厚尺寸关系如图 3-3 所示，常用砖墙厚度的尺寸规律如表 3-1 所示。

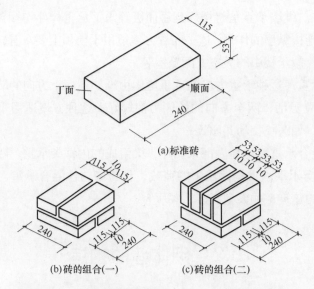

图 3-3　标准机制黏土砖的长、宽、厚尺寸关系 /mm

表 3-1　砖墙厚度的组成

墙厚名称	工程称谓	实际尺寸 /mm	墙厚名称	工程称谓	实际尺寸 /mm
半砖墙	12 墙	115	一砖半墙	37 墙	365
3/4 砖墙	18 墙	178	二砖墙	49 墙	490
一砖墙	24 墙	240	二砖半墙	62 墙	615

　　从表 3-1 中可以看出砖墙厚度的递增以半砖加灰缝 (115+10)mm 组成的砖模数为基数，砖墙的厚度由 $(115+10)\times n-10$ 求得。

　　(2) 承重多孔砖：其实际尺寸 240mm(长)×115mm(宽)×90mm(厚) 及 190mm(长)×190mm(宽)×90mm(厚) 等。

　　(3) 砌块：按尺寸不同分小型砌块、中型砌块和大型砌块。小型砌块常见的外形尺寸有 190mm×190mm×390mm、190mm×190mm×250mm、190mm×190mm×190mm、90mm×190mm× 190mm 等。中型砌块有 240mm×280mm×380mm、240mm×580mm×380mm 等。砌块按构造方式分为实心砌块、空心砌块和保温砌块。空心砌块有单排方孔、单排圆孔和多排扁孔三种形式，如图 3-4 所示。

3. 常用黏结材料的主要成分

　　常用黏结材料的主要成分是水泥、黄砂以及石灰膏，按照需要选择不同的材料配合以及材料级配 (即质量比)。其中，采用水泥和黄砂配合的叫作水泥砂浆，其常用级配 (水泥 : 黄砂) 为 1 : 2、1 : 3 等；在水泥砂浆中加入石灰膏就成为混合砂浆，其常用级配 (水泥 : 石灰 : 黄砂) 为 1 : 1 : 6、1 : 1 : 4 等。水泥砂浆的强度要高于混合砂浆，但其和易性 (即保持合适的流动性、黏聚性和保水性，以达到易于施工操作并成型密实、质量均匀的性能) 不如混合砂浆。

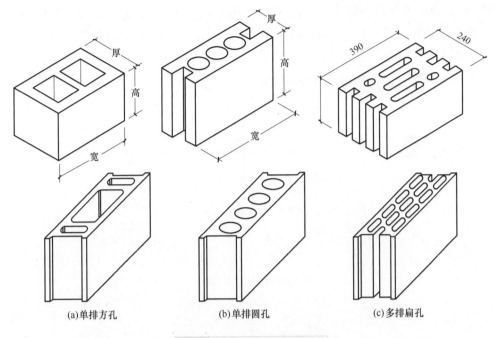

(a)单排方孔　　　　　　(b)单排圆孔　　　　　　(c)多排扁孔

图 3-4　空心砌块的形式 /mm

3.2.2　砌体墙的砌筑方式

　　砌体墙作为承重墙，按照有关规定，在底层室内地面 ±0.000 以下应该用水泥砂浆砌筑，但在 ±0.000 以上则应该用混合砂浆砌筑。为了避免在施工过程中砌筑砂浆中的水分过早丢失而造成达不到预期的强度指标，在砌墙前，通常需要将砌筑块材进行浇水处理，待其表面略干后再进行砌筑。在砌墙时，应遵循错缝搭接、避免通缝、横平竖直、砂浆饱满的基本原则，以提高墙体整体性，减少开裂的可能性。砌筑成后，如处在炎热的气候条件下，还应对砂浆尚未完全结硬的墙体采取洒水等养护措施。

4D 微课素材 / 墙体 /
墙体的砌筑 .mp4

　　标准机制黏土砖的组砌方式如图 3-5 所示。中国历史上有"秦砖汉瓦"的说法，习惯上将砖的侧边叫作"顺"，而将其顶端叫作"丁"。一些水泥砌块因为体积较大，故墙体接缝更显得重要。在中型砌块的两端，一般设有封闭式的灌浆槽，在砌筑、安装时，必须使竖缝填灌密实，水平缝砌筑饱满，使上、下、左、右砌块能更好地连接；一般砌块需采用 M5 级砂浆砌筑，水平灰缝、垂直灰缝一般为 15mm、20mm，当垂直灰缝大于 30mm 时，需用 C20 细石混凝土灌实。中型砌块上、下皮的搭缝长度不得小于 150mm。当搭缝长度不足时，应在水平灰缝内增设钢筋网片，如图 3-6 所示。

　　砌块墙在设计时应作出砌块的排列，并给出砌块排列组合图，施工时按图进料和安装。砌块排列组合图一般有各层平面、内外墙立面分块图。在进行砌块的排列组合时，应按墙面尺寸和门窗布置，对墙面进行合理的分块，正确选择砌块的规格尺寸，尽量减少砌块的规格类型，优先采用大规格的砌块作主要砌块，并且尽量使主要砌块的使用率在 70% 以上，减少局部补填砖的数量。

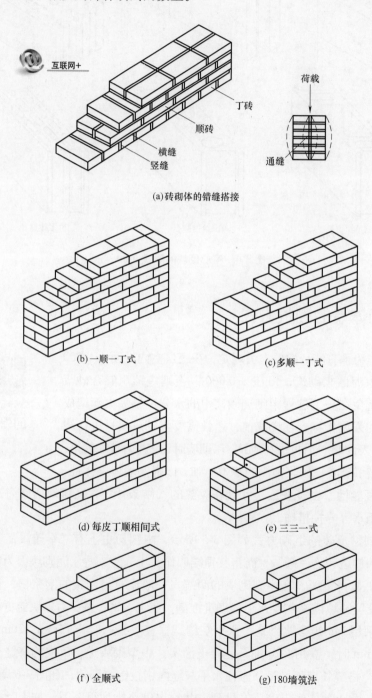

图 3-5　砖墙组砌方式

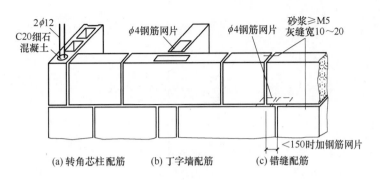

(a) 转角芯柱配筋   (b) 丁字墙配筋   (c) 错缝配筋

图 3-6 砌缝处理 /mm

虽然标准机制黏土砖在大部分地区已经不采用了，但它的组砌方法和要求还是可以应用于其他材料的。

3.2.3 墙体的细部构造

墙体的细部构造有勒脚、墙身防潮层、散水、门窗过梁、窗台、圈梁、构造柱等，外墙的构造组成示意图如图 3-7 所示。

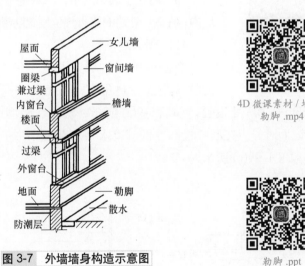

图 3-7 外墙墙身构造示意图

4D 微课素材 / 墙体 / 勒脚 .mp4

勒脚 .ppt

1. 勒脚

勒脚是外墙与室外地坪接触的部分，其高度一般为室内地坪与室外设计地面之间的高差部分。一些重要建筑则将底层窗台至室外地面的高度作为勒脚。勒脚的作用是保护墙体，防止地面水、屋檐滴下的雨水溅到墙身或地面水对墙脚的侵蚀，增加建筑物的立面美观。所以要求勒脚坚固、防水和美观，勒脚的高度应距室外地坪 500mm 以上，如图 3-8 所示。

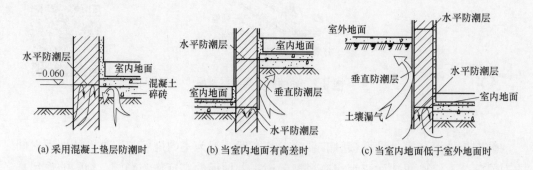

互联网+

图 3-8　勒脚构造

常用的勒脚做法如下所述。

(1) 抹灰勒脚：在勒脚部位抹 20 ～ 30mm 厚 1：3 水泥砂浆或水刷石、斩假石等。

(2) 贴面勒脚：对要求较高的建筑物，勒脚部位铺贴块状材料，如大理石、花岗石、面砖等。

(3) 砌筑勒脚：整个勒脚采用强度高、耐久性和防水性好的材料砌筑，如混凝土、毛石等。

2. 墙身防潮层

为了防止土壤中的水分沿基础上升以及位于勒脚处的地面水渗入墙内，在内、外墙的墙脚部位设置防潮层：水平防潮层和垂直防潮层。

1) 防潮层的位置

当室内地面垫层为混凝土等密实材料时，墙身水平防潮层的位置应设在垫层高度范围内，通常在低于室内地坪 60 mm(即 –0.060m 标高) 处设置，如图 3-9(a) 所示；当内墙两侧地面出现高差或室内地面低于室外地面时，应在墙身设高、低两道水平防潮层，并在土壤一侧设垂直防潮层，如图 3-9(b) 和图 3-9(c) 所示。

4D 微课素材 / 墙体 /
墙身防潮 .mp4

图 3-9　墙身防潮层的位置

2) 墙身水平防潮层的构造

(1) 防水砂浆防潮层。采用 20 ～ 25 mm 厚防水砂浆 (水泥砂浆中加入 3% ～ 5% 防水剂）或防水砂浆砌三皮砖，如图 3-10(a) 所示。防水砂浆防潮层不宜用于地基会产生不均匀变形的建筑中。

(2) 油毡防潮层。油毡防潮层如图 3-10(b) 所示。油毡的使用年限一般只有 20 年左右，且削弱了砖墙的整体性，因此不应在刚度要求高或地震区采用，目前已较少采用。

(3) 配筋混凝土防潮层。这种防潮层多用于地下水位偏高、地基土较弱而整体刚度要求较高的建筑中，如图 3-10(c) 所示。如在防潮层位置处设有钢筋混凝土地圈梁时，可不再单设防潮层。

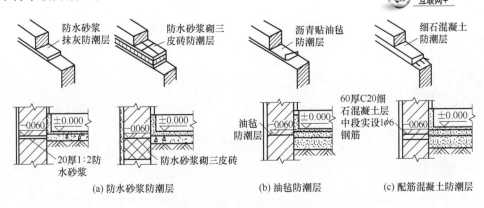

(a) 防水砂浆防潮层　　(b) 油毡防潮层　　(c) 配筋混凝土防潮层

图 3-10　墙身水平防潮层 /mm

3. 散水和明沟

房屋四周勒脚与室外地面相接处一般设置散水（有时带明沟或暗沟）。散水的排水坡度为 3%～5%，宽度一般为 600～1000mm，当屋面排水方式为自由落水时，其宽度比屋檐挑出宽度大 150～200mm。散水构造是在基层夯实素土，有的在其上还做 3:7 灰土一层，再浇筑 60～80mm 厚 C15 混凝土垫层，随捣随抹光，或在垫层上再设置 10～20mm 厚 1:2 水泥砂浆面层，如图 3-11 所示。寒冷地区应在基层上设置 300～500mm 厚炉渣、中砂或粗砂防冻层。散水与外墙交接处、散水整体面层纵向距离每隔 5～8m 应设分格缝，缝宽为 20～30mm，并用弹性防水材料（如沥青砂浆）嵌缝，以防止渗水。

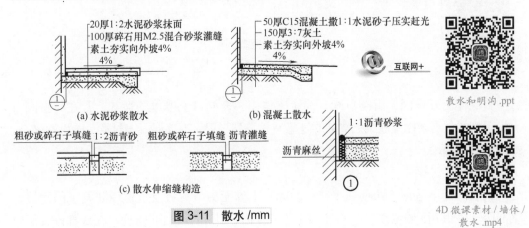

(a) 水泥砂浆散水　　(b) 混凝土散水

(c) 散水伸缩缝构造

散水和明沟 .ppt

4D 微课素材 / 墙体 / 散水 .mp4

图 3-11　散水 /mm

明沟也叫作阳沟，设置在外墙四周的排水沟，将水有组织地导向集水井，然后流入排水系统。明沟一般用混凝土现浇，再用水泥砂浆抹面。沟底有不小于1%的坡度，保证排水通畅。明沟适用于降雨量较大的南方地区，其构造如图3-12所示。

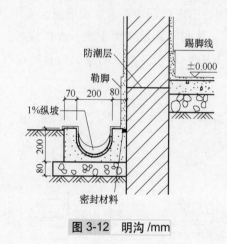

4D 微课素材 / 墙体 /
明沟 .mp4

图 3-12　明沟 /mm

4. 踢脚线

踢脚线是室内墙面的下部与室内楼地面交接处的构造，其作用是保护墙面，防止因外界碰撞而损坏墙体和因清洁地面时弄脏墙身。踢脚线高度为150mm左右，视情况而定，常用的踢脚线材料有水泥砂浆、水磨石、大理石、缸砖和石板等，一般应随室内地面材料而定，如图3-13所示。

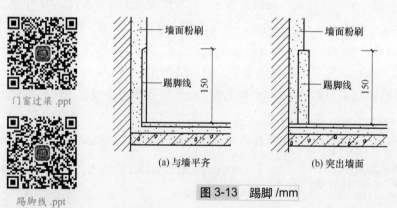

门窗过梁 .ppt

踢脚线 .ppt

(a) 与墙平齐　　　　　　　　(b) 突出墙面

图 3-13　踢脚 /mm

5. 门窗过梁

当墙体上开设门、窗洞口时，为了支撑门、窗洞口上墙体的荷载，常在门窗洞口上设置横梁，此梁称为过梁。常见的过梁有钢筋砖过梁、钢筋混凝土过梁、砖拱过梁等，如图3-14所示。

1) 钢筋砖过梁

钢筋砖过梁适用于跨度在1.5～2.0m、上部无集中荷载及抗震设防要求的建筑。钢筋砖过梁用M5砂浆砌筑，高度不小于五皮砖，且不小于1/4跨度。在底部砂浆层中放置的钢筋不应少于 3 根 φ6mm，并放置在第一皮砖和第二皮砖之间，也可将钢筋直接放在第一皮砖下面的砂浆层内，同时钢筋伸入两端墙内不小于 240mm，并加弯钩。这种梁施工方便，整体性好。

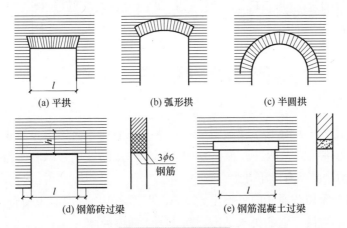

图 3-14　过梁的形式

2) 钢筋混凝土过梁

钢筋混凝土过梁断面尺寸主要根据跨度、上部荷载的大小计算确定。钢筋混凝土过梁有现浇和预制两种，为了加快施工进度常采用预制钢筋混凝土过梁。过梁两端搁入墙内的长度不小于 240mm，以保证过梁在墙上有足够的承载面积，梁高与砖的皮数相适应，即 60mm 的整倍数，如图 3-15 所示。过梁断面宽一般同墙厚。为了防止雨水沿门窗过梁向外墙内侧流淌，过梁底部外侧抹灰时要做滴水。

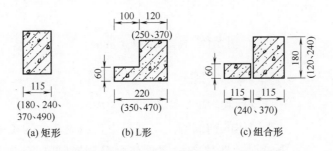

图 3-15　钢筋混凝土过梁截面形式和尺寸 /mm

钢筋混凝土过梁有矩形截面和 L 形截面等几种形式，如图 3-16 所示。矩形截面的过梁一般用于内墙和混水墙，L 形截面的过梁多用于外墙、清水墙和寒冷地区。

3) 平拱砖过梁

平拱砖过梁是将砖侧砌而成，灰缝上宽下窄使侧砖向两边倾斜，相互挤压形成拱的作用，两端下部伸入墙内 20 ～ 30mm，中部的起拱高度约为跨度的 1/50，洞口跨度 1.0m 左右，最大不宜超过 1.8m。有集中荷载或建筑受震动荷载时不宜采用这种过梁形式。

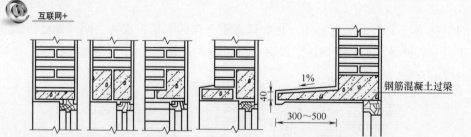

图 3-16 钢筋混凝土过梁的形式 /mm

6. 窗台

为了避免雨水聚集窗下并侵入墙身和雨水弄脏墙面，应考虑设置窗台。窗台有悬挑式窗台和非悬挑式窗台两种。窗台须向外形成一定的坡度，以利于排水，如图 3-17 所示。窗台的构造要点有以下几个。

(1) 悬挑窗台采用普通砖向外挑出 60mm，也可采用钢筋混凝土窗台。

(2) 窗台表面应做一定的排水坡度，防止雨水向室内渗入。

(3) 挑窗台底部应做滴水线或滴水槽，引导雨水垂直下落不致影响窗下的墙面。

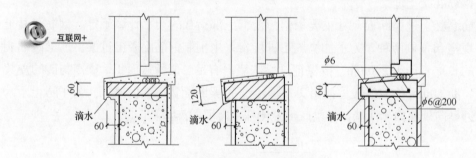

图 3-17 窗台构造做法 /mm

7. 墙身加固措施

4D 微课素材 / 墙体 / 门垛和壁柱 .mp4

1) 壁柱和门垛

当墙体的窗间墙上出现集中荷载或墙体的长度和高度超过一定限度时，墙体的稳定性将会受到影响，这时要在墙身局部适当的位置增设壁柱。壁柱突出墙面的尺寸一般为 120×370mm、240×370mm、240×490mm 等，如图 3-18 所示。

为了便于门框的安置和保证墙体的稳定性，在墙上开设门洞且洞口在两墙转角处或丁字墙交接处时，应在门靠墙的转角部位或丁字交接的一边设置门垛。门垛突出墙面为 120～240mm。

4D 微课素材 / 墙体 / 圈梁 .mp4

2) 设置圈梁

圈梁是沿建筑物外墙四周及部分内横墙设置的连续闭合梁。其目的是增强建筑的整体刚度和稳定性，减轻地基不均匀沉降对房屋的破坏，抵抗地震力的影响。

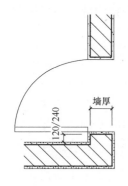
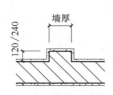
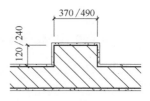

图 3-18　壁柱与门垛 /mm

圈梁有钢筋混凝土圈梁和钢筋砖圈梁两种。钢筋混凝土圈梁整体刚度好，应用广泛。钢筋砖圈梁用不少于 M5.0 砂浆砌筑，高度 4 ～ 6 皮砖，在圈梁中设置 $\phi4 \sim \phi8$ 的通长钢筋，分上、下两层布置。圈梁的构造如图 3-19 所示。

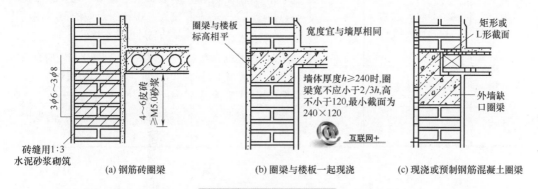

(a) 钢筋砖圈梁　　(b) 圈梁与楼板一起现浇　　(c) 现浇或预制钢筋混凝土圈梁

图 3-19　圈梁的构造 /mm

圈梁应符合下列构造要求。

(1) 圈梁宜连续地设在同一水平面上，并形成封闭状。

(2) 纵、横墙交接处的圈梁应有可靠的连接。刚弹性和弹性方案房屋，圈梁应与屋架、大梁等构件可靠连接。

(3) 钢筋混凝土圈梁的宽度宜与墙厚相同，当墙厚 $h \geqslant 240$mm 时，其宽度不宜小于 $2h/3$。圈梁高度不应小于 120mm。纵向钢筋不应少于 $4\phi10$mm，绑扎接头的搭接长度按受拉钢筋考虑，箍筋间距不应大于 300mm。

(4) 圈梁兼作过梁时，过梁部分的钢筋应按计算用量另行增配。

采用现浇钢筋混凝土楼 (屋) 盖的多层砌体结构房屋，当层数超过 5 层时，除在檐口标高处设置一道圈梁外，可隔层设置圈梁，并与楼 (层) 面板一起现浇。未设置圈梁的楼面板嵌入墙内的长度不应小于 120mm，并沿墙长配置不少于 $2\phi10$ mm 的纵向钢筋。

圈梁最好和门窗过梁合二为一，在特殊情况下，当遇有门窗洞口致使圈梁局部截断时，应在洞口上部增设相应截面的附加圈梁。附加圈梁与圈梁搭接长度应大于或等

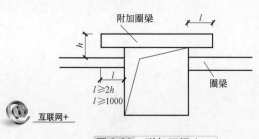

图 3-20　附加圈梁 /mm

$l \geqslant 2h$
$l \geqslant 1000$

于其垂直间距的 2 倍且不得小于 1m。但在抗震设防地区，圈梁应完全闭合，不得被洞口断开，如图 3-20 所示。

3）设置构造柱

钢筋混凝土构造柱是从抗震角度考虑设置的，一般设置在外墙四角、内外墙交接处、楼梯间的四角及较大洞口的两侧。除此之外，根据房屋的层数和抗震设防烈度不同，构造柱的设置要求如表 3-2 所示，构造柱与圈梁墙体的关系如图 3-21 所示。

表 3-2　多层砖砌体房屋构造柱设置要求

房屋层数				设置的部位	
6 度	7 度	8 度	9 度		
4、5 层	3、4 层	2、3 层	—	楼（电）梯间四角，楼梯斜梯段上、下端对应的墙体处；外墙四角和对应转角，错层部位横墙与外纵墙交接处；较大洞口两侧；大房间内、外墙交接处	隔 12m 或单元横墙与外纵墙交接处，楼梯间对应的另一侧内横墙与外纵墙交接处
6 层	5 层	4 层	2 层		隔开间横墙（轴线）与外墙交接处，山墙与内纵墙交接处
7 层	≥6 层	≥5 层	≥3 层		内墙（轴线）与外墙交接处，内墙局部较小的墙垛处；内纵墙与横墙（轴线）交接处

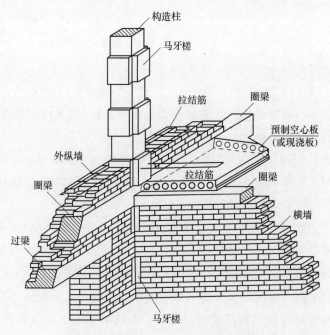

图 3-21　构造柱与圈梁墙体的关系

　　构造柱的最小截面尺寸为 180mm×240mm，纵向钢筋一般用 4ϕ 12mm，箍筋间距不宜大于 250mm，且在柱上、下端宜适当加密；抗震设防烈度为 6、7 度时超过 6 层、8 度时超过 5 层和 9 度时，纵向钢筋宜用 4ϕ 14mm，箍筋间距不宜大于 200mm；房屋四角的构造柱可适当加大截面及配筋。为了加强构造柱与墙体的连接，构造柱与墙连接处宜砌成马牙槎，并沿墙高每隔 500mm 设 2ϕ 6mm 的拉结钢筋，每边伸入墙内不宜小于 1m。施工时必须先砌墙，然后浇筑钢筋混凝土构造柱，如图 3-22 所示。

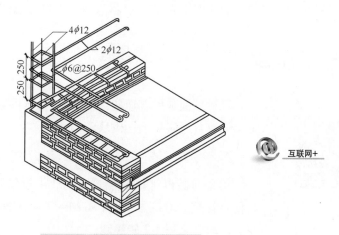

互联网+

图 3-22　构造柱构造做法 /mm

　　4) 空心砌块墙芯柱

　　当采用混凝土空心砌块时，应在房屋四角、外墙转角、楼梯间四角设芯柱，如图 3-23 所示。芯柱用 C15 细石混凝土填入砌块孔中，并在孔中插入通长钢筋。

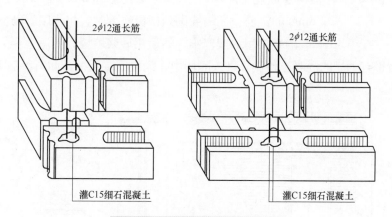

图 3-23　砌块墙墙芯柱构造 /mm

3.3　隔墙的构造

　　隔墙是分隔室内空间的非承重构件。在现代建筑中，为了提高平面布局的灵活性，大量采用隔墙以适应建筑功能的变化，设计时应注意以下几个方面。

(1) 隔墙要求自重小，有利于减小楼板的荷载。

(2) 尽量少占用房间使用面积，增加建筑的有效空间。

(3) 为保证隔墙的稳定性，特别要注意隔墙与墙柱及楼板的拉结。

(4) 应有一定的隔声能力，使各使用房间互不干扰。

(5) 满足不同使用部位的要求，如卫生间的隔墙要求防水、防潮，厨房的隔墙要求防潮、防火等。

隔墙按材料和构造不同分块材隔墙、板材隔墙、立筋隔墙等。

3.3.1 块材隔墙

4D 微课素材 / 墙体 / 板材隔墙 .mp4

块材隔墙是用普通砖、空心砖、加气混凝土等块材砌筑而成的，常用的有普通砖隔墙、砌块隔墙。

1. 普通砖隔墙

用普通砖砌筑的隔墙厚度有 1/4 砖和 1/2 砖两种，1/4 砖厚隔墙稳定性差、对抗震不利；1/2 砖厚隔墙坚固耐久、有一定的隔声能力，故常采用 1/2 砖隔墙。

4D 微课素材 / 墙体 / 普通砖隔墙 .mp4

1/2 砖隔墙即半砖隔墙，砌筑砂浆强度等级不应低于 M5。为使隔墙与墙柱之间连接牢固，在隔墙两端的墙柱沿高度每隔 500mm 预埋 $2\phi 6$mm 的拉结筋，伸入墙体的长度为 1000mm，还应沿隔墙高度每隔 1.2 ~ 1.5m 设一道 30mm 厚水泥砂浆层，内放 $2\phi 6$mm 的钢筋。在隔墙砌到楼板底部时，应将砖斜砌一皮或留出 30mm 的空隙用木楔塞牢，然后用砂浆填缝。隔墙上有门时，用预埋铁件或将带有木楔的混凝土预制块砌入隔墙中，以便固定门框，如图 3-24 所示。

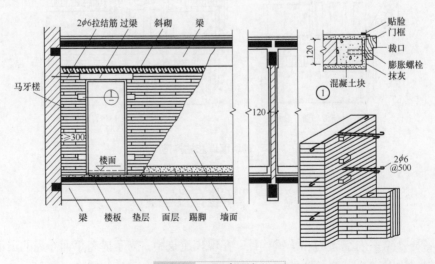

图 3-24　1/2 砖隔墙 /mm

2. 加气混凝土砌块隔墙

加气混凝土砌块隔墙具有重量轻、吸声好、保温性能好、便于操作的特点，目前在隔墙工程中应用较广。但加气混凝土砌块吸湿性较大，故不宜用于浴室、厨房、厕所等处，如使用需另做防水层。

加气混凝土砌块隔墙的底部宜砌筑 2 ～ 3 皮普通砖，以利于踢脚砂浆的黏结，砌筑加气混凝土砌块时应采用 1 : 3 水泥砂浆砌筑，为了保证加气混凝土砌块隔墙的稳定性，沿墙高每 900 ～ 1000mm 设置 2ϕ6mm 的配筋带，门窗洞口上方也要设 2ϕ6mm 的钢筋，如图 3-25 所示。墙面抹灰可直接抹在砌块上，为了防止灰皮脱落，可先用细铁丝网钉在砌块墙上做抹灰。

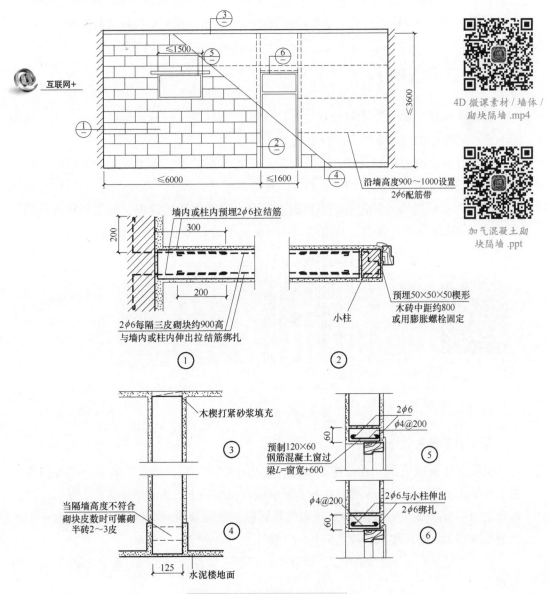

互联网+

4D 微课素材／墙体／砌块隔墙.mp4

加气混凝土砌块隔墙.ppt

图 3-25　加气混凝土隔墙 /mm

3.3.2　板材隔墙

　　板材隔墙是指采用各种轻质材料制成的预制薄形板拼装而成的隔墙。常见的板材有石膏条板、加气混凝土条板、钢丝网泡沫塑料水泥砂浆复合板等。这类隔墙的工厂化生产程度较高，成品板材现场组装，施工速度快，现场湿作业较少。

　　条板墙体厚度应满足建筑防火、隔声、隔热等功能要求。单层条板墙体用作分户墙时，其厚度不小于 120mm；用作户内隔墙时，其厚度不小于 90mm。

　　条板在安装时，与结构连接的上端用胶粘剂黏结，下端用细石混凝土填实或用一对对口木楔将板底楔紧。在抗震设防 6 ～ 8 度的地区，条板上端应加 L 形或 U 形钢板卡与结构预埋件焊接固定或用弹性胶连接填实。对隔声要求较高的墙体，在条板之间以及条板与梁、板、墙、柱相结合的部位应设置泡沫密封胶、橡胶垫等材料的密封隔声层。

3.3.3　立筋式隔墙

　　立筋式隔墙又称骨架式隔墙，它是以木材、钢材或其他材料构成骨架，再做两侧的面层。隔墙由骨架和面层两部分组成。

　　骨架有木骨架和轻钢骨架、石膏骨架、石棉水泥骨架、水泥刨花骨架和铝合金骨架等。骨架由上槛、下槛、墙筋、斜撑、横撑等组成，如图 3-26 所示。面层材料包括纤维板、纸面石膏板、胶合板、塑铝板、纤维水泥板等轻质薄板。根据材料的不同，采用钉子、膨胀螺栓、铆钉、自攻螺母或金属夹子等来固定面板和骨架。

4D 微课素材 / 墙体 /
立筋式隔墙 .mp4

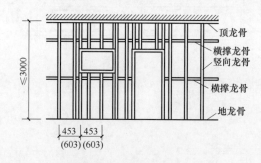

顶龙骨
横撑龙骨
竖向龙骨
横撑龙骨
地龙骨

≤3000

453　453
(603)(603)

图 3-26　龙骨的排列 /mm

1. 灰板条抹灰隔墙

　　灰板条抹灰隔墙是一种传统的做法，它由上槛、下槛、墙筋、斜撑及横撑组成，在木骨架的两侧钉灰板条，然后抹灰。板条横钉在墙筋上，为了便于抹灰，保证拉结，板条之间应留 7 ～ 9mm 的缝隙，使灰浆挤到板条缝的背面，咬住板条。为了便于制作水泥踢脚和满足防潮要求，板条隔墙的下槛下边可加砌 2 ～ 3 皮砖。

　　板条隔墙的门、窗框应固定在墙筋上。门框上须设置门头线，防止灰皮脱落影响美观。

2. 钢丝网抹灰隔墙

在骨架两侧钉钢丝网或钢板网，然后再做抹灰面层。这种隔墙强度高、抹灰层不易开裂，以便防潮、防火和节约木材。

3. 轻钢龙骨石膏板隔墙

轻钢龙骨石膏板隔墙是用轻钢龙骨做骨架，纸面石膏板做面板的隔墙。它具有刚度好、耐火、防水、质轻、便于拆装等特点。立筋时为了防潮，在楼地面上先砌 2 ～ 3 皮砖或在楼板垫层上浇筑混凝土墙垫。轻钢龙骨石膏板隔墙施工方便，速度快，应用广泛。为了提高隔墙的隔声能力，可在龙骨间填岩棉、泡沫塑料等弹性材料，如图 3-27 所示。

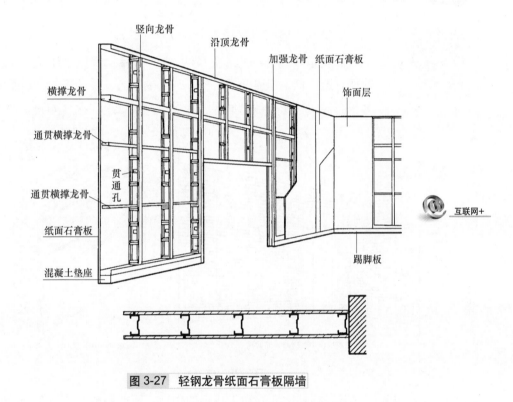

图 3-27　轻钢龙骨纸面石膏板隔墙

3.4　墙面的装修构造

3.4.1　墙面装修的作用及分类

1. 墙面装修的作用

(1) 保护墙体，提高墙体防潮、防风化、耐污染等能力，增强了墙体的坚固性和耐久性。

(2) 装饰作用，通过墙面材料色彩、质感、纹理、线形等的处理，丰富了建筑的造型，

墙面装修的分类.ppt

改善了室内亮度，使室内变得更加温馨，富有一定的艺术魅力。

(3) 改善环境条件，满足使用功能的要求。可以改善室内外清洁、卫生条件，增强建筑物的采光、保温、隔热、隔声等性能。

2. 墙面装修的分类

墙面装修按所处的位置分室外装修和室内装修。按材料及施工方式分抹灰类、贴面类、涂料类、裱糊类和铺钉类。

3.4.2　墙面装修的构造

抹灰类墙面装修构造.ppt

1. 抹灰类墙面装修构造

抹灰是我国传统的墙面做法，这种做法材料来源广泛，施工操作简便，造价低，但多为手工操作，工效较低，劳动强度大，表面粗糙，易积灰等。抹灰一般分底层、中层、面层三个层次，如图3-28所示。

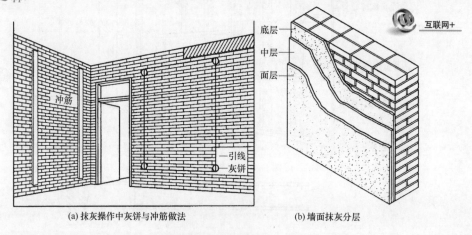

(a) 抹灰操作中灰饼与冲筋做法　　　　(b) 墙面抹灰分层

图 3-28　墙面抹灰

底层：与基层有很好的黏结，有初步找平的作用，厚度一般为 5 ～ 7mm。当墙体基层为砖、混凝土时，均可采用水泥砂浆或混合砂浆打底；当墙体基层为砌块时，采用混合砂浆打底；当基层为灰条板时，应采用石灰砂浆，并在砂浆中掺入适量的麻刀或其他纤维。

中层：起进一步找平作用，弥补底层因灰浆干燥后收缩出现的裂缝，厚度为 5 ～ 9mm。

面层：主要起装饰美观的作用，厚度为 2 ～ 8mm。面层不包括在面层上的刷浆、喷浆或涂料。

抹灰按质量要求和主要工序分为三种标准，如表3-3所示。

表 3-3 抹灰按质量要求和主要工序所分的标准

标准 \ 层次	低 灰	中 灰	面 灰	总厚度 /mm
普通抹灰	1 层	—	1 层	≤ 18
中级抹灰	1 层	1 层	1 层	≤ 20
高级抹灰	1 层	数层	1 层	≤ 25

普通抹灰适用于简易宿舍、仓库等，中级抹灰适用于住宅、办公楼、学校、旅馆等，高级抹灰适用于公共建筑、纪念性的建筑。

常用的抹灰做法如下所述。

(1) 混合砂浆抹灰：用于内墙时，先用 15mm 厚 1：1：6 水泥石灰砂浆打底，5mm 厚 1：0.3：3 水泥石灰砂浆抹面；用于外墙时，先用 12mm 厚 1：1：6 水泥石灰砂浆打底，再用 8mm 厚 1：1：6 水泥石灰砂浆抹面。

(2) 水泥砂浆抹灰：用于砖砌筑的内墙时，先用 13mm 厚 1：3 水泥砂浆打底，再用 5mm 厚 1：2.5 水泥砂浆抹面，压实抹光，然后刷或喷涂料。作为厨房、浴厕等受潮房间的墙裙时，面层用铁板抹光。外墙抹灰时，先用 12mm 厚 1：3 水泥砂浆打底，再用 8mm 厚 1：2.5 水泥砂浆抹面。

(3) 纸筋灰抹面：用于砖砌筑的内墙时，先用 15mm 厚 1：3 水泥砂浆打底，再用 2mm 厚纸筋石灰抹面，然后刷或喷涂料。外墙为混凝土墙时，先在基底上刷素水泥浆一道，然后用 7mm 厚 1：3：9 水泥石灰砂浆打底，7mm 厚 1：3 水泥石灰膏砂浆。再用 2mm 厚纸筋石灰抹面，然后刷或喷涂料；若为砌块墙时，先用 10mm 厚 1：3：9 水泥石灰砂浆打底，再用 6mm 厚 1：3 石灰砂浆和 2mm 厚纸筋灰抹面，然后刷或喷涂料。

2. 贴面类墙面装修构造

1) 面砖

面砖是用陶土或瓷土为原料，压制成型后经烧制而成。面砖质地坚固、耐磨、耐污染、装饰效果好，适用于装饰要求较高的建筑。面砖常用的规格有 150mm×150mm、75mm×150mm、113mm×77mm、145mm×113mm、233mm×113mm、265mm×113mm 等，如图 3-29 所示。

面砖铺贴前先将表面清洗干净，然后将面砖放入水中浸泡，贴前取出晾干或擦干。先用 1：3 水泥砂浆打底并刮毛，再用 1：0.3：3 水泥石灰砂浆或掺用 108 胶的 1：2.5 的水泥砂浆满刮于面砖背面，其厚度不小于 10mm，贴于墙上后轻轻敲实，使其与底灰粘牢。面砖若被污染，可用浓度为 10% 的盐酸洗涮，并用清水洗净。

贴面类墙面装
修构造 .ppt

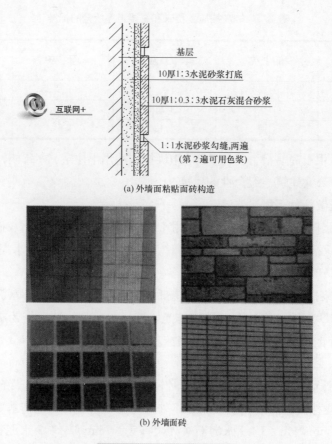

基层

10厚1:3水泥砂浆打底

10厚1:0.3:3水泥石灰混合砂浆

1:1水泥砂浆勾缝,两遍
(第 2 遍可用色浆)

互联网+

(a) 外墙面粘贴面砖构造

(b) 外墙面砖

图 3-29　外墙贴面砖 /mm

2) 陶瓷锦砖

陶瓷锦砖又称马赛克,是高温烧制的小型块材,表面致密光滑、色彩艳丽、坚硬耐磨、耐酸耐碱、一般不易褪色。铺贴时先按设计的图案,用 10mm 厚 1 : 2 水泥砂浆将小块的面材贴于基底,待凝后将牛皮纸洗去,再用 1 : 1 水泥砂浆擦缝,如图 3-30 所示。

图 3-30　陶瓷锦砖

3) 花岗岩石板

花岗岩石板结构密实，强度和硬度较高，吸水率较小，抗冻性和耐磨性较好，抗酸碱和抗风化能力较强。花岗岩石板多用于宾馆、商场、银行等大型公共建筑物和柱面装饰，也适用于地面、台阶、水池等，如图 3-31 所示。

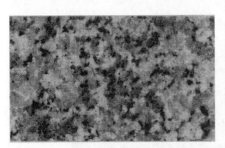

图 3-31 花岗岩石板

4) 大理石板

大理石又称云石，表面经磨光加工后，纹理清晰，色彩绚丽，具有很好的装饰性。由于大理石质地软，不耐酸碱，因此多用于室内装饰的建筑中，如图 3-32 所示。

石板的安装构造有湿贴和干挂两种。干挂做法是先在墙面或柱子上设置钢丝网，并且将钢丝网与墙上锚固件连接牢固，然后将石板用铜丝或镀锌钢丝绑扎在钢丝网上。石板固定好后，在石板与墙或柱间用 1∶3 水泥砂浆或细石混凝土灌注。由于湿贴法施工的天然石板墙面具有基底透色、板缝砂浆污染等缺点，一般情况下常采用干挂的做法。

大理石 .ppt

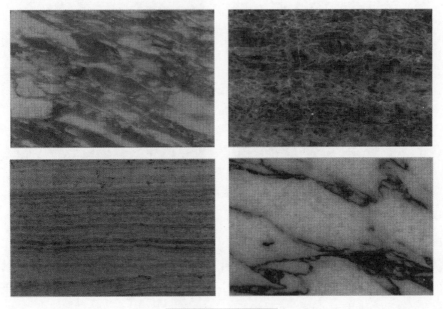

图 3-32 大理石板材

3. 涂料类墙面装修构造

涂料类饰面具有工效高、工期短、材料用量少、自重轻、造价低、维修更新方便等优点，因此在饰面装修工程中得到较为广泛的应用，如图 3-33 所示。

涂料类墙面装
修构造.ppt

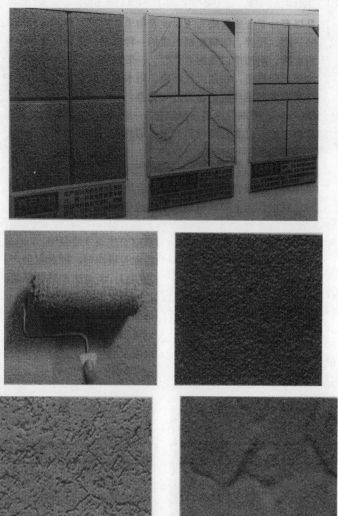

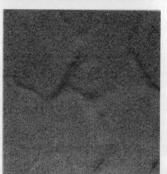

图 3-33　墙面涂料做法

涂料分为有机涂料和无机涂料两类。

1) 有机涂料

有机涂料根据主要成膜物质与稀释不同分为溶剂性涂料、水溶性涂料和乳胶涂料。

溶剂性涂料有较好的硬度、光泽、耐水性、耐腐蚀性和耐老化性，但施工时污染环境，涂抹透气性差，主要用于外墙饰面。

水溶性涂料不掉粉、造价不高、施工方便、色彩丰富，多用于内、外墙饰面。

乳胶涂料所涂的饰面可以擦洗、易清洁、装饰效果好。所以乳胶涂料是住宅建筑和公共建筑的一种较好的内、外墙饰面材料。

2) 无机涂料

无机涂料分普通无机涂料和无机高分子涂料。普通无机涂料多用于一般标准的室内装修，无机高分子涂料多用于外墙面装修和有擦洗要求的内墙面装修。

4. 裱糊类墙面装修构造

裱糊类墙面饰面装饰性强，造价较低，施工方法简捷高效，材料更换方便，并且在曲面和墙面转折处粘贴可以顺应基层，可取得连续的饰面效果。

3.5 幕 墙

幕墙是由金属构件与各种板材组成的悬挂在建筑主体结构上的轻质装饰性外围护墙。

3.5.1 幕墙主要组成和材料

幕墙的框架材料可分为两大类，一类是构成骨架的各种型材，另一类是用于连接与固定型材的连接件和紧固件，如图 3-34 所示。

(1) 型材：常用的型材有型钢（以普通碳素钢 A3 为主，断面形式有角钢、槽钢、空腹方钢等）、铝型材（主要有竖梃、横挡及副框料等）和不锈钢型材（不锈钢薄板压弯或冷轧制造成钢框格或竖框）三大类。

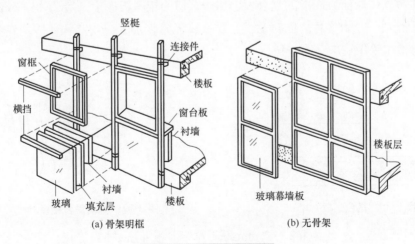

(a) 骨架明框　　　　　　　(b) 无骨架

图 3-34　玻璃幕墙的组成

(2) 紧固件：紧固件主要包括膨胀螺栓、普通螺栓、铝拉钉、射钉等。膨胀螺栓和射钉一般通过连接件将骨架固定于主体结构上，普通螺栓一般用于骨架型材之间及骨架与连接件之间的连接，铝拉钉一般用于骨架型材之间的连接。

(3) 连接件：常用的连接件多以角钢、槽钢及钢板加工而成，也有部分是特制的。常见形式如图 3-35 所示。

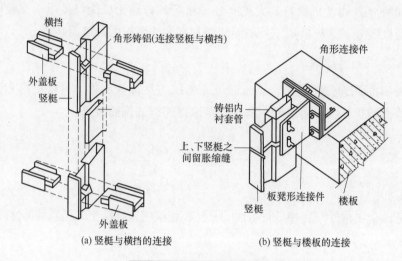

(a) 竖梃与横挡的连接   (b) 竖梃与楼板的连接

图 3-35　幕墙铝框连接构造

1. 饰面板

(1) 玻璃：主要有热反射玻璃、吸热玻璃、双层中空玻璃、夹层玻璃、夹丝玻璃及钢化玻璃等。前 3 种为节能玻璃，后 3 种为安全玻璃。

(2) 铝板：常用的铝板有单层铝板、复合铝板和蜂窝复合铝板 3 种，如图 3-36、图 3-37 所示。复合铝板也称铝塑板，是由两层 0.5mm 厚的铝板内夹低密度的聚乙烯树脂，表面覆盖氟碳树脂涂料而成的复合板，用于幕墙的铝塑板厚度一般为 4 ~ 6mm。铝塑板的表面光洁、色彩多样、防污易洗、防火、无毒，加工、安装和保养均较方便，是金属板幕墙中采用较广泛的一种。

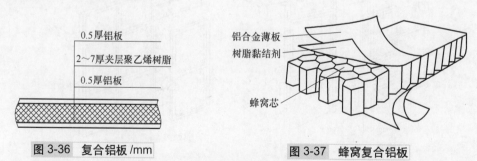

图 3-36　复合铝板 /mm   图 3-37　蜂窝复合铝板

(3) 不锈钢板：一般为 0.2 ~ 2 mm 厚不锈钢薄板冲压成槽形钢板。

(4) 石板：常用的天然石材有大理石和花岗石。其与玻璃等饰面板组合应用，可以产生虚虚实实的装饰效果。

2．封缝材料

封缝材料通常是填充材料、密封固定材料和防水密封材料三种材料的总称。

(1) 填充材料：主要有聚乙烯泡沫材料、聚苯乙烯泡沫材料及氯丁二烯材料等，有片状、板状、圆柱状等多种规格，主要起保温作用。

(2) 密封固定材料：如铝合金压条或橡胶密封条等。

(3) 防水密封材料：应用较多的有聚硫橡胶封缝料和硅酮封缝料。

3.5.2　幕墙的基本结构类型

(1) 根据用途不同，幕墙可分为外幕墙和内幕墙。外幕墙用于外墙立面，主要起围护及装饰作用；内幕墙用于室内，可起到分隔作用。

(2) 根据饰面所用材料不同，幕墙可分轻质幕墙和重质幕墙。轻质幕墙包括玻璃幕墙、金属板材幕墙、纤维水泥板幕墙、复合板幕墙等；重质幕墙包括石材幕墙及钢筋混凝土外墙挂板幕墙等。

玻璃幕墙 .ppt

1. 玻璃幕墙

玻璃幕墙是当代的一种新型墙体，是由金属构件与玻璃板组成的建筑外围护结构。它赋予建筑的最大特点是将建筑美学、建筑功能、建筑节能和建筑结构等因素有机地统一起来，建筑物从不同的角度呈现出不同的色调，随阳光、月色、灯光的变化给人以动态的美。在世界各大洲的主要城市均建有宏伟华丽的玻璃幕墙建筑，如纽约世界贸易中心、芝加哥石油大厦、西尔斯大厦都采用了玻璃幕墙。中国香港的中国银行大厦、北京长城饭店和上海联谊大厦也相继采用了玻璃幕墙。玻璃幕墙也存在一些局限性，如光污染、能耗较大等问题。

玻璃幕墙材料应选用耐气候性、不燃烧性材料或难燃烧性材料。金属材料和零附件除不锈钢外，钢材应进行表面热浸镀锌处理，铝合金应进行表面阳极氧化处理。玻璃幕墙的建筑设计应根据建筑物的使用功能、美观要求，经综合技术经济比较选择玻璃幕墙的立面形式、结构形式和材料。玻璃幕墙立面的线条、构图、色调和虚实组成应与建筑整体及环境相协调。玻璃幕墙立面分格尺寸应与玻璃板的成品尺寸相匹配。立面分格的横梁标高宜与附近楼面标高一致，其立柱位置宜与房间划分相协调。

玻璃幕墙有以下几种类型。

(1) 全玻璃式幕墙：这是由玻璃板和玻璃肋制作的玻璃幕墙。全玻璃式幕墙的面板以及与建筑物主体结构部分的连接构件全都由玻璃构成，如图 3-38 所示。因为玻璃属于脆性材料，用玻璃肋来支撑的全玻璃式幕墙的整体高度受到一定程度的限制。

图 3-38　全玻璃式幕墙

(2) 明框玻璃幕墙：金属框架构件显露在外表面的玻璃幕墙。明框玻璃幕墙与主体建筑之间的连接杆件系统做成框格的形式，面板安装在框格上。若框格全部暴露出来称为明框幕墙，如图 3-39 所示。

图 3-39　明框玻璃幕墙

(3) 半隐框玻璃幕墙：金属框架竖向或横向构件显露在外表面的玻璃幕墙。

(4) 隐框玻璃幕墙：金属框架构件全部不显露在外表面的玻璃幕墙。

(5) 斜玻璃幕墙：与水平面呈大于 75°、小于 90°角的玻璃幕墙。

(6) 点式幕墙：点式幕墙采用在面板四角或周边穿孔的方法，用金属爪来固定幕墙面板，如图 3-40 所示。这种幕墙多用于需要大片通透效果的玻璃幕墙上。

2. 金属薄板幕墙

幕墙的金属薄板既是建筑物的围护构件，也是墙体的装饰面层。其主要有铝合金、不锈钢、彩色钢板、铜板、铝塑板等，多用于建筑物的入口处、柱面、外墙勒脚等部位。采用有骨架幕墙体系，金属薄板与铝合金骨架采用螺钉或不锈钢螺栓连接，如图 3-41 所示。

图 3-40 点式幕墙

3. 石板幕墙

石板幕墙主要采用装配式轻质混凝土板材或天然花岗石做幕墙板，骨架多为型钢骨架，骨架的分格一般不超过 900mm×1200mm，石板厚度一般为 30mm。石板与金属骨架的连接多采用金属连接件钩或（挂）接。花岗石色彩丰富、质地均匀、强度高且抗大气污染性能强，多用于高层建筑的底部，如图 3-42 所示。

图 3-41 金属薄板幕墙

图 3-42 石板幕墙

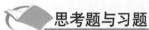 思考题与习题

习题库

一、单选题

1. 关于墙体的承重方案，下列选项不正确的是（ ）。

　　A. 承重墙体由纵、横两个方向的墙体组成的方案称为纵横墙承重方案

　　B. 将楼板及屋面板等水平承重构件均搁置在纵墙上，横墙只起分隔空间和连接纵墙的作用，称为纵墙承重方案

　　C. 将楼板及屋面板等水平承重构件搁置在横墙上，楼面及屋面荷载依次通过

楼板、横墙、基础传递给地基的承重方案称为纵横墙承重方案

D．房屋内部采用柱、梁组成的内框架承重，四周采用墙承重，由墙和柱共同承受水平承重构件传来的荷载，称为墙与柱混合承重

2．图 3-43 中砖墙的组砌方式是（　　）。

A．梅花丁　　　　　　　　　　　　B．一顺一丁

C．全顺式　　　　　　　　　　　　D．多顺一丁

图 3-43　砖墙

3．墙体勒脚部位的水平防潮层一般设于（　　）。

A．基础顶面

B．底层地坪混凝土结构层之间的砖缝中

C．底层地坪混凝土结构层之下 60mm 处

D．室外地坪之上 60mm 处

4．下列（　　）做法不是墙体的加固做法。

A．当墙体长度超过一定限度时，在墙体局部位置增设壁柱

B．设置圈梁

C．设置钢筋混凝土构造柱

D．在墙体适当位置用砌块砌筑

5．散水的构造做法，下列（　　）是不正确的。

A．在素土夯实上做 60 ～ 100mm 厚混凝土，其上再做 5% 的水泥砂浆抹面

B．散水宽度一般为 600 ～ 1000mm

C．散水与墙体之间应整体连接，防止开裂

D．散水宽度比采用自由落水的屋顶檐口多出 150 ～ 200mm

二、多选题

1．下列标号中（　　）是黏土砖标号。

A．MU25　　　　B．MU20　　　　　　C．MU7.5　　　　　　D．MU30

2．砌块按构造方式不同可分为（　　）。

A．实心砌块　　　　　　　　　　　B．空心砌块

C．单排方孔砌块　　　　　　　　　D．保温砌块

3．墙面装修按所处的位置不同分为室外装修和室内装修。按材料及施工方式不同分为（　　）。

A．抹灰类　　　　B．贴面类　　　　　C．涂料类　　　　　　D．裱糊类

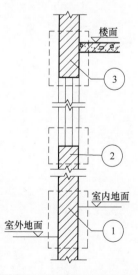

4．幕墙从构成及安装方式上分为（　　）。

　　A．单层幕墙　　　　　　　　B．全玻璃式幕墙

　　C．有框式幕墙　　　　　　　D．点式幕墙

三、简答题

1．墙体的类型和设计要有哪些？

2．常见勒脚的构造做法有哪些？

3．隔墙的种类有哪些？

4．墙面装修的作用和类型有哪些？

5．圈梁的作用是什么？一般设置在什么位置？构造柱的作用是什么？一般设置在什么位置？

6．一般情况下抹灰分为哪几层，各层的作用是什么？

四、案例题

某施工现场在进行施工时，发现有一处门窗洞口把圈梁截断，经测量错开高度为500mm，请利用你所学的相关知识，列出解决方案，并画出图例。

五、实训题

(1) 题目。

墙和楼地层构造设计。

(2) 设计条件。

① 某砖混结构小学教学楼的办公区层高为 3.30m，室内外地面高差为 0.45m，窗洞口尺寸为 1800mm×1800mm。

② 外墙为砖墙，厚度 240mm。

③ 楼板采用预制钢筋混凝土板。

④ 设计所需的其他条件由学生自定。

(3) 设计内容及图纸要求。

用 A3 图纸一张，比例 1∶10。按建筑制图标准规定，绘制外墙墙身三个节点详图①、②、③，如图 3-44 所示。要求按顺序将三个节点详图自下而上布置在同一墙身上。

① 节点详图 1——墙脚和地坪层构造。

a. 画出墙身、勒脚、散水、防潮层、室内外地坪、踢脚板和内外墙面抹灰，剖切到的部分用材料图例表示。

b. 用引出线注明勒脚做法，标注勒脚高度。

c. 用多层构造引出线注明散水各层做法，标注散水的宽度、排水方向和坡度值。

d. 标注出防潮层的位置，注明做法。

图 3-44　墙身设计示意图

e. 用多层构造引出线注明地坪层的各层做法。

f. 注明踢脚板的做法，标注踢脚板的高度等尺寸。

g. 标注定位轴线及编号圆圈，标注墙体厚度（在轴线两边分别标注）和室内外地面标高，注写图名和比例。

② 节点详图2——窗台构造。

a. 画出墙身、内外墙面抹灰、内外窗台和窗框等。

b. 用引出线注明内外窗台的饰面做法，标注细部尺寸，标注外窗台的排水方向和坡度值。

c. 按开启方式和材料表示出窗框，标注清楚窗框与窗台饰面的连接（参考门窗构造一章内容）。

d. 用多层构造引出线注明内外墙面装修做法。

e. 标注定位轴线（与节点详图1的轴线对齐），标注窗台标高（结构面标高），注写图名比例。

③ 节点详图3——过梁和楼板层构造。

a. 画出墙身、内外墙面抹灰、过梁、窗框、楼板层和踢脚板等。

b. 标注清楚过梁的断面形式，标注有关尺寸。

c. 用多层构造引出线注明楼板层做法，标注清楚楼板的形式以及板与墙的相互关系。

d. 标注踢脚板的做法和尺寸。

e. 标注定位轴线（与节点详图1、2的轴线对齐），标注过梁底面（结构面）标高和楼面标高，注写图名和比例。

习题答案

第4章 楼板层与地面

04

【学习目标】

- 了解楼板的分类。
- 掌握钢筋混凝土楼板的构造要求。
- 掌握楼地面的构造做法。
- 掌握顶棚的构造做法。
- 理解阳台的构造。
- 了解雨篷的构造。

【核心概念】

楼板、楼地面、顶棚、阳台、雨篷。

【引子】

　　楼板和地面是建筑物中水平方向分隔空间的构件。楼板层必须具有足够的强度和刚度来承载其上面的家具、设备和人等荷载，并将荷载传递给承重构件，以保持建筑物的水平支撑。它还应满足防水、防潮、防火、隔声、保温、隔热、耐腐蚀等功能要求。楼板层也有围护功能。

　　楼板的荷载是由楼层地面传来的，地面是直接承受人和设备荷载的构造层。底层地面把它承受的荷载传给下面的土——地基。

　　楼板层与地面是房屋的重要组成部分。楼板层是房屋楼层间分隔上、下空间的构件，除起水平承重作用外，还具有一定的隔声、保温、隔热等能力。地面是建筑物底层地坪，是建筑物底层与土壤相接的构件。楼板层的面层直接承受其上部的各种荷载，通过楼板传给墙或柱，最后传给基础。地面和楼板层一样，承受作用在底层地面上的全部荷载，并将它们均匀地传给地基。

4.1 楼板层的组成、类型和设计要求

4.1.1 楼板层的组成

楼板层主要由面层、结构层和顶棚三部分组成，根据使用的实际需要可在楼板层中设置附加层，如图4-1所示。

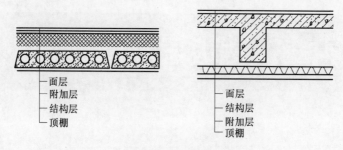

图4-1 楼板层的组成

1. 面层

面层位于楼板层上表面，故又称为楼面。面层与人、家具设备等直接接触，起着保护楼板、承受并传递荷载的作用，同时对室内有重要的装饰作用。

2. 结构层

结构层即楼板，是楼板层的承重部分，一般由板或梁板组成。其主要功能是承受楼板层上部荷载，并将荷载传递给墙或柱，同时还对墙身起水平支撑作用，以加强建筑物的整体刚度。

3. 顶棚层

顶棚层位于楼板最下面，也是室内空间上部的装修层，俗称天花板。顶棚主要起到保温、隔声、装饰室内空间的作用。

4. 附加层

附加层位于面层与结构层或结构层与顶棚层之间，根据楼板层的具体功能要求而设置，故又称为功能层。其主要作用是找平、隔声、隔热、保温、防水、防潮、防腐蚀、防静电等。

4.1.2 楼板的类型

楼板按所用材料不同可分为木楼板、砖拱楼板、钢筋混凝土楼板、压型钢板组合楼板等多种类型，如图4-2所示。

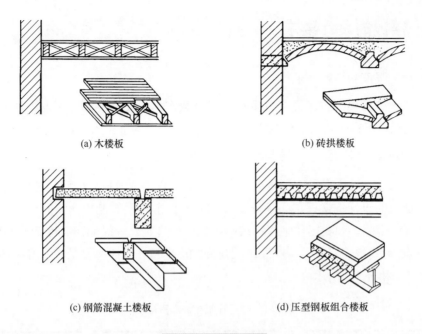

(a) 木楼板   (b) 砖拱楼板

(c) 钢筋混凝土楼板   (d) 压型钢板组合楼板

图 4-2 楼板的类型

1. 木楼板

这种楼板是在木格隔栅上下铺钉木板，并在格栅之间设置剪刀撑以加强整体性和稳定性。其具有构造简单、自重小、施工方便、保温性能好等特点，但防水、耐久性差，并且木材消耗量大，故目前应用极少，如图 4-2(a) 所示。

2. 砖拱楼板

这种楼板是通过砖砌或拱形结构来承受楼板层的荷载。这种楼板可以节约钢材、水泥、木材，但自重大，承载能力和抗震能力差，施工较复杂，目前已基本不用，如图 4-2(b) 所示。

3. 钢筋混凝土楼板

这种楼板具有强度高、刚度大、耐久性好、防火及可塑性能好、便于工业化施工等特点，是目前采用极为广泛的一种楼板，如图 4-2(c) 所示。

4. 压型钢板组合楼板

这种楼板是在钢筋混凝土楼板基础上发展起来的，利用压型钢板代替钢筋混凝土楼板中的一部分钢筋、模板而形成的一种组合楼板。其具有强度高、刚度大、施工快等优点，但钢材用量较大，是目前正推广的一种楼板，如图 4-2(d) 所示。

4.1.3 楼板的设计要求

1. 足够的强度和刚度要求

强度要求是指楼板应保证在自重和使用荷载作用下安全可靠，不发生任何破坏。刚度要求是指楼板在一定荷载作用下不发生过大变形，保证正常使用。

2. 隔声要求

声音可通过空气传声和撞击传声方式将一定音量通过楼板层传到相邻的上下空间，为避免其造成的干扰，楼板层必须具备一定的隔撞击传声的能力。不同使用性质的房间对隔声要求不同，如我国住宅楼板的隔声标准中规定：一级隔声标准为 65dB，二级隔声标准为 75dB 等，对一些特殊要求的房间如广播室、演播室、录音室等隔声要求更高，如表 4-1 和表 4-2 所示。

表 4-1 公用建筑允许噪声标准

建筑名称	允许噪声标准 (A 声级)/dB		
	甲　等	乙　等	丙　等
剧场观众厅	≤ 35	≤ 40	≤ 45
影院观众厅	≤ 40	≤ 45	≤ 45
电影院、医院病房、小会议室	35 ~ 42		
教室、大会议室、电视演播室	30 ~ 38		
音乐厅、剧院	25 ~ 30		
测听室、广播录音室	20 ~ 30		

3. 热工要求

对有一定温度、湿度要求的房间，常在其中设置保温层，使楼板层的温度与室内温度趋于一致，减少通过楼板层造成的冷热损失。

4. 防水、防潮要求

对有湿性功能的用房，须具备防潮、防水的能力，以防水的渗漏影响使用。

5. 防火要求

楼板层应根据建筑物耐火等级，对防火要求进行设计，以满足防火安全的功能。

6. 设备管线布置要求

现代建筑中，各种功能日趋完善，同时必须有更多管线借助楼板层敷设，为使室内平面布置灵活，空间使用完整，在楼板层设计中应充分考虑各种管线布置的要求。

表 4-2　民用建筑允许噪声标准

房间名称	允许噪声标准 (A 声级)/dB			
	一　级	二　级	三　级	四　级
卧室 (或卧室兼起居室)	≤ 40	≤ 45	≤ 50	
起居室	≤ 45	≤ 50	≤ 50	
学校教学用房	≤ 45	≤ 50	≤ 55	
病房、医护人员休息室	≤ 40	≤ 45	≤ 50	
门诊室		≤ 60	≤ 65	
手术室		≤ 45	≤ 50	
测听室		≤ 25	≤ 30	≤ 50
旅馆客房	≤ 35	≤ 40	≤ 45	≤ 50
会议室	≤ 40	≤ 45	≤ 50	
多用途大厅	≤ 40	≤ 45	≤ 50	≤ 55
办公室	≤ 45	≤ 50	≤ 50	
餐厅、宴会厅	≤ 50	≤ 55	≤ 50	

注：① 特殊安静要求房间指语音教室、录音室、阅览室等。
　　② 一般教室指普通教室、自然教室、音乐教室、琴房、阅览室、视听教室、美术教室、舞蹈教室等。
　　③ 无特殊要求的房间指健身房、以操作为主的实验室、教室、办公室及休息室等。

7. 建筑经济的要求

　　多层建筑中，楼板层的造价占建筑总造价的 20% ~ 30%。因此，楼板层的设计在保证质量标准和使用要求的前提下，要选择经济合理的结构形式和构造方案，尽量减少材料消耗和自重，并为工业化生产创造条件。

4.2　钢筋混凝土楼板

　　钢筋混凝土楼板按照楼板的施工方式可分为现浇钢筋混凝土楼板、装配式钢筋混凝土楼板和装配整体式钢筋混凝土楼板三种。

现浇钢筋混凝
土楼板 .ppt

4.2.1　现浇钢筋混凝土楼板

　　现浇钢筋混凝土楼板是在施工现场支模板、绑扎钢筋、浇筑混凝土、养护等施工工序而制成的楼板。它具有整体性好、抗震性强、防水抗渗性好、便于留孔洞、布置管线方便、适应各种建筑平面形状等优点，但有模板用量大、施工速度慢、现场湿作业量大、施工受季节影响等缺点。近年来，由于工具式模板的采用和现场机械化程度的提高，现浇钢筋混凝土楼板的应用越来越广泛。

　　现浇钢筋混凝土楼板按受力和传力情况可分为板式楼板、梁板式楼板、无梁楼板、压型钢板组合楼板等。

1. 板式楼板

板式楼板是楼板内不设置梁，将板直接搁置在墙上的楼板。板有单向板和双向板之分，如图4-3所示。当板的长边与短边之比大于2时，这种板称为单向板，荷载由沿短边方向布置的钢筋传递到板的长边；当板的长边与短边之比不大于2时，这种板称为双向板，荷载沿双向传递，短边方向内力较大，长边方向内力较小，受力主筋平行于短边并摆在下面。

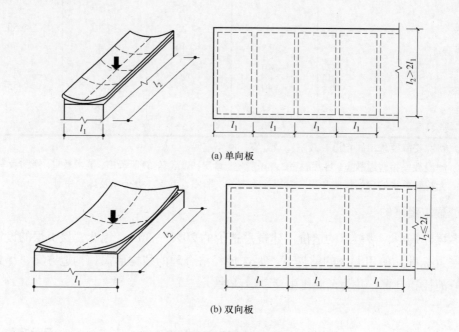

(a) 单向板

(b) 双向板

图4-3 单向板和双向板

板式楼板底面平整、美观、施工方便，适用于小跨度房间，如走廊、厕所和厨房等。板式楼板的厚度一般不超过120mm，经济跨度在3000mm之内。

2. 梁板式楼板

梁板式楼板.ppt

当房间的跨度较大时，楼板承受的弯矩也较大，如仍采用板式楼板必然需加大板的厚度和增加板内所配置的钢筋。在这种情况下，可以采用梁板式楼板，如图4-4所示。

梁板式楼板一般由板、次梁、主梁组成。主梁沿房间短跨布置，次梁与主梁一般垂直相交，板搁置在次梁上，次梁搁置在主梁上，主梁搁置在墙或柱上。主、次梁布置对建筑的使用、造价和美观等有很大影响。当板为单向板时，称为单向梁板式楼板；当板为双向板时，称为双向梁板式楼板。

表4-3列举了梁板的合理尺度，供设计时参考。

　　井字楼板是梁板式楼板的一种特殊形式。当房间平面形状为方形或接近方形时，常沿两个方向布置等距离、等截面高度的梁（不分主、次梁），板为双向板，形成井格形式的梁板结构。井字楼板的跨度一般为 6 ～ 10m，板厚为 70 ～ 80mm，井格边长一般在 2.5m 之内。井字楼板一般井格外露，产生结构带来的自然美感，房间内不设柱，适用于门厅、大厅、会议室、小型礼堂等。

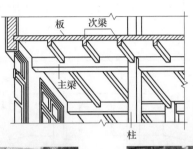

图 4-4　梁板式楼板

表 4-3　梁板式楼板的经济尺度

构件名称		经济跨度 (L)	构件截面高度 (h)	构件截面宽度 (b)
主梁		5 ～ 8m	1/14 ～ 1/8L	1/3 ～ 1/2h
次梁		4 ～ 6m	1/18 ～ 1/12L	1/3 ～ 1/2h
楼板	单向板	2 ～ 3m	1/30 ～ 1/40L	
	双向板	3 ～ 6m	1/40 ～ 1/50L	

3. 无梁楼板

无梁楼板是将板直接支承在柱和墙上，不设梁的楼板，如图4-5所示。为提高楼板的承载能力和刚度，须在柱顶设置柱帽和柱板，增大柱对板的支承面积和减小板的跨度。无梁楼板通常为正方形或接近正方形，柱网尺寸在6m左右，板厚不宜小于120mm，一般为160～200mm。

无梁楼板顶棚平整，楼层净空大，采光、通风好，多用于楼板上活荷载较大的商店、仓库、展览馆等建筑。

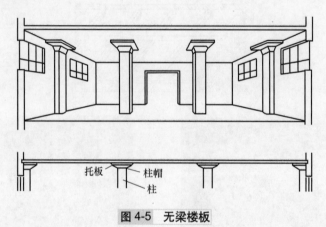

图 4-5　无梁楼板

4. 压型钢板组合楼板

压型钢板组合楼板是以截面为凹凸的压型钢板做衬板与现浇混凝土浇筑在一起构成的楼板结构。压型钢板起到现浇混凝土的永久性模板的作用，同时板上的肋条能与混凝土共同工作，可以简化施工程序，加快施工进度；并且具有刚度大、整体性好的优点。压型钢板的肋部空间可用于电力管线的穿设，还可以在钢衬板底部焊接架设悬吊管道、吊顶的支托等，从而充分利用楼板结构所形成的空间。此种楼板适用于需要较大空间的高（多）层民用建筑及大跨度工业厂房中，目前在我国较少采用，如图4-6所示。

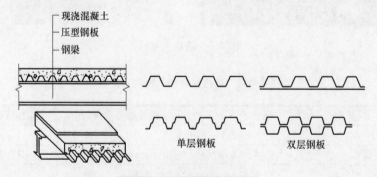

图 4-6　压型钢板组合楼板

压型钢板组合楼板由楼面层、组合板和钢梁三部分组成。其构造形式有单层压型钢板和双层压型钢板两种，压型钢板之间和压型钢板与钢梁之间的连接一般采用焊接、螺栓连接、铆钉连接等方法。

压型钢板组合楼板应避免在腐蚀的环境中使用，且应避免长期暴露，以防钢板和梁生锈，破坏结构的连接性能。在动荷载作用下，应仔细考虑其细部设计，并注意结构组合作用的完整性和共振问题。

4.2.2　装配式钢筋混凝土楼板

装配式钢筋混凝土楼板是指在预制厂或施工现场制作，然后在施工现场装配而成的楼板。这种楼板可提高工业化施工水平，节约模板，缩短工期，减少施工现场的湿作业，但楼板的整体性差，板缝嵌固不好时容易出现通长裂缝，故近几年在抗震区的应用受到很大限制。

1. 装配式钢筋混凝土楼板的类型

常用的装配式钢筋混凝土楼板根据其截面形式可分为实心平板、槽形板、空心板三种，如图4-7所示。

1) 实心平板

实心平板上、下板面平整，制作简单，安装方便。实心平板跨度一般不超过2.4m，预应力实心平板跨度可达到2.7m；板厚应不小于跨度的1/30，一般为60～100mm，板宽为600mm或900mm。

4D 微课素材/楼地层及阳台、雨篷/预制装配式钢筋混凝土楼板.mp4

预制实心板由于跨度较小，故常用于房屋的走廊、厨房、厕所等处。实心板尺寸不大，重量较小，可以采用简易吊装设备或人工安装，它的造价低，但隔声效果较差。

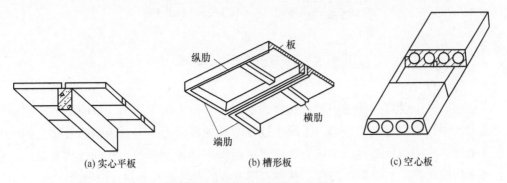

(a) 实心平板　　　　(b) 槽形板　　　　(c) 空心板

图 4-7　装配式钢筋混凝土楼板

2) 槽形板

在实心平板的两侧或四周设边肋而形成的槽形板如图4-8所示。板肋相当于小梁，故属于梁、板组合构件。槽形板由于带有纵肋，其经济跨度比实心板大，一般跨度为2.1～3.9m，最大可达7.2m；板宽有600mm、900mm、1200mm等；肋部高度为板跨的1/25～1/20，通常为150～300mm；板厚为25～40mm。

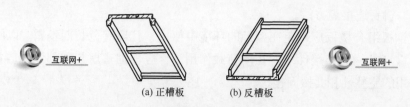

互联网+   互联网+

(a) 正槽板   (b) 反槽板

图 4-8　槽形板

槽形板以搁置方式不同可分为正置槽形板（板肋朝下）和倒置槽形板（板肋朝上）。正置槽形板由于板底不平整，通常须做吊顶；为避免板端肋被压坏，可在板端伸入墙内部分堵砖填实，如图 4-9 所示。倒置槽形板受力不如正置槽形板合理，但可在槽内填充轻质材料，以解决板的隔声和保温隔热问题，而且容易保持顶棚的平整，如图 4-10 所示。

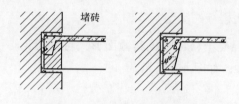

堵砖

图 4-9　正槽板板端支撑在墙上

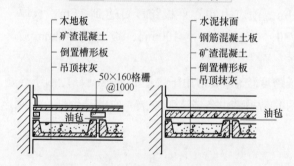

木地板　　　　　　　　　水泥抹面
矿渣混凝土　　　　　　　钢筋混凝土板
倒置槽形板　　　　　　　矿渣混凝土
吊顶抹灰　　　　　　　　倒置槽形板
　　　50×160格栅　　　吊顶抹灰
　　　@1000
油毡　　　　　　　　　　　　　　油毡

图 4-10　反槽板的楼面及顶棚构造 /mm

3) 空心板

钢筋混凝土受弯构件受力时，其截面上部由混凝土承受压力，截面下部由钢筋承担拉力，中性轴附近内力较小，去掉中性轴附近的混凝土并不影响钢筋混凝土构件的正常工作。空心板就是按照上述原理将平板沿纵向轴抽空而成，孔洞形状有圆形、长方圆形和矩形等，如图 4-11 所示，其中以圆孔板的制作最为方便，应用最广。

空心板也是一种梁、板结合的预制构件，其结构计算理论与槽形板相似，但其上、下板面平整，自重小，隔热、隔声效果优于槽形板，因此是目前广泛采用的一种形式。

非预应力空心板的长度为 2.1 ～ 4.2m，板厚有 120mm、150mm、180mm 等多种；预应力空心板长度为 4.5 ～ 6m，板厚有 180mm、200mm 等，板宽有 600mm、900mm、1200mm 等。

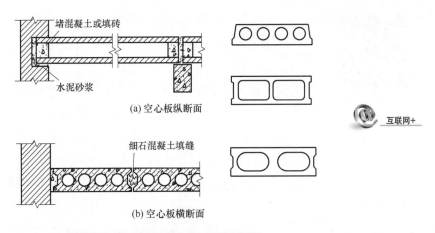

图 4-11　空心板的纵断面与横断面图

空心板在安装前，孔的两端应用混凝土预制块和砂浆堵严，这样不仅能避免板端被上部墙体压坏，还能避免传声、传热以及灌缝材料流入孔内。空心板板面不能随意开洞，如需开孔洞，应在板制作时就预先留孔洞位置。空心板安装后，应将四周的缝隙用细石混凝土灌注，以增强楼板的整体性、增加房屋的整体刚度和避免缝隙漏水。

2. 装配式钢筋混凝土楼板的结构布置

在进行楼板结构布置时，应先根据房间的开间和进深尺寸确定构件的支承方式，然后选择板的规格，进行合理的安排。结构布置时应注意以下几点。

(1) 尽量使用宽板，减少板的规格、类型。板的规格过多，不仅会给板的制作增加麻烦，而且施工也较复杂，容易搞错。

(2) 为减少板缝的现浇混凝土量，应优先选用宽板，窄板可作为调剂使用。

(3) 板的布置应避免出现三面支承情况，即楼板的长边不得搁置在梁或砖墙内，否则，在荷载作用下板会产生裂缝，如图 4-12 所示。

(4) 按支承楼板的墙或梁的净尺寸计算楼板的块数，不够整块数的尺寸可通过调整板缝、于墙边挑砖或增加局部现浇板等办法来解决。

(5) 遇有上下管线、烟道、通风道穿过楼板时，为防止圆孔板开洞过多，应尽量将该处楼板现浇。

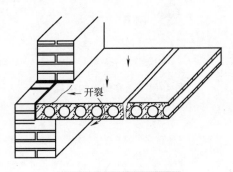

图 4-12　三面支撑的板

3. 预制钢筋混凝土楼板的搁置

(1) 预制板直接搁置在墙上的称为板式布置；若楼板支承在梁上，梁再搁置在墙上的称为梁板式布置。支承楼板的墙或梁表面应平整，其上用厚度为 20mm 的 M5 水泥砂浆坐浆，以保证安装后的楼板平整、不错动，以避免楼面层在板缝处开裂。

(2) 为满足荷载传递、墙体抗压的要求，预制楼板搁置在钢筋混凝土梁上时，搁置长度不小于 80mm；搁置在墙上时，搁置长度不小于 100mm，如图 4-13 所示。同时，必须在墙或梁上铺水泥砂浆坐浆，厚度为 20mm 左右。

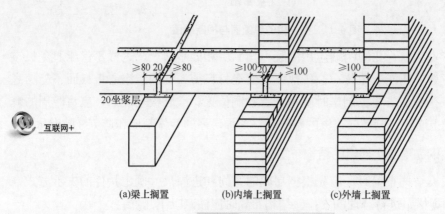

(a)梁上搁置　　　　(b)内墙上搁置　　　　(c)外墙上搁置

图 4-13　楼板的搁置 /mm

板搁置在梁上，因梁的断面形状不同有两种情况，如图 4-14 所示。板搁置在梁顶，梁板占空间较大，当梁的截面形状为花篮形、T 形时，可把板搁置在梁侧挑出的部分，板不占用高度。板搁置在墙上，应用拉结钢筋将板与墙连接起来。非地震区，拉结钢筋间距不超过 4m；地震区依设防要求而减小，如图 4-15 所示。

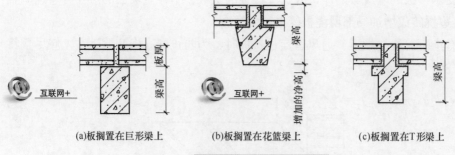

(a)板搁置在巨形梁上　　　　(b)板搁置在花篮梁上　　　　(c)板搁置在T形梁上

图 4-14　板在梁上的搁置

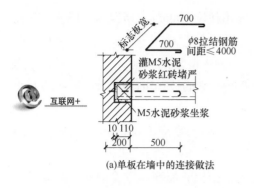

互联网+

(a)单板在墙中的连接做法

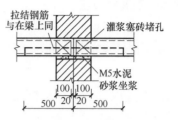

(b)双板在墙中的连接做法

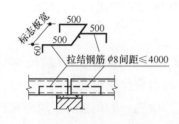

(c)双板在墙顶部的连接做法（一）

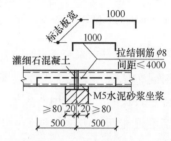

(d)双板在墙顶部的连接做法（二）

图 4-15　预制板安装节点构造 /mm

4. 板缝构造

预制钢筋混凝土板属于单向板，一般均为标准的定型构件，在具体布置时几块板的宽度尺寸之和（含板缝）可能与房间净宽（或净进深）尺寸之间出现一个小于板宽的空隙。此时可采取以下措施，如图 4-16 所示。

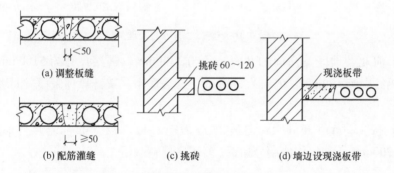

图 4-16　板缝构造 /mm

(1) 调整板缝宽度：板的侧缝有 V 形缝、U 形缝、凹槽缝 3 种形式，如图 4-17 所示。缝宽为 10mm 左右，必要时可将板缝加大至 20mm 或更宽。

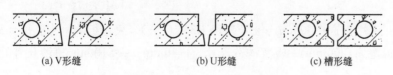

图 4-17　预制板的三种侧缝

（2）挑砖：由于平行于板边的墙砌挑砖，长度不超过 120mm，所以用与板上、下表面平齐的挑砖来调整板缝。

（3）交替采用不同宽度的板：例如，在采用 600mm 宽的板时，换用一块宽度为 900mm 的板，宽度增加 300mm，相当于半块 600mm 宽的板，可以用以填充 ≥ 300mm 的空隙。

（4）采用调缝板：在生产预制板时，生产一部分标志宽度为 400mm 的调缝板，用以调整板间空隙。

（5）现浇板带：板缝大于 150mm 时，板缝内根据板的配筋而设置钢筋，做成现浇板带，现浇板带可调整任意宽度的板缝，加强了板与板之间的连接，应用较多。

5. 楼板上隔墙的处理

预制钢筋混凝土楼板上设立隔墙时，宜采用轻质隔墙，可搁置在楼板的任何位置。若隔墙自重较大时，如采用砖隔墙、砌块隔墙等，应避免将隔墙搁置在一块板上，通常将隔墙设置在两块板的接缝处。当采用槽形板或小梁隔板的楼板时，隔墙可直接搁置在板的纵肋或小梁上；当采用空心板时，须在隔墙下的板缝处设现浇板带或梁来支承隔墙，如图 4-18 所示。

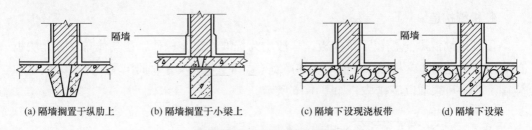

(a) 隔墙搁置于纵肋上　　(b) 隔墙搁置于小梁上　　(c) 隔墙下设现浇板带　　(d) 隔墙下设梁

图 4-18　楼板上隔墙的处理

【例】河北某地区某房间的开间尺寸为 3300mm，进深尺寸为 5100mm。外墙厚 370mm，轴线内为 120mm；内墙为 240mm，轴线居中。试计算预制楼板的块数并画板的布置图。

【解】按 3300mm 开间尺寸选用预应力空心板，板宽的标志尺寸有 600mm、900mm、1200mm 三种。构件编号如下（暂不考虑荷载值）：

方案 1：选用板宽 1200mm，板号为 YKB33.1（"33" 表示板的标志长度为 3300mm，"1" 表示板宽为 1200mm），板宽构造尺寸为 1180mm。按 5100mm 进深尺寸的净长度计算板的块数。

净长度为 5100–2 × 120=4860mm。

选 4 块板所占尺寸为 1180×4=4720mm。

板缝尺寸为 4860–4720=140mm。

4 块板有 5 个板缝，每个板缝为 140÷5=28mm，缝内灌 C20 细石混凝土。

方案 2：选用板宽 900mm，板号为 YKB33.9，板宽构造尺寸为 880mm。

同方案 1，5100mm 进深尺寸的净长度为 4860mm。

选 5 块板所占尺寸为 880×5=4400mm。

板缝尺寸为 4860–4400=460mm。

5 块板有 6 个板缝，其中 5 个 30mm，缝内灌 C20 细石混凝土；靠外墙留 460–30×5=310mm 宽现浇板带，内部配筋按计算确定。

排板方案还有多种，方案 1 和方案 2 的布板图如图 4-19 所示。

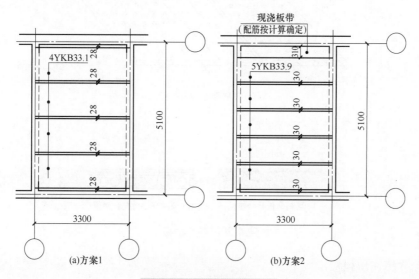

(a)方案1　　　(b)方案2

图 4-19　楼板布置图 /mm

4.2.3 装配整体式钢筋混凝土楼板

装配整体式钢筋混凝土楼板是先预制部分构件，然后在现场安装，再以整体浇筑的方法将其连成一体的楼板。它具有整体性好、施工简单、工期较短等优点，避免了现浇钢筋混凝土楼板湿作业量大、施工复杂和装配式楼板整体性较差的不足。常用的装配整体式楼板有叠合式楼板和密肋楼板两种。

4D 微课素材 / 楼地层及阳台、雨篷 / 装配整体式钢筋混凝土楼板 .mp4

1. 预制薄板叠合楼板

预制薄板叠合楼板是由预制薄板和现浇钢筋混凝土层叠合而成的装配整体式楼板。预制薄板既是楼板结构的组成部分之一，又是现浇钢筋混凝土叠合层的永久性模板。现浇叠合层内可敷设水平设备管线。预制薄板底面平整，可直接喷浆或贴其他装饰材料作为顶棚。

叠合楼板的预制板部分通常采用预应力或非预应力薄板。为了保证预制薄板与叠合层有较好的连接，薄板上表面需作处理，如将薄板表面作刻槽处理、板面露出较规则的三角形结合钢筋等，如图 4-20(a) 所示。预制薄板跨度一般为 4 ～ 6m，最大可达到 9m，板宽为 1.1 ～ 1.8m，板厚通常不小于 50mm。现浇叠合层厚度一般为 100 ～ 120mm，以大于或等于薄板厚度的两倍为宜。叠合楼板的总厚度一般为 150 ～ 250mm，如图 4-20(b) 所示。

叠合楼板的预制部分也可采用普通的钢筋混凝土空心板，此时现浇叠合层的厚度较小，一般为 30 ～ 50mm，如图 4-20(c) 所示。

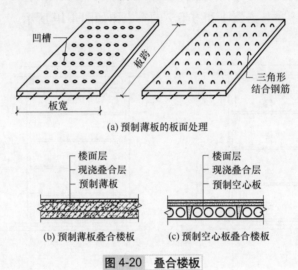

(a) 预制薄板的板面处理

(b) 预制薄板叠合楼板　　(c) 预制空心板叠合楼板

图 4-20　叠合楼板

2. 密肋填充块楼板

密肋填充块楼板的密肋小梁有现浇和预制两种。现浇密肋填充块楼板是以陶土空心砖、矿渣混凝土实心块等作为肋间填充块来现浇密肋和面板而成。预制小梁填充块楼板是在预制小梁之间填充陶土空心砖、矿渣混凝土实心块、煤渣空心块等，上面现浇面层而成，如图 4-21 所示。密肋填充块楼板板底平整，有较好的隔声、保温、隔热效果，在施工中空心砖还可起到模板作用，也有利于管道的敷设。此种楼板常用于学校、住宅、医院等建筑中。

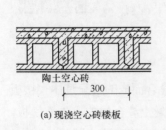

(a) 现浇空心砖楼板

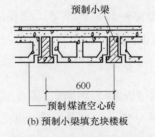

(b) 预制小梁填充块楼板

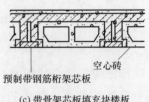

(c) 带骨架芯板填充块楼板

图 4-21　密肋填充块楼板 /mm

4.3　地　　面

4.3.1　地面的组成

地面是指建筑物底层与土壤相交接的水平部分，承受其上的荷载，并将其均匀地传给其下的地基。地面主要由面层、垫层和基层三部分组成，有些有特殊要求的地面，只有基本层次不能满足使用要求，需要增设相应的附加层（如找平层、防水层、防潮层、保温层等），如图 4-22 所示。

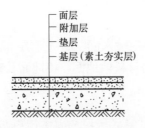

面层
附加层
垫层
基层（素土夯实层）

图 4-22　地面的构造组成

1. 面层

面层是人们生活、工作、学习时直接接触的地面层，是地面直接经受摩擦、洗刷和承受各种物理、化学作用的表面层。依照不同的使用要求，面层应具有耐磨、不起尘、平整、防水、有弹性、吸热少等性能。

2. 垫层

垫层是指面层和基层之间的填充层，起承上启下的作用，即承受面层传来的荷载和自重并将其均匀地传给下部的基层。垫层一般采用 60 ~ 100mm 的 C10 素混凝土，有时也可采用柔性垫层，如砂、粉煤灰垫层等。

3. 基层

基层为地面的承重层，一般为土壤。对土壤条件较好、地层上荷载不大时，一般采用原土夯实或填土分层夯实；当地层上荷载较大时，则需对土壤进行换土或夯入碎砖、砾石等，如100~150mm厚2：8灰土，100~150mm厚碎砖，道砟、三合土等。

4. 附加层

附加层是为满足某些特殊使用功能要求而设置的，一般位于面层与垫层之间，如防潮层、保温层、防水层、隔声层、管道敷设层等。

4.3.2　地面的设计要求

地面是人们日常生活、工作和生产时必须接触的部分，也是建筑中直接承受荷载、经常受到摩擦、清扫和冲洗的装修部分，因此，对它应有一定的功能要求。

1. 承载力方面的要求

地面要有足够的强度，以便承受人、家具、设备等荷载而不破坏。人走动和家具、设备移动对地面产生摩擦，所以地面应当耐磨。不耐磨的地面在使用时易产生粉尘，影响卫生与人的健康。

2. 热工方面的要求

作为人们经常接触的地面，应给人们以温暖舒适的感觉，保证寒冷季节脚部舒适。所以，应尽量采用导热系数小的材料做地面，使地面具有较低的吸热指数。

3. 隔声方面的要求

楼层之间的噪声传播，通过空气传声和固体传声两个途径。楼层地面隔声主要指隔绝固体传声。楼层的固体声源，多数是由于人或家具与地面撞击产生的。因此，在可能的条件下，地面应采用能较大衰减撞击能量的材料及构造。

4. 弹性方面的要求

在弹性方面，当人们行走时不致有过硬的感觉，同时有弹性的地面对减弱撞击声也有利。

5. 防水和耐腐蚀方面的要求

地面应不透水，特别是有水源和潮湿的房间如厕所、厨房、盥洗室等更应注意。厕所、实验室等房间的地面除了应不透水外，还应耐酸、碱的腐蚀。

6. 经济方面的要求

设计地面时，在满足使用要求的前提下，要选择经济的材料和构造方案，尽量就地取材。

4.3.3　楼地面的装修构造

1. 构造做法

按楼地面所用材料和施工方式的不同，楼地面可分为整体类楼地面、块材类楼地面、卷材类楼地面、涂料类楼地面等。

1) 整体类楼地面

(1) 水泥砂浆楼地面是使用普遍的一种地面，其构造简单，坚固，能防潮防水且造价又低。但水泥地面蓄热系数大，冬天感觉冷，空气湿度大时易产生凝结水，而且表面起灰，不易清洁。其做法是：先将基层用清水洗干净，然后在基层上用 15～20mm 厚的 1：3 水泥砂浆打底找平，再用 5～10mm 厚的 1：2 或 1：1.5 水泥砂浆抹面、压光。若基层较平整，也可以在基层上抹一道素水泥浆结合层，然后直接抹 20mm 厚的 1：2.5 或 1：2 水泥砂浆抹面，待水泥砂浆终凝前进行至少二次压光，在常温湿润条件下养护，如图 4-23 所示。

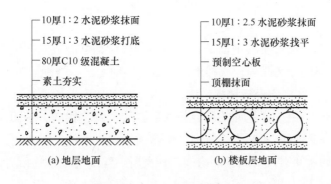

图 4-23 水泥砂浆地面 /mm

(2) 水磨石楼地面是用水泥做胶结材料，大理石或白云石等中等硬度石料的石屑做骨料，混合铺设，经磨光打蜡而成。其性能与水泥砂浆楼地面相似，但耐磨性更好，表面光洁，不易起灰。由于造价较高，水磨石楼地面常用于卫生间和公共建筑的门厅、走廊、楼梯间以及标准较高的房间。

其做法是在基层上做 15mm 厚 1：3 水泥砂浆结合层，用 1：1 水泥砂浆嵌固 10～15mm 高的分隔条 (玻璃条、铜条或铝条等)，再用按设计配制好的 1：1.25～1：1.5 各种颜色 (经调制样品选择最后的配合比) 的水泥石渣浆注入预设的分格内，水泥石渣浆厚度为 12～15mm(高于分格条 1～2mm)，并均匀撒一层石渣，用滚筒压实，直至水泥浆被压出为止。待浇水养护完毕后，经过三次打磨，在最后一次打磨前酸洗、修补、抛光，最后打蜡保护。其构造做法如图 4-24 所示。

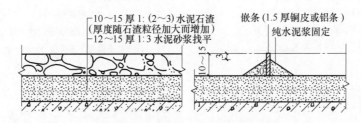

图 4-24 现浇水磨石楼地面 /mm

(3) 细石混凝土楼地面是用水泥、砂和小石子级配而成的细石混凝土做面层。细石混凝土楼地面可以克服水泥砂浆楼地面干缩性大的缺点，这种地面强度高，干缩性小，耐磨，耐久性，防水性好，不易开裂翻砂；但厚度较大，一般为 35mm。因此要视建筑物的用途而定，一般住宅和办公楼为 30 ～ 50mm，厂房车间为 50 ～ 80mm。混凝土的配合比水泥：砂：石子 =1：2：4，混凝土强度等级不低于 C20，采用 425 号普通硅酸盐水泥，中砂或粗砂，5 ～ 15mm 的碎石或卵石配制而成。

在施工之前，在地坪四周的墙上弹出水平线，以控制其厚度，为了使混凝土铺筑后表面平整，不露石子，操作时采用小辊子来回交叉滚轧 3 ～ 5 遍，直至表面泛浆为止，然后用木抹子压实，待混凝土初凝后，终凝前再用铁抹子反复抹压收光，抹光时不得撒干水泥。施工后一昼夜内要覆盖，浇水养护不少于 7 天。

2) 块材类楼地面

块材类楼地面是指利用各种块材铺贴而成的楼地面，按面层材料不同分为陶瓷板块楼地面、石板楼地面、木楼地面等。

(1) 陶瓷板块楼地面。

块材类楼地面 ppt

用于楼地面的陶瓷板块有缸砖、陶瓷锦砖、釉面陶瓷块砖等。这类楼地面的特点是表面致密光洁、耐磨、耐腐蚀、吸水率低、不变色，但造价偏高，一般适用于用水的房间以及有腐蚀的房间，如厕所、盥洗室、浴室和实验室等。

其做法是在基层上用 15 ～ 20mm 厚 1：3 水泥砂浆打底、找平；再用 5mm 厚的 1：1 水泥砂浆 (掺适量 108 胶) 粘贴楼地面砖、缸砖、陶瓷锦砖等，用橡胶锤锤击，以保证黏结牢固，避免空鼓；最后用素水泥擦缝。

(2) 石板楼地面。

石板楼地面包括天然石楼地面和人造石楼地面。

天然石有大理石和花岗石等，人造石有预制水磨石板、人造大理石板等。

这些石板尺寸较大，一般为 500mm×500mm 以上，铺设时需预先试铺，合适后再正式粘贴，粘贴表面的平整度要求高。其构造做法是在混凝土垫层上先用 20 ～ 30mm 厚 1：3 ～ 1：4 干硬性水泥砂浆找平，再用 5 ～ 10mm 厚 1：1 水泥砂浆铺粘石板，最后用水泥浆灌缝 (板缝应不大于 1mm)，待能上人后擦净，如图 4-25 所示。

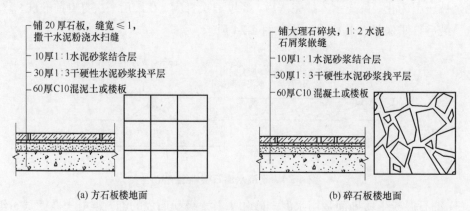

铺 20 厚石板，缝宽≤1，
撒干水泥粉浇水扫缝
10 厚 1：1 水泥砂浆结合层
30 厚 1：3 干硬性水泥砂浆找平层
60 厚 C10 混泥土或楼板

铺大理石碎块，1：2 水泥
石屑浆嵌缝
10 厚 1：1 水泥砂浆结合层
30 厚 1：3 干硬性水泥砂浆找平层
60 厚 C10 混凝土或楼板

(a) 方石板楼地面　　　　(b) 碎石板楼地面

图 4-25　石板楼地面 /mm

(3) 木楼地面。

木楼地面的主要特点是有弹性、不起灰、不返潮、易清洁、保温性好，但耐火性差，保养不善时易腐朽，且造价较高，一般用于装修标准较高的住宅、宾馆、体育馆、健身房、剧院舞台等建筑中。

木楼地面按构造方式有空铺式和实铺式两种。

空铺式木楼地面常用于底层楼地面，其做法是将木地板架空，使地板下有足够的空间通风，以防木地板受潮腐烂，如图 4-26 所示。空铺式木楼地面由于构造复杂，耗费木材较多，因而采用较少。

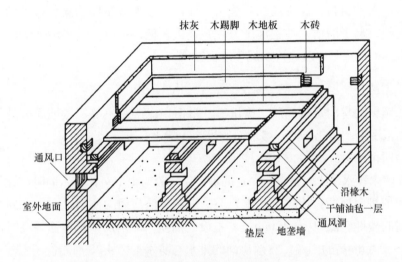

图 4-26　空铺式木楼地面

粘贴式实铺木楼地面是将木楼地面用黏结材料直接粘贴在钢筋混凝土楼板或混凝土垫层上的砂浆找平层上。其做法是先在钢筋混凝土基层上用 20mm 厚 1∶2.5 水泥砂浆找平，然后刷冷底子油和热沥青各一道作为防潮层，再用胶粘剂随涂随铺 20mm 厚硬木长条地板。当面层为小细纹拼花木地板时，可直接用胶粘剂刷在水泥砂浆找平层上进行粘贴。木地板做好后应刷油漆并打蜡，以保护楼地面，如图 4-27 所示。

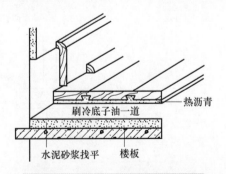

图 4-27　实铺式木楼地面构造做法

3) 卷材楼地面

卷材楼地面指将卷材如塑料地毡、橡胶地毡、化纤地毯、纯羊毛地毯、麻纤维地毯等直接铺在平整的基层上的楼地面。卷材可满铺、局部铺，也可干铺、粘贴等。

4) 涂料楼地面

涂料楼地面是利用涂料涂刷或涂刮而成。它是水泥砂浆楼地面的一种表面处理形式，用以改善水泥砂浆楼地面在使用和装饰方面的不足。

地板漆是传统的楼地面涂料，它与水泥砂浆楼地面黏结性差，易磨损、脱落，目前已逐步被人工合成高分子材料所取代。

人工合成高分子涂料是由合成树脂代替水泥或部分代替水泥，再加入填料、颜料等搅拌混合而成的材料，经现场涂布施工，硬化以后形成整体的涂料楼地面。它的突出特点是无缝，易于清洁，并且施工方便，造价较低，可以提高楼地面的耐磨性、韧性和不透水性，适用于一般建筑水泥楼地面装修。

2. 楼地面防水构造

在用水频繁的房间，如厕所、盥洗室、淋浴室、实验室等，楼地面容易积水，且易发生渗漏水现象，因此应做好楼地面的排水和防水。

1) 楼地面排水

为排除室内积水，楼地面应有一定的坡度，一般为 1% ～ 1.5%；同时应设置地漏，使水有组织地排向地漏；为防止积水外溢，影响其他房间的使用，有水房间楼地面应比相邻房间的楼地面低 20 ～ 30mm；若不设此高差，即两房间楼地面等高时，则应在门口做 20 ～ 30mm 高的门槛。有水房间的排水与防水如图 4-28 所示。

楼地面防水构造.ppt

地漏、门槛.ppt

(a) 走廊

(b) 地面低于无水房间

(c) 与无水房间地面齐平，设门槛

图 4-28　有水房间的排水与防水 /mm

2) 楼地面防水

有水房间楼板以现浇钢筋混凝土楼板为佳，面层材料通常为整体现浇水泥砂浆、水磨石或瓷砖等防水性较好的材料。对于防水要求较高的房间，还应在楼板与面层之间设置防水层。常见的防水材料有卷材、防水砂浆和防水涂料。为防止房间四周墙脚受水，应将防水层沿周边向上泛起至少 150mm，如图 4-29(a) 所示；当遇到门洞时，应将防水层向外延伸 250mm 以上，如图 4-29(b) 所示。

当竖向管道穿越楼地面时，也容易产生渗透，处理方法一般有两种：对于冷水管道，可在竖管穿越的四周用 C20 干硬性细石混凝土填实，再以卷材或涂料做密封处理，如图 4-29(c) 所示；对于热水管道，为防止温度变化引起热胀冷缩现象，常在穿管位置预埋比竖管管径稍大的套管，高出楼地面 30mm 左右，并在缝隙内填塞弹性防水材料，如图 4-29(d)、(e) 所示。

(a) 防水层沿周边上卷

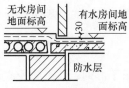

(b) 防水层向无水房间延伸

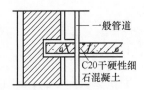

(c) 一般立管穿越楼板层

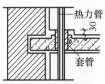

(d) 热力管穿越楼板层

(e) 楼面穿管

图 4-29　楼地面的防水构造 /mm

4.4　顶　棚

顶棚是楼板层下面的装修层。对顶棚的基本要求是光洁、美观，能通过反射光照来改善室内采光和卫生状况，对特殊房间还要求具有防水、隔声、保温、隐蔽管线等功能。

顶棚按构造做法可分为直接式顶棚和吊式顶棚两种。

4D 微课素材 / 楼地层
及阳台、雨篷 / 顶棚
构造 .mp4

4.4.1　直接式顶棚

　　直接式顶棚是指直接在钢筋混凝土楼板下表面喷刷涂料、抹灰或粘贴装修材料的一种构造形式。直接式顶棚不占据房间的净空高度，构造简单、造价低、效果好，适用于多数房间，但易剥落、维修周期短，不适于需要布置管网的顶棚。直接式顶棚构造如图 4-30 所示。

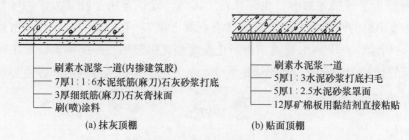

（a）抹灰顶棚
- 刷素水泥浆一道(内掺建筑胶)
- 7厚1∶1∶6水泥纸筋(麻刀)石灰砂浆打底
- 3厚细纸筋(麻刀)石灰膏抹面
- 刷(喷)涂料

（b）贴面顶棚
- 刷素水泥浆一道
- 5厚1∶3水泥砂浆打底扫毛
- 5厚1∶2.5水泥砂浆罩面
- 12厚矿棉板用黏结剂直接粘贴

图 4-30　直接式顶棚构造 /mm

1. 直接喷刷涂料顶棚

　　当楼板底面平整，室内装饰要求不高时，可在楼板底面填缝刮平后直接喷刷大白浆、石灰浆等涂料，以增加顶棚的反射光照作用。

2. 抹灰顶棚

　　当楼板底面不够平整或室内装修要求较高时，可在楼板底抹灰后再喷刷涂料。顶棚抹灰后可用纸筋灰、水泥砂浆和混合砂浆等，其中纸筋灰应用最普遍。纸筋灰抹灰应用混合砂浆打底，再用纸筋灰罩面。

3. 贴面顶棚

　　对于某些有保温、隔热、吸声要求的房间，以及楼板底不需要敷设管线而装修要求又高的房间，可于楼板底用砂浆打底找平后，用黏结剂粘贴墙纸、泡沫塑料板、铝塑板或装饰吸声板等，形成贴面顶棚，如图 4-30(b) 所示。

4.4.2　吊式顶棚

　　吊式顶棚是指当房间顶部不平整或楼板底不需要敷设导线、管线、其他设备或建筑本身要求平整、美观时，在屋面板（楼板）下，通过设吊筋将主、次龙骨所形成的骨架固定，在骨架下固定各类装饰板组成的顶棚。

吊式顶棚 ppt

1. 吊顶的设计要求

　　(1) 吊顶应具有足够的净空高度，以便进行各种设备管线的敷设。

(2) 合理地安排灯具、通风口的位置，以符合照明、通风的要求。

(3) 选择合适的材料和构造做法，使其燃烧性能和耐火极限满足防火规范的规定。

(4) 吊顶应便于制作、安装和维修。

(5) 对于特殊房间，吊顶棚应满足隔声、音质、保温等特殊要求。

(6) 应满足美观和经济等方面的要求。

2. 吊顶的构造

吊顶由龙骨和面板组成。吊顶龙骨用来固定面板并承受其重力，一般由主龙骨和次龙骨两部分组成。主龙骨通过吊顶与楼板相连，一般单向布置；次龙骨固定在主龙骨上，其布置方式和间距视面层材料和顶棚外形而定。主龙骨按所用材料不同可分为金属龙骨和木龙骨两种。为节约木材、减小自重以及提高防火性能，现在多采用薄钢带或铝合金制作的轻型金属龙骨。面板有木质板、石膏板和铝合金板等。

4.5　阳台与雨篷

4.5.1　阳台

阳台是楼房建筑中与房间相连的室外平台，它提供了一个室外活动的小空间，人们可以在阳台上晒衣、休息、瞭望或从事家务活动，同时对建筑物的外部形象也起一定的作用，如图 4-31 所示。

图 4-31　各式各样的阳台

1. 阳台的分类

阳台由阳台板和栏板组成。按阳台与外墙的相对位置可分为凸阳台、半凸阳台和凹阳台三类。凸阳台是指全部阳台挑出墙外；凹阳台是指整个阳台凹入墙内；半凸阳台是指阳台部分挑出墙外，部分凹入墙内，如图 4-32 所示。

阳台按施工方法可以分为现浇式钢筋混凝土阳台和预制装配式钢筋混凝土阳台。

现浇式钢筋混凝土阳台具有结构布置简单、整体刚度好、抗震性好、防水性能好等优点，其缺点是模板用量较多，现场工作量大。预制装配式钢筋混凝土阳台便于工业化生产，但其整体性、抗震性较差。

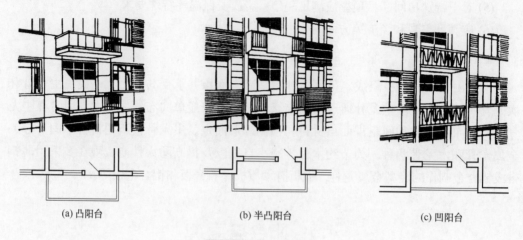

(a) 凸阳台　　　　　　　　(b) 半凸阳台　　　　　　　　(c) 凹阳台

图 4-32　阳台的类型

按阳台是否封闭可分为封闭阳台和非封闭阳台。

2. 阳台的结构布置

4D 微课素材 / 楼地层
及阳台、雨蓬 / 阳台
的构造 .mp4

阳台作为水平承重构件，其结构形式及布置方式与楼板结构统一考虑。阳台板是阳台的承重构件。凹阳台多采用墙承式，即将阳台板直接搁置在墙上。凸阳台板的承重方式主要有墙承式、挑板式、挑梁式、压梁式四种。

1) 墙承式

墙承式阳台适合于凹阳台，它是将阳台板简支于两侧凸出的墙上，阳台板可以现浇也可以预制，一般与楼板施工方法一致。阳台的跨度同对应房间的开间相同。阳台板型和尺寸同房间楼板一致，这种方式施工方便，在寒冷的地区采用搁板式阳台可以避免热桥，节约能源。

2) 挑板式

挑板式阳台的一种做法是利用与之楼板延伸外挑做阳台板，如图 4-33 所示，这种承重方式构造简单，施工方便，但预制板较长，板型增多，且对寒冷地区保温不利。有的地区采用变截面板，即在室内部分为空心板，挑出部分为实心板。阳台上有楼板接缝，接缝处理要求平整、不漏水。

3) 挑梁式

当楼板为预制楼板，结构布置为横墙承重时，可选择挑梁式。即从横墙内向外伸挑梁，其上搁置预制板。阳台荷载通过挑梁传给纵、横墙，由压在挑梁上的墙体和楼板来抵抗阳台的倾覆力矩。阳台悬挑长度一般为 1.0 ~ 1.5m，以 1.2m 左右最常见，挑梁压在墙中的长度应不小于 1.5 倍的挑出长度。为美观起见,可在挑梁断头设置边梁,这样既可以遮挡挑梁头,承受阳台栏杆重力,还可以加强阳台的整体性,如图 4-34 所示。

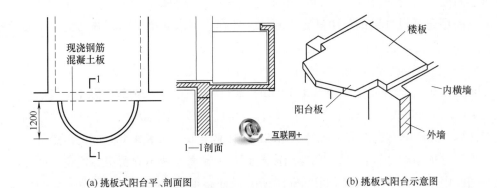

(a) 挑板式阳台平、剖面图　　　　　　　　　(b) 挑板式阳台示意图

图 4-33　挑板式阳台 /mm

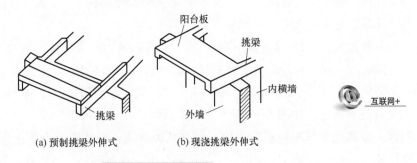

(a) 预制挑梁外伸式　　　　　(b) 现浇挑梁外伸式

图 4-34　挑梁式阳台

4) 压梁式

压梁式阳台是指阳台板与墙梁浇筑在一起,阳台悬挑长度一般为 1.2m 以内,如图 4-35 所示。

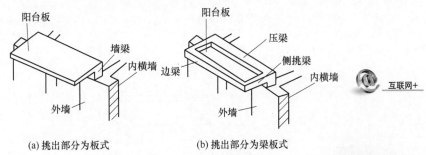

(a) 挑出部分为板式　　　　　　　(b) 挑出部分为梁板式

图 4-35　压梁式阳台

3. 阳台的构造

1) 阳台的栏杆和扶手

栏杆是阳台外围设置的竖向维护构件,其作用有两个方

4D 微课素材 / 楼地层及阳
台、雨篷 / 阳台栏杆扶手 .mp4

面：一方面承担人们推倚的侧推力以保证人的安全，另一方面对建筑物起装饰作用。因而栏杆的构造要求是坚固、安全、美观。为倚扶舒适和安全，栏杆的高度应大于人体重心高度，一般不宜小于 1.05m，高层建筑的栏杆应加高，但不宜超过 1.20m。

《民用建筑设计通则》中规定，阳台、外廊、室内回廊、内天井、上人屋面及室外楼梯等临空处应设置防护栏杆，并应符合下列规定。

栏杆应以坚固、耐久的材料制作，并能承受荷载规范规定的水平荷载。临空高度在 24m 以下时，栏杆高度不应低于 1.05m；临空高度在 24m 及 24m 以上（包括中高层住宅）时，栏杆高度不应低于 1.10m；栏杆高度应从楼地面或屋面至栏杆扶手顶面垂直高度计算，如底部有宽度大于或等于 0.22m，且高度低于或等于 0.45m 的可踏部位，应从可踏部位顶面起计算；栏杆离楼面或屋面 0.10m 高度内不宜留空；住宅、托儿所、幼儿园、中小学及少年儿童专用活动场所的栏杆必须采用防止少年儿童攀登的构造，当采用垂直杆件做栏杆时，其杆件净距不应大于 0.11m；文化娱乐建筑、商业服务建筑、体育建筑、园林景观建筑等允许少年儿童进入活动的场所，当采用垂直杆件做栏杆时，其杆件净距也不应大于 0.11m。

栏杆形式有三种，即空心栏杆、实心栏杆以及由两者组合而成的组合式栏杆。

按材料不同，栏杆分为金属栏杆、砖砌栏杆、钢筋混凝土栏杆等。

金属栏杆可由不锈钢钢管、铸铁花饰（铁艺）方钢和扁钢等钢材制作，图案依建筑设计需要来确定，如图 4-36 所示。不锈钢栏杆美观，但造价高，一般用于公共建筑的阳台。金属栏杆与阳台板的连接一般有两种方法，一是在阳台板上预留孔槽，将栏杆立柱插入，用细石混凝土浇灌；二是在阳台板上预制钢筋，将栏杆与钢筋焊接在一起。

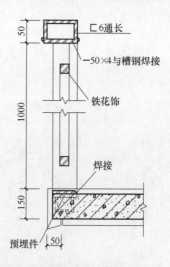

图 4-36　金属栏杆的形式和构造 /mm

钢筋混凝土栏杆按施工方式不同分为预制和现浇两种，为方便施工，一般采用预制钢筋混凝土栏杆。钢筋混凝土栏杆造型丰富，可虚可实，耐久性和整体性好，自重比砖栏杆小，因此，钢筋混凝土栏杆应用较为广泛。

扶手有金属扶手和钢筋混凝土扶手、木扶手等。金属扶手一般为 φ50mm 钢管与金属栏杆焊接。钢筋混凝土扶手应用广泛，形式多样，一般直接用作栏杆压顶，宽度有80mm、120mm、160mm 等。

2) 阳台的排水

为防止雨水进入室内，要求阳台地面低于室内地面 30mm 以上。阳台排水有外排水和内排水两种，但以有组织排水为宜。外排水是在阳台外侧设置排水管将水排出。泄水管为 φ40 ～φ50mm 镀锌铁管或塑料管，外挑长度不小于 80mm，以防雨水溅到下层阳台，如图 4-37所示。内排水适用于高层和高标准建筑，即在阳台内侧设置排水立管和地漏，将雨水直接排入地下管网，以保证建筑物立面美观。

4D 微课素材 / 楼
地层及阳台、
雨篷 / 阳台排
水 .mp4

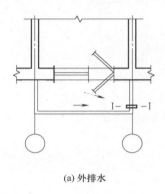
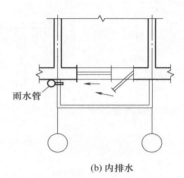
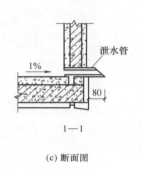

(a) 外排水　　　　　　　　(b) 内排水　　　　　　　　(c) 断面图

图 4-37　阳台排水构造 /mm

4.5.2　雨篷

雨篷是建筑物入口处和顶层阳台上部用以遮挡雨水，保护外门免受雨水侵蚀而设的水平构件。雨篷多为钢筋混凝土悬挑构件，大型雨篷下常加立柱形成门廊。

4D 微课素材 / 楼
地层及阳台、
雨篷 / 雨篷构
造 .mp4

雨篷的受力作用与阳台相似，均为悬臂构件，但雨篷仅承担雪荷载、自重及检修荷载，承担的荷载比阳台小，故雨篷的截面高度较小。一般把雨篷板与入口过梁浇筑在一起，形成有过梁挑出的板，出挑长度一般以 1 ～ 1.5m 较为经济。挑出长度较大时，一般做成挑梁式，为使底板平整，可将挑梁底板上翻，梁端留出泄水孔，如图 4-38 所示。

雨篷在构造上需解决好两个问题：一是防倾覆，保证雨篷梁上有足够的压重；二是板面上要做好排水和防水。通常沿板四周用砖砌或现浇混凝土做凸檐挡水，板面用防水砂浆抹面，并向排水口做 1% 的坡度。防水砂浆应顺墙上卷至少 300mm。

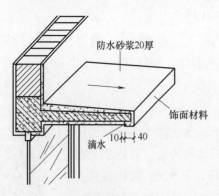

(a) 自由落水雨篷

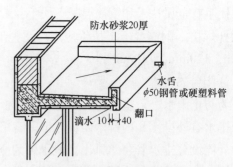

(b) 有翻口有组织排水雨篷

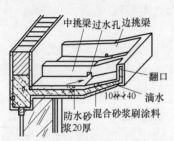

(c) 折挑倒梁有组织排水雨篷

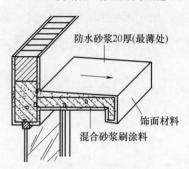

(d) 下翻口自由落水雨篷

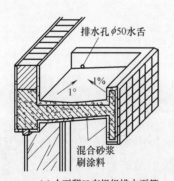

(e) 上下翻口有组织排水雨篷

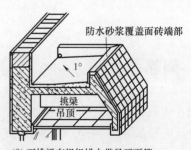

(f) 下挑梁有组织排水带吊顶雨篷

图 4-38 雨篷构造 /mm

雨篷 .ppt

思考题与习题

习题库

一、单选题

1. 某建筑物大厅采用现浇钢筋混凝土楼板，那么采用（ ）最为合理。

A．板式楼板 B．梁板式楼板

C．无梁楼板 D．压型钢板组合楼板

2. 某住宅采用现浇钢筋混凝土楼板，下列选项不是现浇钢筋混凝土楼板特点的是（ ）。

A．施工速度快、节约模板、缩短工期、减少施工现场的湿作业

B．整体性好、抗震性强、防水抗渗性好

C．便于留孔洞、布置管线、适应各种建筑平面形状

D．模板用量大、施工速度慢、现场湿作业量大、施工受季节影响

3. 按楼地面所用材料和施工方式的不同分类，下列不是楼地面类别的是（ ）。

A．整体类楼地面 B．块材类楼地面

C．涂料类楼地面 D．大理石楼地面

4. 水磨石楼地面是用水泥做胶结材料，大理石或白云石等中等硬度石料的石屑做骨料混合铺设，经磨光打蜡而成。下列选项不适用水磨石楼地面的是（ ）。

A．卫生间 B．办公室 C．走廊 D．楼梯间

5. 细石混凝土楼地面是用水泥、砂和小石子级配而成的细石混凝土做面层，其混凝土强度等级不应低于（ ）。

A．C25 B．C35 C．C30 D．C20

6. 块材类楼地面是指利用各种块材铺贴而成的楼地面，按面层材料不同下列选项不是其分类的是（ ）。

A．陶瓷板块楼地面 B．石板楼地面

C．水泥地面 D．木楼地面

7. 关于木楼板下列说法不正确的是（ ）。

A．木楼地面按构造方式只有实铺式一种

B．一般用于装修标准较高的住宅、宾馆、体育馆、健身房、剧院舞台等建筑中

C．木楼地面的主要特点是有弹性、不起灰、不返潮、易清洁、保温性好，但耐火性差，保养不善时易腐朽，且造价较高

D．木地板做好后应刷油漆并打蜡，以保护楼地面

8. 楼地面为防止房间四周墙脚受水，应将防水层沿周边向上泛起至少（ ）。当遇到门洞时，应将防水层向外延伸（ ）以上。

A．200mm B．250mm C．150mm D．300mm

9. 直接式顶棚是指直接在钢筋混凝土楼板下表面喷刷涂料、抹灰或粘贴装修材料的一种构造形式。下列选项不属于直接式顶棚的是（　　）。

    A．直接喷刷涂料顶棚　　　　　　　　　　B．抹灰顶棚

    C．开敞式吊顶　　　　　　　　　　　　　D．粘贴顶棚

10. 阳台作为水平承重构件，其结构形式及布置方式与楼板结构统一考虑。阳台板是阳台的承重构件。下列选项不是阳台板搁置方案的是（　　）。

    A．搁板式　　　　　B．挑板式　　　　　C．搁梁式　　　　D．挑梁式

11. 为倚扶舒适和安全，栏杆的高度应大于人体重心高度，一般不易小于（　　），高层建筑的栏杆应加高，但不宜超过（　　）。

    A．1.10m　　　　　B．1.20m　　　　　C．1.05m　　　　D．1.25m

二、多选题

1. 现浇钢筋混凝土楼板的种类很多，如按受力及传力情况下列选项不正确的是（　　）。

    A．压型钢板组合楼板　　　　　　　　　　B．实心平板

    C．空心板　　　　　　　　　　　　　　　D．梁板式楼板

2. 下列建筑部位，可以使用板式楼板的有（　　）。

    A．厕所　　　　　　　B．走廊　　　　　　C．客厅　　　　　D．厨房

3. 某工程如采用预制钢筋混凝土楼板施工，那么有哪几种楼板形式可供选择（　　）。

    A．槽形板　　　　　　　　　　　　　　　B．空心板

    C．压型钢板组合楼板　　　　　　　　　　D．实心平板

4. 关于预制钢筋混凝土，下列说法正确的是（　　）。

    A．直接搁置在墙上的称为板式布置

    B．搁置在钢筋混凝土梁上时，搁置长度不小于60mm

    C．若楼板支承在梁上，梁再搁置在墙上的称为梁板式布置

    D．预制楼板搁置在墙上时，搁置长度不小于100mm

5. 装配整体式钢筋混凝土楼板是先预制部分构件，然后在现场安装，再以整体浇筑的方法将其连成一体的楼板。下列选项（　　）是它的特点。

    A．整体性好、施工简单、工期较短

    B．避免了现浇钢筋混凝土楼板湿作业量大

    C．施工简便

    D．整体性好

6. 顶棚按构造做法可分为（　　）两种。

    A．直接式顶棚　　　　　　　　　　　　　B．木格栅吊顶

    C．悬式顶棚　　　　　　　　　　　　　　D．铝合金格栅吊顶

三．简答题

1．楼板有哪些类型？其基本组成是什么？各组成部分有何作用？

2．简述楼板的设计使用要求有哪些。

3．空心板在安装前应进行什么工序？这样做的目的是什么？

4．地面由哪几部分组成？各层的作用是什么？设计时应该满足哪些方面的要求？

5．楼地面在构造上应采取哪些防水措施？

6．阳台有哪些类型？

7．雨篷的构造要点有哪些？

8．如何处理阳台的防水？

四、实训题

(1) 题目：预应力空心板的布置。

(2) 目的要求。

通过对预应力空心板的布置，掌握布板方案的选择，预应力空心板的安装节点构造；板缝的调节及处理，训练绘制知识和识读施工图能力。

(3) 设计条件。

① 某砖混住宅建筑的底层平面 (局部) 如图 4-39 所示。

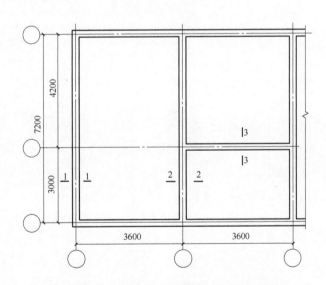

图 4-39 某砖混住宅建筑的底层平面 (局部)

② 采用砖墙承重，内墙厚度 240mm，外墙厚度由学生按当地习惯做法自定，如240mm、370mm、490mm 等。

③ 钢筋混凝土预应力空心板的类型可在设计参考资料 (标准图集) 中选定。

④ 室内楼地面做法由学生按当地习惯自行确定。

（4）设计内容要求。

① 设计内容。按给定的住宅平面图选择承重方案，要求：

a. 绘制楼层平面板安装布置平面图（比例为 1∶100）。

b. 结合当地情况，参考预应力空心板通用图集，绘制 1—1、2—2、3—3 剖面节点构造详图（比例均为 1∶10）。

② 绘图要求：

a. 用 3 号图纸绘图（禁用扫描图纸），用铅笔绘制。图中线条、材料符号等一律按建筑图标准表示。

b. 要求字体工整，线条粗细分明。

习题答案

第5章 楼 梯

05

【学习目标】

- 掌握楼梯的分类。
- 掌握楼梯的尺度。
- 掌握钢筋混凝土楼梯的构造。
- 了解楼梯细部构造的一般知识。
- 掌握台阶和坡道的构造做法。
- 了解建筑其他垂直交通设施。

【核心概念】

楼梯的分类、楼梯的尺度、楼梯的构造、台阶、散水。

【引子】

　　楼梯成为现代住宅中复式、错层和别墅以及多层的垂直交通工具。但在当今居家装饰风格越来越受人们所重视的同时，楼梯也成为许多设计师笔下的一层之魂。时尚、精致、典雅、气派的楼梯已不再是单纯的上下空间的交通工具，它融洽了家居的血脉，成为家居装潢中的一道亮丽的风景点，也成为家居的一件灵动的艺术品。它合理利用空间，巧妙地选择装饰，可使居室产生最佳装饰艺术效果，它既满足人们使用功能的要求，又可以给人以美的享受。让我们带着鉴赏的眼光来学习本章的内容。

5.1 楼梯的类型及设计要求

5.1.1 楼梯的类型

1. 按楼梯的材料分

楼梯按材料分为木楼梯、钢筋混凝土楼梯、钢楼梯、组合材料楼梯等，如图5-1所示。

按楼梯的材料分
钢楼梯 .ppt

(a) 木楼梯

(b) 钢筋混凝土楼梯

(c) 金属楼梯

(d) 混合式钢玻璃楼梯

(e) 混合式钢木楼梯

(f) 混合式钢木悬挂楼梯

图 5-1 各种结构材料的楼梯

(1) 木楼梯的防火性能较差，施工中需做防火处理，目前很少采用。

(2) 钢筋混凝土楼梯有现浇和装配式两种，它的强度高，耐久，防火性能好，可塑性强，可满足各种建筑使用要求，目前被普遍采用。

(3) 钢楼梯的强度大，有独特的美感，但防火性能差，噪声较大。

(4) 组合材料楼梯是由两种或多种材料组成，如钢木楼梯等，它可兼有各种楼梯的优点。

2. 按楼梯的位置分

楼梯按位置分为室内楼梯和室外楼梯。

3. 按楼梯的使用性质分

楼梯按使用性质分为主要楼梯、辅助楼梯、疏散楼梯、消防楼梯。

4. 按楼梯间的平面形式分

楼梯按楼梯间的平面形式分为开敞楼梯间、封闭楼梯间、防烟楼梯间，如图 5-2 所示。

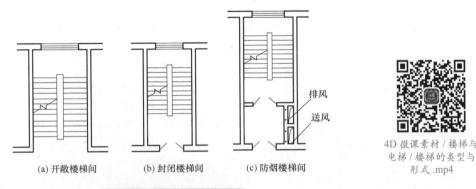

(a) 开敞楼梯间　　(b) 封闭楼梯间　　(c) 防烟楼梯间

4D 微课素材 / 楼梯与电梯 / 楼梯的类型与形式 .mp4

图 5-2　楼梯间的平面形式

5. 按楼梯的平面形式分

楼梯按平面形式分为单跑楼梯、双跑直楼梯、三跑楼梯、双跑平行楼梯、双分平行楼梯、双合平行楼梯、转角楼梯、双分转角楼梯、弧线楼梯、螺旋楼梯、交叉楼梯、剪刀楼梯等，如图 5-3 所示。

按楼梯的平面形式分 .ppt

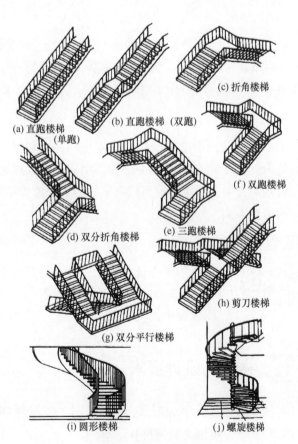

(a) 直跑楼梯（单跑）　　(b) 直跑楼梯（双跑）　　(c) 折角楼梯

(d) 双分折角楼梯　　(e) 三跑楼梯　　(f) 双跑楼梯

(g) 双分平行楼梯　　(h) 剪刀楼梯

(i) 圆形楼梯　　(j) 螺旋楼梯

图 5-3　楼梯平面形式

5.1.2 楼梯的组成

楼梯一般由楼梯段、楼梯平台、栏杆和扶手组成，如图5-4所示。

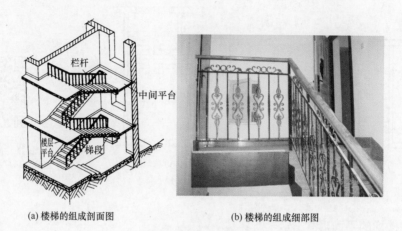

(a) 楼梯的组成剖面图　　　　　　(b) 楼梯的组成细部图

图 5-4　楼梯的组成

1. 楼梯段

楼梯段由若干踏步组成，踏步由踏面（行走时脚踏的水平面）和踢面（与踏面垂直的面）组成。为了保证人流通行的安全、舒适和美观，每个梯段的踏步不应超过18级，也不宜少于3级。踏步应采取防滑措施。

2. 楼梯平台

平台是指连接两个梯段之间的水平构件，根据平台的高度不同有楼层平台和中间平台之分。两个楼层之间的平台称为中间平台，用来供人们上、下行走时暂停休息并改变行走的方向。与楼层地面标高平齐的平台称为楼层平台，除起中间平台的作用外，还用来分配人流。

栏杆与扶手.ppt

3. 栏杆与扶手

为了保证楼梯上、下行人的安全，应在一侧设置栏杆。当梯段宽度不大时，在梯段临空处设置扶手；当梯段宽度较大时，应在梯段中间设置中间扶手。

5.1.3 楼梯的设计要求

对楼梯的数量、平面形式、踏步尺寸、栏杆细部做法等均应能保证满足交通和疏散方面的要求，避免交通拥挤和堵塞。

1. 楼梯的使用功能要求

楼梯设计应满足功能使用和安全疏散的要求。根据楼层中使用人数最多的楼层人数计算楼梯梯段所需的宽度，并按使用功能要求和疏散距离布置楼梯。

录音材料 /5.1.3 楼梯的设计要求 .mp3

2. 楼梯的结构、构造、防火要求

楼梯间应在各层的同一位置，包括地下室、半地下室的楼梯间，在首层应采用耐火极限不低于 2.00h 的隔墙与其他部位隔开并应直通室外，当必须在隔墙上开门时，应采用不低于乙级的防火门。地下室或半地下室与地上层不应共用楼梯间，当必须共用楼梯间时，应在首层与地下或半地下层的出入口处，设置耐火极限不低于 2.00h 的隔墙，和乙级的防火门隔开，并应有明显标志。

5.1.4　楼梯的尺度

1. 楼梯的坡度

楼梯的坡度是指梯段沿水平面倾斜的角度，根据建筑物的使用性质和层高确定。楼梯的坡度越小越平缓，行走越舒适，但扩大了楼梯间的进深，增加了建筑物的面积和造价。因此，在选择楼梯坡度时应根据具体情况，合理地选择并满足使用性和经济性。

4D 微课素材 / 楼梯与电梯 / 楼梯的坡度 .mp4

楼梯的坡度一般在 20°～45°，30°是楼梯最适宜的坡度，梯段的最大坡度不宜超过 38°，即踏步高度 / 宽度不大于 0.7813。爬梯的范围在 45°以上，一般在建筑物中通往屋顶、电梯机房等处采用。当坡度在 10°～20° 时称为台阶，坡度小于 10° 时称为坡道，过去为了方便运送病人，在医院中采用坡道，现在电梯在建筑物中大量采用，坡道只在室外使用。坡道的坡度在 1∶12 以下的属于平缓坡道；坡道的坡度在 1∶10 以上时，应设防滑措施。

楼梯的坡度有两种表示方法，一种是用楼梯段和水平面的夹角表示，另一种是用踏面和踢面的投影长度之比表示。

楼梯、爬梯及坡道的坡度范围如图 5-5 所示。

2. 踏步尺度

踏步尺度是指踏步的宽度和踏步的高度，踏步的高宽比根据人流行走的舒适、安全、楼梯间的尺度和面积等因素决定。

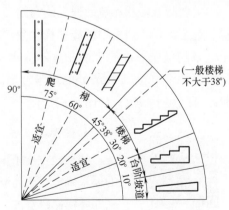

图 5-5　楼梯、爬梯、坡道的坡度

根据建筑楼梯模数协调标准，楼梯踏步的高度不宜大于 210mm，且不宜小于 140mm，各级踏步高度均应相同；楼梯踏步的宽度应采用 220mm、240mm、260mm、280mm、300mm、320mm，必要时可采用 250mm。

踏步的宽度和高度可按经验公式求得

$$b+2h=600 \sim 620mm \text{ 或者 } b+h=450mm$$

式中，b 为踏步的宽；h 为踏步的高度。

楼梯踏步的尺度一般根据经验数据确定，如表 5-1 所示。

表 5-1　楼梯踏步最小宽度和最大高度 (mm)

楼梯类别	最小宽度	最大高度
住宅共用楼梯	0.26	0.175
幼儿园、小学校等楼梯	0.26	0.15
电影院、剧场、体育馆、商场、医院、旅馆和大中学校等楼梯	0.28	0.16
其他建筑楼梯	0.26	0.17
专用疏散楼梯	0.25	0.18
服务楼梯、住宅套内楼梯	0.22	0.20

楼梯踏步的宽度受到楼梯间进深的限制时，可将踏步挑出 20 ～ 30mm，使踏步实际宽度大于其水平投影宽度，但挑出尺寸过大会给行走带来不便，如图 5-6 所示。

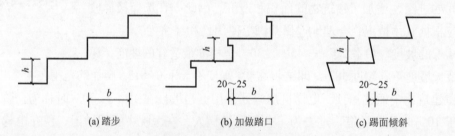

(a) 踏步　　　　　　　(b) 加做踏口　　　　　　(c) 踢面倾斜

图 5-6　踏步细部尺寸 /mm

主要疏散楼梯和疏散通道的台阶不宜采用螺旋楼梯和扇形踏步，当采用螺旋楼梯和扇形踏步时，踏步上、下两级所形成的平面角度不应大于 10°，并且每级距扶手中心 250mm 处的踏步宽度应超过 220mm 时才可以用于疏散，如图 5-7 所示。

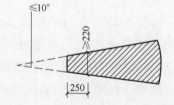

图 5-7　螺旋楼梯的踏步尺寸 /mm

3. 楼梯段宽度

4D 微课素材／楼梯与电梯／梯段尺寸 .mp4

楼梯段宽度根据建筑的类型、层数、通行人数的多少和建筑防火的要求确定。墙面至扶手中心线或同侧梯段扶手中心线之间的水平距离即楼梯梯段宽度。除应符合防火规范的规定外，供日常主要交通用的楼梯的梯段宽度应根据建筑物使用特征，按每股人流为 0.55+(0 ～

0.15)m 的人流股数确定，并不应少于两股人流。0 ~ 0.15m 为人流在行进中人体的摆幅，公共建筑人流众多的场所应取上限值。楼梯段的宽度如图 5-8 所示。

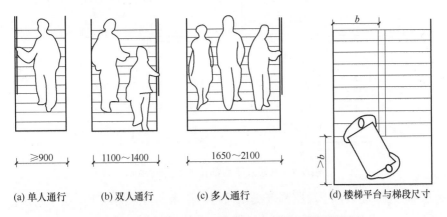

(a) 单人通行　≥900

(b) 双人通行　1100~1400

(c) 多人通行　1650~2100

(d) 楼梯平台与梯段尺寸

图 5-8　楼梯段的宽度和梯段与平台的尺寸关系 /mm

4. 平台宽度

为了保证疏散通畅和便于搬运家具、设备等，楼梯平台的宽度应大于或等于楼梯段的宽度。楼梯段与平台的尺寸关系如图 5-8(d) 所示。

5. 楼梯井的宽度

两楼梯段之间的空隙称为楼梯井。其一般是为了楼梯施工方便而设置的，宽度为 60 ~ 200mm。公共建筑的楼梯井净宽一般大于 150mm；有儿童使用的楼梯，当楼梯井的净宽大于 200mm 时，必须采取安全措施。

楼梯井的宽度 .ppt

4D 微课素材 / 楼梯与电梯 / 梯井、楼梯扶手 .mp4

6. 栏杆扶手的高度

楼梯应至少一侧设扶手，梯段净宽达三股人流时应两侧设扶手，达四股人流时宜加设中间扶手。扶手的高度是指从踏步前缘线到扶手表面的垂直高度。其高度一般根据人体重心的高度和楼梯坡度的大小等因素确定。室内楼梯栏杆扶手高度不应小于 900mm；当靠楼梯井一侧水平扶手长度超过 0.50m 时，其高度不应小于 1.05m。室外楼梯栏杆高度不应小于 1050mm，高层建筑室外楼梯栏杆高度不应小于 1100mm，儿童使用的楼梯栏杆高度一般在 500 ~ 600mm 处设置。

7. 楼梯的净空高度

楼梯的净空高度包括楼梯段间的净高和平台过道处的净空高度。我国规定，楼梯段间的净高不应小于 2.2m，平台过道处的净空高度不应小于 2.0m，起止踏步前缘与顶部凸出物内边缘线

4D 微课素材 / 楼梯与电梯 / 楼梯净高度 .mp4

的水平距离不应小于 0.3m，如图 5-9 所示。

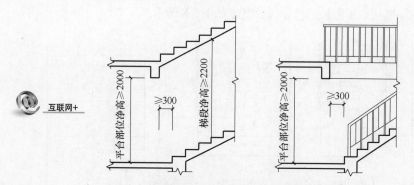

图 5-9　梯段及平台部位净高要求 /mm

在设计时为保证平台下净空高度满足通行的要求，可采用以下办法来解决。

(1) 降低入口平台过道处的局部地坪标高。

(2) 提高底层中间平台的高度，增加第一段楼梯的踏步数，形成长短跑梯段。

(3) 以上两种方法结合使用。

(4) 底层采用直跑梯段直接从室外上至二层，如图 5-10 所示。

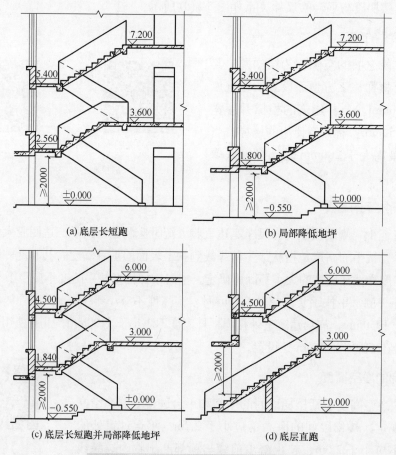

(a) 底层长短跑

(b) 局部降低地坪

(c) 底层长短跑并局部降低地坪

(d) 底层直跑

图 5-10　楼梯间入口处净空尺寸的调整 /mm

8. 楼梯设计步骤和方法

掌握了楼梯的一般尺度及设计要求之后，便可以着手进行楼梯设计。

4D 微课素材 / 楼梯与电梯 / 楼梯设计 .mp4

楼梯设计工作就是要根据建筑物的用途和使用功能以及建筑物的等级不同，在一个特定的空间（楼梯间的开间、进深、层高尺寸所限定的空间）内，合理地确定出楼梯的平面形式、楼梯段的坡度、踏步的级数、踏面和踢面的尺寸、楼梯段的宽度和长度、楼梯休息平台的宽度、楼梯井的宽度以及楼梯各部位的通行净高等。在建筑初步设计阶段，以上设计工作也会反过来进行，也就是说，首先根据建筑物的用途和使用功能以及建筑物等级的不同，来确定楼梯的平面形式、坡度以及所有各部位的尺寸，然后由此而确定该楼梯间的开间、进深、层高的合理尺寸。需要注意的是，在这种情况下，楼梯间的开间、进深、层高尺寸一般都不能单独地确定下来，而要兼顾建筑物楼梯间以外的其他空间的开间、进深、层高的要求而综合起来予以确定。

下面将通过具体的实例来讨论和介绍楼梯的设计步骤和方法。

某单元式 6 层砖混结构住宅楼，封闭式楼梯间平面。开间轴线尺寸为 2700mm，进深轴线尺寸为 5100mm，层高尺寸为 2700mm，室内外高差为 800mm，楼梯间首层设疏散外门。楼梯间外墙厚 360mm，内墙厚 240mm，轴线内侧墙厚均为 120mm。试设计此楼梯。该住宅楼楼梯间平面示意图如图 5-11 所示。

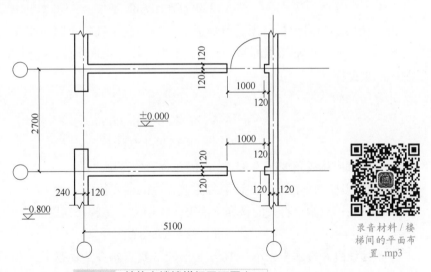

录音材料 / 楼梯间的平面布置 .mp3

图 5-11　某住宅楼楼梯间平面图 /mm

在具体地确定楼梯间各部位的尺寸之前，先来分析以下几个问题。第一，楼梯段的坡度要合理，本例住宅楼为居住建筑，使用人数比较少，楼梯段的坡度不宜取得过小；第二，开间和进深方向的尺寸计算要减去墙体的厚度，通行净高的尺寸计算则要扣除平台梁的高度；第三，在解决首层中间休息平台下部的通行要求时，首先可采用降低室内地坪的办法，但要特别注意的是，应至少在室外保留一步高度不低于 100 mm

的台阶，以避免地面雨水倒灌室内；第四，注意楼层平台和休息平台宽度取值的差别。开敞式平面的楼梯间与封闭式平面的楼梯间，由于在能否借用走廊的宽度来解决通行要求上的不同，其楼层平台和休息平台宽度的取值标准也不一样。

为了使楼梯设计工作既快捷又合理，这里介绍一种设计方法，可以概括为"七步骤设计法"。七步骤设计法又可分为两个阶段，第一个阶段为前四个步骤，主要是根据设计要求和以往的经验，事先确定（假定）一些楼梯的基本数据，为下一阶段的设计做准备工作；第二个阶段为后三个步骤，主要是在前四步设计的基础上，分别对楼梯间开间、进深、层高（通行净高）三个方向的布置进行验算，以检验第一个阶段所假定的基本数据是否合理。验算结果合理，楼梯设计就此结束；如果验算结果不合理，就要重新调整前面所假定的基本数据，再按同样的设计步骤进行验算，直到出现合理的结果为止。

下面就以实例按"七步骤设计法"进行设计。

(1) 确定（假定）楼梯段踏步尺寸 b、h。

参照表 5-1 中的住宅建筑类型的数据，取踏面宽 $b=280\text{mm}$，踢面高 $h=170\text{mm}$。此时

$$h/b=170/280=0.607$$

此坡度值换算成角度即为 $31°16'$，对于居住建筑的楼梯段来说，是一个比较适宜的坡度值。

(2) 计算每个楼层的踏步数 N。

$$N=2700/170=15.88 \text{ 步}$$

由于楼梯段的踏步数必须是整数值，否则，会出现每个踏步踢面高 h 不等值的不合理现象，因此，取每楼层的踏步数 $N=16$ 步，并依此重新计算踢面高 h' 的数值以及楼梯段的坡度值。

计算结果如下：

$$h'=H/N=2700/16=168.75\text{mm}$$

$$h'/b=168.75/280=0.603$$

此坡度值换算成角度即为 $31°05'$，仍在合理值范围之内。

(3) 确定楼梯的平面形式并计算每跑楼梯段的踏步数 n。

本例仍采用双跑平行式的楼梯平面形式。因此，每跑楼梯段的踏步数

$$n=N/2=16/2=8 \text{ 级}$$

每跑楼梯段 8 级踏步，小于 18 级，大于 3 级，符合基本要求。

(4) 计算楼梯间平面净尺寸。

根据所列的已知条件，参照图 5-11 的平面尺寸关系，可以得到如下尺寸。

开间方向的平面净尺寸

$$2700–120 \times 2=2460\text{mm}$$

进深方向的平面净尺寸

$$5100-120 \times 2=4860mm$$

(5) 开间方向的验算。

取楼梯井宽度 B_1=60mm，则楼梯段的宽度尺寸

$$B=(2460-60)/2=1200mm$$

楼梯段 1200mm 的宽度满足居住建筑楼梯段最小宽度限制的要求。

(6) 通行净高的验算。

根据所列的已知条件，按半层高度计算，首层中间休息平台的标高为 1.350m，考虑平台梁的结构高度 220mm(按其跨度的 1/12 左右并依据模数要求确定) 后，平台梁下部的通行净高只有 1.130m。为满足通行净高 2.000m 的要求，首先将室外部分台阶移入室内，即在室外保留 100mm 高的一步台阶，其余 700mm 设成四步台阶并移入室内降低室内地坪，这样，平台梁下部的通行净高达到 1.130+0.700=1.830m。再将首层高度内的双跑楼梯段的踏步数由原来的 8+8 步调整为 9+7 步，第一跑楼梯段增加的一步踏步使平台梁下部的通行净高又增加了 0.170m，达到 1.830+0.170=2.000m，符合通行净高的标准。将以上设计结果列成计算式，则有

$$168.75 \times 9+175 \times 4-220=1998.75 \sim 2000mm$$

对二层中间休息平台下部的通行净高的验算式列出如下：

$$168.75 \times 8+168.75 \times 7-220=2311.25mm$$

计算结果表明，该处的通行净高仍满足要求。

(7) 进深方向的验算。

考虑到住宅楼建筑的楼梯通行宽度较窄，楼梯休息平台处搬运家具转弯等因素的需要，取中间休息平台的宽度 D=1350 mm，略大于楼梯段的宽度 B=1200 mm，则三种不同长度的楼梯段 (9 级、8 级、7 级) 在楼层休息平台处的通行宽度 D 可由下列计算式分别得出。

首层平台处 (9 级楼梯段)

$$D_1=4860-280 \times (9-1)-1350=1270mm$$

二层及以上各层楼层平台处 (8 级楼梯段)

$$D_1=460-280 \times (8-1)-1350=1550mm$$

二层楼层平台处 (7 级楼梯段)

$$D_1=4860-280 \times (7-1)-1350=1830mm$$

以上三种情况的计算结果表明，楼层休息平台的通行宽度 (计算结果最小值为 1270mm) 既能满足不小于楼梯段通行宽度的要求，又能满足此处宽度为 1000mm 的住户门及门两侧 120mm 长的门垛和一定的缓冲距离设置的需要。

以上全部验算结果均符合要求，楼梯设计完成。

图 5-12 所示为本例设计结果的平面图和剖面图。

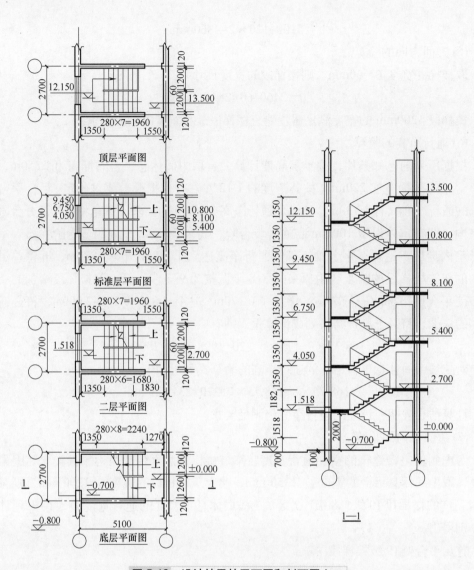

图 5-12　设计结果的平面图和剖面图 /mm

知识拓展

　　楼梯是建筑物上、下层之间连系的垂直交通设施，所以楼梯的数量等要求应满足消防疏散的能力，即使在设有电梯和自动扶梯的情况下，也必须同时设置疏散楼梯。

5.2 钢筋混凝土楼梯构造

5.2.1 现浇钢筋混凝土楼梯构造

现浇钢筋混凝土楼梯结构整体性好，能适应各种楼梯间平面和楼梯形式，充分发挥钢筋混凝土的可塑性；但需要现场支模、绑扎钢筋，具有模板耗费较大、施工进度慢、自重大等缺点。

现浇钢筋混凝土楼梯构造形式根据梯段的传力路径不同，分为板式楼梯和梁式楼梯。

1. 板式楼梯

板式楼梯是指由楼梯段承受梯段上全部荷载的楼梯。荷载传递方式为荷载→踏步→梯段板→平台梁→墙或柱。其特点是结构简单，施工方便，底面平整。但板式楼梯板厚、自重大，用于跨度在 3000mm 以内时较经济。其适用于荷载较小、层高较小的建筑，如图 5-13 所示。

4D 微课素材 / 楼梯与电梯 / 现浇整体式钢筋混凝土楼梯 - 板式楼梯 .mp4

互联网+

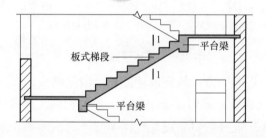

板式梯段 | 平台梁 | 平台梁

图 5-13　板式楼梯

为了保证平台过道处的净空高度，可以在板式楼梯的局部位置取消平台梁，称为折板楼梯，如图 5-14 所示。

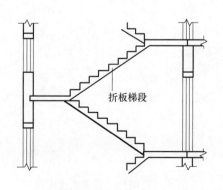

折板梯段

现浇钢筋混凝土楼梯构造 .ppt

图 5-14　折板楼梯

2. 梁式楼梯

梁式楼梯是由斜梁承受梯段上全部荷载的楼梯。荷载传递方式为荷载→踏步→斜梁→平台梁→墙或柱，梁式楼梯适用于荷载较大、层高较大的建筑，如图5-15所示。

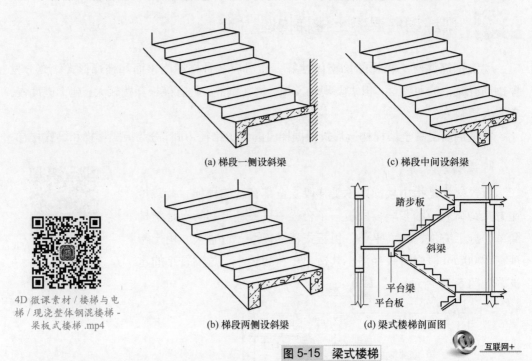

4D微课素材/楼梯与电梯/现浇整体钢混楼梯-梁板式楼梯.mp4

(a) 梯段一侧设斜梁

(c) 梯段中间设斜梁

(b) 梯段两侧设斜梁

(d) 梁式楼梯剖面图

互联网+

图 5-15　梁式楼梯

梁式楼梯的斜梁一般设置在踏步板的下方，从梯段侧面就能看见踏步，俗称明步楼梯，如图5-16(a)所示。这种楼梯在梯段下部形成梁的暗角，容易积灰，梯段侧面经常被清洗地面的脏水污染，影响美观。也可把斜梁设置在踏步板上面的两侧，形成暗步楼梯，如图5-16(b)所示。这种楼梯弥补了明步楼梯的不足，梯段板下面平整，但由于斜梁宽度要满足结构要求，宽度较大，从而使梯段净宽变小。

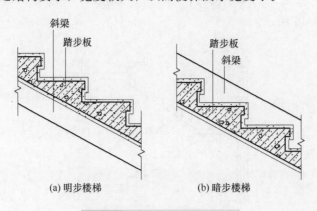

(a) 明步楼梯

(b) 暗步楼梯

图 5-16　明步楼梯和暗步楼梯

5.2.2 装配式钢筋混凝土楼梯构造

装配式钢筋混凝土楼梯是在预制厂或施工现场进行预制的，施工时将预制构件进行焊接、装配。与现浇钢筋混凝土楼梯相比，其施工速度快，有利于节约模板，提高施工速度，减少现场湿作业，有利于建筑工业化，但刚度和稳定性较差，在抗震设防地区少用。

装配式钢筋混凝土楼梯根据施工现场吊装设备的能力分为小型构件和大中型构件。

1. 小型构件装配式楼梯

小型构件装配式楼梯的构件小，便于制作、运输和安装，但施工速度较慢，适用于施工条件较差的地区。

小型构件按其构造方式可分为墙承式、梁承式和悬臂式。

1) 墙承式

墙承式是指预制钢筋混凝土踏步板直接搁置在墙上的一种楼梯形式，这种楼梯由于在梯段之间有墙，搬运家具不方便，使得视线、光线受到阻挡，会感到空间狭窄，整体刚度较差，对抗震不利，施工也较麻烦。

为了采光和扩大视野，可在中间墙上适当的部位留洞口，墙上最好装有扶手，如图 5-17 所示。

4D 微课素材 / 楼梯与电梯 / 现浇整体式钢筋混凝土楼梯 - 墙承式楼梯 .mp4

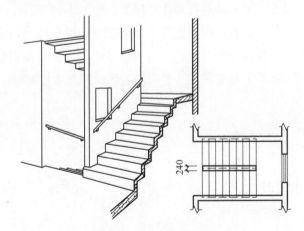

图 5-17　墙承式楼梯 /mm

2) 梁承式

梁承式是指梯段有平台梁支承的楼梯构造方式，在一般大量性民用建筑中较为常用。安装时将平台梁搁置在两边的墙和柱上，斜梁搁在平台梁上，斜梁上搁置踏步。斜梁做成锯齿形和矩形截面两种，斜梁与平台用钢板焊接牢固，如图 5-18 所示。

4D 微课素材 / 楼梯与电梯 / 预制装配式钢筋混凝土楼梯 - 梁承式 .mp4

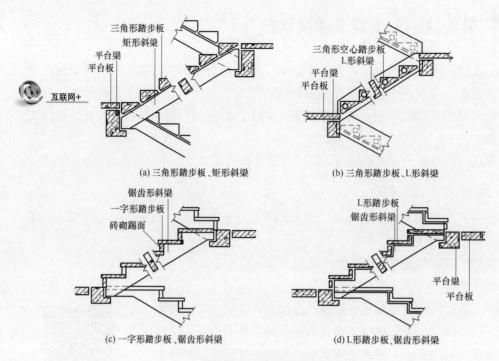

(a) 三角形踏步板、矩形斜梁

(b) 三角形踏步板、L形斜梁

(c) 一字形踏步板、锯齿形斜梁

(d) L形踏步板、锯齿形斜梁

图 5-18　预制装配梁承式楼梯

4D 微课素材 / 楼梯与电
梯 / 预制装配式钢筋混凝
土楼梯 - 悬臂式 .mp4

3) 悬臂式

悬臂式是指预制钢筋混凝土踏步板一端嵌固于楼梯间侧墙
上，另一端悬挑的楼梯形式，如图 5-19 所示。

悬臂式钢筋混凝土楼梯无平台梁和梯段斜梁，也无中间墙，
楼梯间空间较空透，结构占空间少，但楼梯间整体刚度较差，不
能用于有抗震设防要求的地区。其施工较麻烦，现已很少采用。

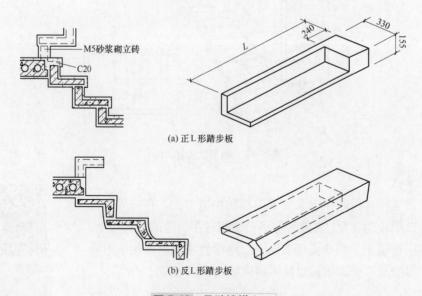

(a) 正L形踏步板

(b) 反L形踏步板

图 5-19　悬臂楼梯 /mm

2. 中型、大型构件装配式楼梯

1) 平台板

平台板根据需要采用钢筋混凝土空心板、槽板和平台板。在平台上有管道井处，不应布置空心板。平台板平行于平台梁布置，利于加强楼梯间的整体刚度；垂直布置时，常用小平板，如图 5-20 所示。

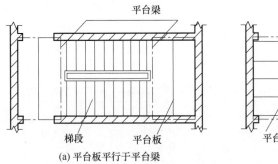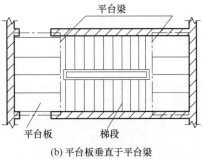

(a) 平台板平行于平台梁   (b) 平台板垂直于平台梁

图 5-20   平台板布置方式

2) 梯段

板式梯段有空心和实心之分，实心梯段加工简单，但自重较大；空心梯段自重较小，多为横向留孔。板式梯段的底面平整，适合在住宅、宿舍建筑中使用。

梁式梯段是把踏步板和边梁组合成一个构件，多为槽板式。为了节约材料、减小其自重，对踏步截面进行改造，主要采取踏步板内留孔，把踏步板踏面和踢面相交处的凹角处理成小斜面，做成折板式踏步。

5.2.3 楼梯的细部构造

1. 踏步与防滑构造

踏步面层应便于行走、耐磨、防滑并易于清洁及美观，常见的有水泥砂浆面层、水磨石砂浆面层、花岗岩面层、大理石面层等。

2. 防滑处理

作防滑处理为了避免行人滑倒，并起到保护踏步阳角的作用。常用的防滑条材料有水泥铁屑、金刚砂、铝条、铜条及防滑踏面砖等。防滑条应高出踏步面 2 ~ 3mm，如图 5-21 所示。

4D 微课素材/楼梯与电梯/踏步面层及防滑处理 .mp4

踏步与防滑构造 .ppt

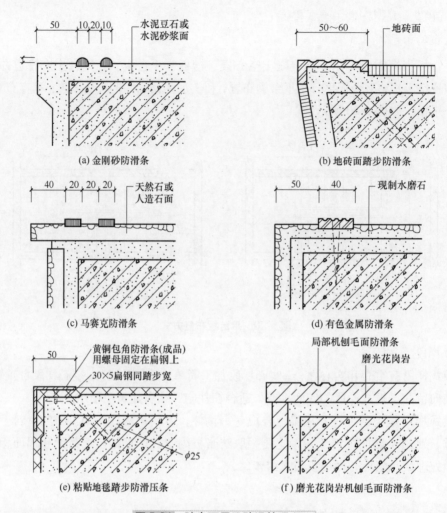

(a) 金刚砂防滑条

(b) 地砖面踏步防滑条

(c) 马赛克防滑条

(d) 有色金属防滑条

(e) 粘贴地毯踏步防滑压条

(f) 磨光花岗岩机刨毛面防滑条

图 5-21　踏步面层及防滑处理 /mm

3. 无障碍楼梯和台阶

(1) 梯段无障碍楼梯应考虑残疾者和行动不便的老年人的使用要求，楼梯与台阶的形式应采用有休息平台的双跑或三跑梯段，并在距离踏步起点和终点 250 ～ 300mm 处设置盲道提示，如图 5-22 所示。梯段的设计应充分考虑挂杖者及视力残疾者使用时的舒适感及安全感，其坡度宜控制在 35°以下，公共建筑梯段宽度不应小于 1500mm，居住建筑不应小于 1200mm，每梯段踏步数应在 3 ～ 18 级范围，且保持相同的步高，梯段两侧均设置扶手，做法同坡道扶手。

(2) 踏步形状应为无直角突出，踢面完整，左右等宽，临空一侧设立缘、踢缘板或栏板，踏面不应积水并做防滑处理，防滑条突出向上不大于 5mm，踏步的安全措施如图 5-23 所示。

(3) 上、下平台的宽度除满足公共楼梯的要求外，其宽不应小于 1500mm(不含导盲石宽)，导盲石内侧距起止步距离为 300mm 或不小于踏面宽。

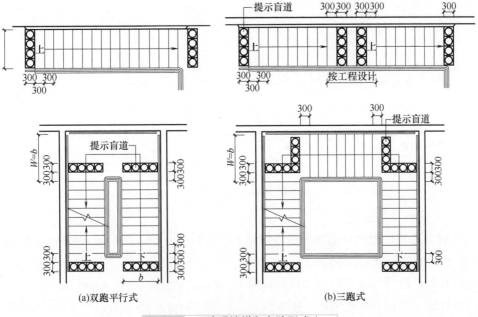

图 5-22　无障碍楼梯和台阶形式 /mm

(a)双跑平行式　　　　　　(b)三跑式

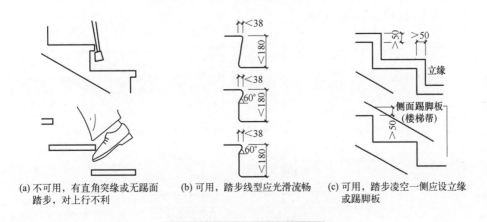

(a) 不可用，有直角突缘或无踢面　　(b) 可用，踏步线型应光滑流畅　　(c) 可用，踏步凌空一侧应设立缘
　　踏步，对上行不利　　　　　　　　　　　　　　　　　　　　　　　　或踢脚板

图 5-23　踏步的安全措施 /mm

4. 栏杆与扶手构造

1) 栏杆的形式和材料

栏杆的形式可分为空花式、栏板式、混合式等类型。空花式栏杆具有质量小、空透轻巧的特点，一般用于室内楼梯，如图 5-24 所示。栏板是实心的，有钢筋混凝土预制板或现浇板、钢丝抹灰栏板、砖砌栏板，常用于室外楼梯。混合式栏板是空花式和栏板式两种栏杆形式的组合。

图 5-24　空花栏杆

2) 栏杆和踏步的连接

(1) 锚固连接：把栏杆端部做成开脚插入踏步预留孔中，然后用水泥砂浆或细石混凝土嵌牢，如图 5-25(a)、(b) 所示。

(2) 焊接：栏杆焊接在踏步的预埋钢板上，如图 5-25(c)、(e)、(g) 所示。

(3) 栓接：栏板靠螺栓刚接在踏步板上，如图 5-25(d)、(f) 所示。

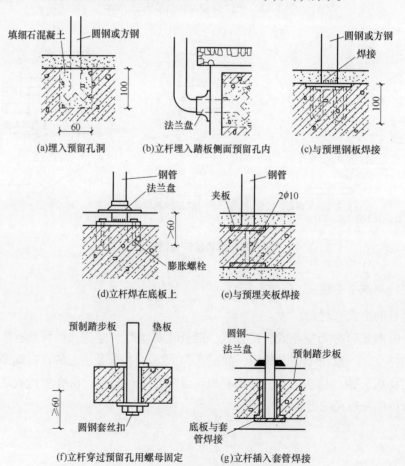

图 5-25　栏杆与踏步的连接 /mm

3) 扶手的构造

(1) 扶手与栏杆的连接：空花式和混合式栏杆采用木材或塑料扶手时，一般在栏杆竖杆顶部设通长扁钢与扶手底面或侧面槽口榫接，用木螺钉固定。金属管材扶手与栏杆竖杆连接，一般采用焊接或铆接，采用焊接时需注意扶手与栏板竖杆用材一致。

(2) 扶手与墙面的连接：靠墙扶手与墙的刚接是预先在墙上留洞口，然后安装开脚螺栓，并用细石混凝土填实，或在混凝土墙中预埋扁钢，用锚接固定，如图 5-26 所示。

图 5-26　靠墙扶手

(3) 栏杆、扶手的转弯处理：将平台处栏杆向里缩进半个踏步距离，可顺当连接，如图 5-27(a) 所示；上、下行楼梯的第一个踏步口平齐时，两段扶手需延伸一段再连接或做成"鹤颈"扶手，如图 5-27(b) 所示；因鹤颈扶手制作较麻烦，也可改用直线转折的硬接方式，如图 5-27(c) 所示；当上、下梯段错一步时，扶手在转折处不需要向平台延伸即可自然断开连接，如图 5-27(d) 所示；将上、下行楼梯段的第一个踏步互相错开，扶手可顺当连接，如图 5-27(e)、(f) 所示。

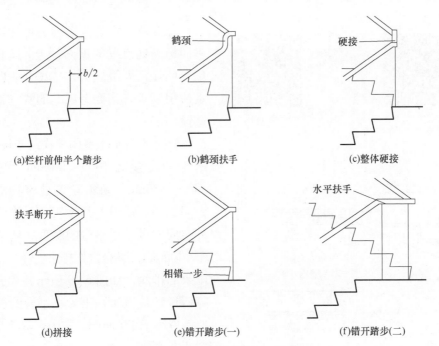

(a)栏杆前伸半个踏步　　(b)鹤颈扶手　　(c)整体硬接

(d)拼接　　(e)错开踏步(一)　　(f)错开踏步(二)

图 5-27　梯段转折处栏杆扶手处理

(4) 无障碍扶手：无障碍扶手是行动受限制者在通行中不可缺少的助行设施，如图5-28所示。协助行动不便者安全行进，保持身体的平衡。在坡道、台阶、楼梯的两边应设置扶手，并保持连贯。扶手安装的高度为850mm，公共楼梯应设置上、下两层扶手，下层扶手高度为650mm。为了确保通行安全和平稳，扶手在楼梯的起步和终止处应延伸300mm，在扶手靠近末端处设置盲文标志牌，告知视残者楼层和目前所在位置的信息。

图 5-28　无障碍扶手

5.3　台阶和坡道

5.3.1　台阶

4D 微课素材 / 楼梯与电梯 / 室外台阶 .mp4

台阶 .ppt

台阶是在室外或室内的地坪或楼层不同标高处设置的供人行走的阶梯。其位置明显，人流较大，在设计时既要满足使用要求，又要考虑它的安全性和舒适性。

台阶的踏步比室内楼梯踏步坡度小，踏步的高度为 100 ~ 150mm，宽度为 300 ~ 350mm。在台阶与建筑物出入口大门之间，需设一缓冲平台，作为室内外空间的过渡。平台的深度一般不应小于 1000mm，平台需作排水坡度，以利于雨水的排除，如图 5-29 所示。考虑有无障碍设计坡道时，出入口平台的深度一般不应小于 1500mm。室内台阶踏步数不应少于 2 级，当高差不足 2 级时，应按

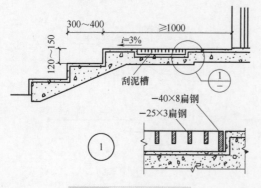

图 5-29　台阶尺度 /mm

坡道设置。室外台阶要考虑防水、防冻、防滑，可用天然石材、混凝土等，面层材料
应根据建筑设计决定。

混凝土台阶由面层、结构层和垫层组成。面层材料应选择防滑和耐久的材料，可
采用水泥砂浆、细石混凝土、水磨石等材料，也可采用缸砖、石材贴面。垫层的做法
与地面垫层做法相似，一般采用灰土、三合土或碎石、碎砖、混凝土等。

室外台阶高度超过 1m 时，常采用栏杆、花池等防护措施。在人流密集的场所台阶
高度超过 0.70m 并侧面临空时，应有防护设施。

严寒地区的台阶还需考虑地基土冻胀因素，可用含水率低的砂石垫层换土至冰冻
线以下，如图 5-30 所示。

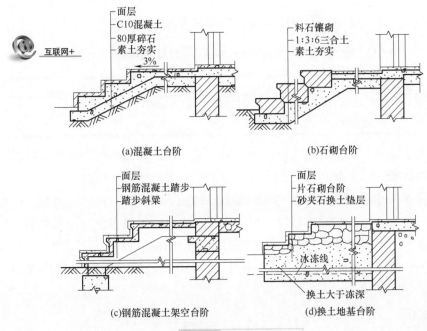

图 5-30 台阶构造 /mm

5.3.2 坡道

坡道是连接不同标高的楼面、地面，供人行或车行的斜坡式
交通道。坡道按其用途不同分为行车坡道和轮椅坡道两类。坡道
的构造如图 5-31 所示。

坡道的坡度用高度与长度之比来表示，一般为 1：8 ～
1：12。室内坡道坡度不宜大于 1：8，室外坡道坡度不宜大于
1：10。坡道的坡度、坡段高度和水平长度的最大容许值，如表
5-2 所示。

4D 微课素材 / 楼梯与电
梯 / 室外坡道 .mp4

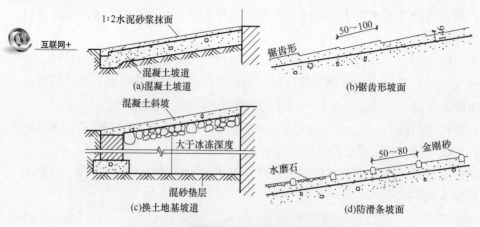

图 5-31　坡道地面构造做法 /mm

表 5-2　坡道的坡度、坡段高度和水平长度的最大容许值 (mm)

坡度	1/20	1/16	1/12	1/10	1/8	1/6
坡段最大高度	1500	1000	750	600	350	200
坡段水平长度	30 000	16 000	9000	6000	2800	1200

　　坡道要考虑防滑，当坡度较大时，坡道面每隔一段距离做防滑条或做成锯齿形，以达到防滑的效果。

　　为方便残疾人通行的坡道类型，根据场地条件的不同可分为一字形、L形、U形、一字多段式坡道等。每段坡道的坡度、坡段高度和水平长度以方便通行为准则。为保证安全及残疾人上、下坡道的方便，应在坡道两侧增设扶手，起步应设 300mm 长水平扶手。为避免轮椅撞击墙面及栏杆，应在扶手下设置护堤，坡道面层应做防滑处理。

4D 微课素材 / 楼梯与电梯 / 电梯 .mp4

5.4　电梯及自动扶梯

　　电梯一般多用于高层建筑中，但由于建筑级别较高或使用的特殊需要，多层建筑往往也设置电梯。电梯不得计作安全出口。

5.4.1　电梯的类型

电梯 .ppt

1. 根据电梯的使用性质分

　　(1) 客梯：用于人们在建筑物中上、下楼层的连系。

　　(2) 货梯：用于运送货物及设备。

　　(3) 消防电梯：用于在发生火灾、爆炸等紧急情况下消防人员紧急救援。

2. 根据动力拖动的方式不同分

(1) 交流拖动电梯。

(2) 直流拖动电梯。

(3) 液压电梯。

3. 根据电梯行驶速度分

(1) 高速电梯：速度大于 2m/s，梯速随层数增加而提高。

(2) 中速电梯：速度在 2m/s 以内，1.5m/s 以上。

(3) 低速电梯：速度在 1.5m/s 以内。

4. 其他特殊类型

(1) 观景电梯具有垂直运输和观景双重功能，适用于高层宾馆、商业建筑等公共建筑，观景电梯在建筑物中应选择使乘客获得最佳观赏角度的位置。

(2) 无机房电梯无须设置专用机房，将驱动主机安装在井道或轿厢上，控制柜放在维修人员能接近的位置。

(3) 液压电梯适用于行程高度小、机房不设在顶部的建筑物。

5.4.2　电梯的设计要求

客梯的位置应该设置在主要入口、明显的位置，且不应在转角处邻近布置。在电梯附近宜设有安全楼梯，以备就近上、下楼和安全疏散。

设置电梯的建筑，楼梯仍按常规做法设置。高层民用建筑除了设普通客梯以外，必须按规范规定设置消防电梯。

5.4.3　电梯的组成

1. 井道

电梯井道是电梯轿厢运行的通道，其平面净空尺寸根据选用的电梯型号确定，井道壁多为钢筋混凝土或框架填充墙。电梯构造组成如图 5-32 所示。

电梯轿厢在井道中运行，上、下都需要一定的空间供吊缆装置和检修需要。电梯井道在顶层停靠必须有 4.5m 以上的高度，底层以下需要留有不小于 1.4m 深度的地坑，供电梯缓冲之用。井道有防潮要求，地坑的深度达到 2.5m 时，应设置检修爬梯和必要的检修照明电源等。井道的围护结构具有防火性

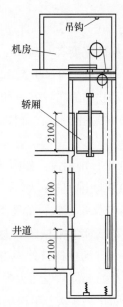

图 5-32　电梯的组成示意图 /mm

能，其耐火极限不低于2.5h。井道内严禁铺设可燃气体、液体管道。

为了便于通风和发生火灾时能将烟和热气排出室外，井道顶部和中部适当位置及坑底处设置不小于300mm×600mm或其面积不小于井道面积3.5%的通风口。

电梯在启动和停层时噪声较大，会对井道周边的房间产生影响。为了减少噪声，井道外侧应设置隔声措施。

2. 机房

电梯机房一般设在电梯井道的顶部，电梯机房的尺寸根据机械设备的安排和管理维修的需要确定，机房屋顶在电梯吊缆正上方设置受力梁或吊钩，以便起吊轿厢和重物。

3. 轿厢

电梯轿厢直接作载人或载货之用，其内部用材应考虑美观、耐用、易清洗。轿厢用金属框架结构，内部用光洁有色金属板壁面或金属穿孔壁面、花格钢板地面等作为内饰材料。

5.4.4 自动扶梯

4D 微课素材 / 楼梯与电梯 / 自动扶梯 .mp4

自动扶梯是一种连续运行的垂直交通设施，承载力大，安全可靠，适用于地铁、航空港、商场、码头等公共场所。自动扶梯的运行原理是采用机电技术，由电动马达变速器和安全制动器组成的推动单元拖动两条环链，每级踏板都与环链连接，通过轧辊的滚动，踏板沿轨道循环运行。

自动扶梯可用于室内或室外。自动扶梯常见的坡度有27.3°、30°、35°，自动扶梯运行速度一般为0.45～0.75m/s，常见的速度为0.5m/s。自动扶梯的宽度有600mm、800mm、1000mm、1200mm等。自动扶梯的载客能力较强，可达到4000～10 000人/h。

自动扶梯的布置方式如下所述。

(1) 并联排列式：如图5-33(a)所示，楼层交通乘客流动连续，外观豪华，但安装面积大。

(2) 平行排列式：如图5-33(b)所示，楼层交通不连续，但安装面积小。

(3) 串联排列式：如图5-33(c)所示，楼层交通乘客流动连续。

(4) 交叉排列式：如图5-33(d)所示，客流连续且不发生混乱，安装面积小。

自动扶梯的机械装置悬在楼板梁上，楼层下作装饰外壳处理，底部做成地坑。在机房上部自动扶梯口处应有金属活动地板供检修之用。在室内每层自动扶梯开口处，四周敞开的部位须设防火卷帘及水幕喷头。自动扶梯停运时不得作为安全疏散楼梯。

为防止乘客头、手探出自动扶梯栏板受伤，自动扶梯和自动人行道与平行墙面间、扶手与楼板开口边缘即相邻平行梯的扶手带的水平距离不应小于 0.5m。当不能满足上述距离时，在外盖板上方设置一个无锐利边缘的垂直防碰挡板，以保证安全。

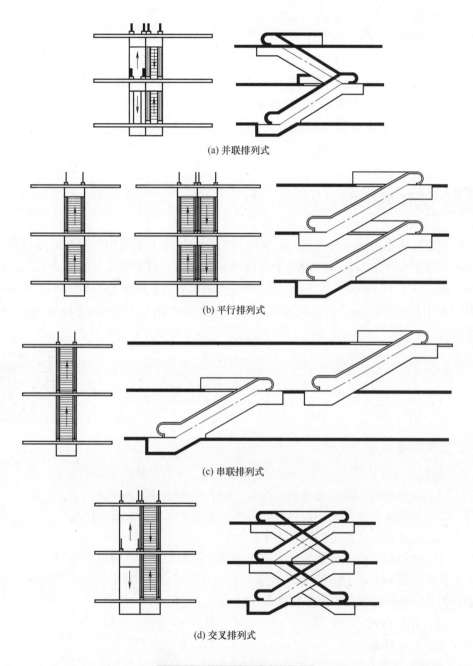

(a) 并联排列式

(b) 平行排列式

(c) 串联排列式

(d) 交叉排列式

图 5-33　自动扶梯的布置方式

5.4.5 消防电梯

消防电梯是在发生火灾时供运送消防人员及消防设备，抢救受伤人员用的垂直交通工具，根据国家的规定设置。

消防电梯电梯间应设前室，居住建筑前室的面积不应小于 4.5m²，公共建筑前室的面积不应小于 6.0m²。与防烟楼梯间共用前室时，居住建筑前室的面积不应小于 6.0m²，公共建筑前室的面积不应小于 10.0m²。

消防电梯门口采取防水措施，井底应设排水设施，排水井容量应大于或等于 2.0m³。

5.4.6 无障碍电梯

在大型公共建筑和高层建筑中，无障碍电梯是伤残人最适用的垂直交通设施。考虑残疾人乘坐电梯的方便，在设计中应将电梯靠近出入口布置，并有明显标志。候梯厅的面积不小于 1500mm×1500mm，轮椅进入轿厢的最小面积为 1400mm×1100mm，电梯门宽不小于 800mm。自动扶梯的扶手端部应留不小于 1500mm×1500mm 轮椅停留及回转空间。

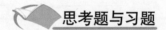 思考题与习题

习题库

一、单选题

1．楼梯是连系建筑上、下层的垂直交通设施，下列说法不正确的是（　　）。

    A．钢筋混凝土楼梯强度高，耐久，防火性能好，可塑性强

    B．钢楼梯的强度大，有独特的美感，防火性能好，但噪声较大

    C．组合材料楼梯是由两种或多种材料组成的

    D．木楼梯的防火性能较差，施工中须做防火处理，目前很少采用

2．楼梯段楼梯由若干踏步组成，踏步由踏面和踢面组成。为了保证人流通行的安全、舒适和美观，楼梯段楼梯的踏步数量应在（　　）。

    A．5～15级　　　　　　　　　　　B．3～18级

    C．3～15级　　　　　　　　　　　D．5～18级

3．楼梯的坡度是指梯段沿水平面倾斜的角度。楼梯的坡度一般在（　　）。

    A．10°～45°　　　　　　　　　　B．20°～45°

    C．20°～30°　　　　　　　　　　D．10°～30°

4．踏步的高宽比根据人流行走的舒适、安全、楼梯间的尺度和面积等因素决定。踏步的宽度和高度应满足公式（　　）。

　　A．$2b+h$=600 ～ 620mm　　　　　B．$b+2h$=600 ～ 650mm

　　C．$b+2h$=600 ～ 620mm　　　　　D．$2b+h$=600 ～ 650mm

5．当楼梯踏步的宽度受到楼梯间进深的限制时，将踏步挑出（　　），使踏步实际宽度大于其水平投影宽度。

　　A．10 ～ 30mm　　　　　　　　B．20 ～ 40mm

　　C．10 ～ 40mm　　　　　　　　D．20 ～ 30mm

6．为了避免行人滑倒，并保护踏步阳角，设置的防滑条应高出踏步面（　　）。

　　A．2 ～ 5mm　　　　　　　　　B．3 ～ 5mm

　　C．2 ～ 3mm　　　　　　　　　D．1 ～ 3mm

二、多选题

1．楼梯按材料分为（　　）。

　　A．组合材料楼梯　　　　　　　B．钢楼梯

　　C．钢筋混凝土楼梯　　　　　　D．木楼梯

2．按楼梯间的平面形式分类，下列选项正确的是（　　）。

　　A．开敞楼梯间　　　　　　　　B．防火楼梯间

　　C．封闭楼梯间　　　　　　　　D．防烟楼梯间

3．下列选项属于楼梯组成部分的是（　　）。

　　A．楼梯段　　　　　　　　　　B．楼梯平台

　　C．楼梯板　　　　　　　　　　D．栏杆

4．下列说法正确的是（　　）。

　　A．儿童使用的楼梯栏杆高度一般在 500 ～ 600mm 处设置

　　B．室内楼梯栏杆扶手高度不应小于 800mm

　　C．室外楼梯栏杆高度不应小于 1050mm

　　D．高层建筑室外楼梯栏杆高度不应小于 1100mm

5．下列选项属于电梯组成部分的有（　　）。

　　A．机房　　　B．井道　　　C．缆绳　　　D．轿厢

三、简答题

1．栏杆的形式有几种，栏杆和踏步的连接方式有几种？

2．明步楼梯和暗步楼梯各自具有什么特点？

3．自动扶梯的布置形式有几种，各有什么特点？

4．现浇钢筋混凝土楼梯根据梯段的传力不同分为几种，在荷载的传递上有何不同？

5．现浇钢筋混凝土楼梯和预制装配式钢筋混凝土楼梯各有哪些特点？

6．楼梯段的最小净宽有何规定，平台宽度和梯段宽度的关系如何？

7．楼梯的净空高度有哪些规定，原因是什么？在设计时如不满足应采取哪些措施来解决？

四、案例题

(1) 内蒙古某中学的学生下晚自习时，从教室拥向楼梯。由于学生相互拥挤，一楼楼梯栏杆被挤坏，一些学生摔倒在地，后边的学生不知道，仍然向前拥挤，结果致使惨剧发生。事故导致死亡 21 人，伤 47 人，其中 6 人重伤。

(2) 云南省某小学三个年级的学生下楼做早操，因个别学生在楼梯上燃放鞭炮，造成正在下楼的同学因恐慌相互推挤踩压，致使 22 名学生受伤，其中重伤 14 人。

(3) 重庆市某中学下晚自习时，700 多名学生在下楼时发生拥挤踩踏，造成 5 人死亡、40 人受伤的严重事故。

据了解，此类事故发生的原因不仅仅是学校管理责任中存在漏洞，学生上、下楼梯不遵守秩序等原因，还有一个主要的原因就是校舍设计、建设中存在不合理、不规范的问题，如楼道、楼梯狭窄，台阶高低宽窄不科学，教学楼通道不够，楼道栏杆较低，楼梯扶手不结实等因素。

针对上述材料进行分析：

(1) 对于楼梯段宽度以及楼梯平台宽度，应该满足哪些要求？楼梯段在单人、多人等情况下应该满足的尺寸要求是多少？

(2) 对于栏杆扶手的高度应该满足哪些要求？栏杆和踏步的连接方式有哪些？栏杆、扶手的转弯如何处理？

五、实训题

(1) 题目：钢筋混凝土双跑楼梯构造设计。

(2) 设计条件：

该住宅为 6 层砖混结构，层高 2.8m，楼梯间为 3900 ～ 6600mm。墙体厚 240mm，轴线居中，底层设有住宅出入口，室内外高差 450mm。

(3) 设计内容及深度要求。

用 A2(A3) 图纸一张完成以下内容。

① 楼梯间底层、标准层和顶层三个平面图，比例 1 ∶ 50(1 ∶ 100)。

a. 绘出楼梯间墙、门窗、踏步、平台及栏杆、扶手等。底层平面图还应绘出室外台阶或坡道、部分散水的投影等。

b. 标注两道尺寸线。

开间方向。

第一道：细部尺寸，包括楼梯段宽、楼梯井宽和墙内缘至轴线尺寸。

第二道：轴线尺寸。

进深方向。

第一道：细部尺寸，包括楼梯段长度、平台深度和墙内缘至轴线尺寸。

第二道：轴线尺寸。

c. 内部标注楼层和中间平台标高、室内外地面标高，标注楼梯上、下行指示线，并注明该层楼梯的踏步数和踏步尺寸。

d. 注写图名、比例，底层平面图还应标注剖切符号。

② 楼梯间剖面图，比例 1 ∶ 30(1 ∶ 50)。

a. 绘出楼梯段、平台、栏杆、扶手，室内外地面、室外台阶或坡道、雨篷以及剖切到投影所见的门窗、楼梯间墙等，剖切到部分用材料图例表示。

b. 标注两道尺寸线。

水平方向。

第一道：细部尺寸，包括楼梯段长度、平台宽度和墙内缘至轴线尺寸。

第二道：轴线尺寸。

垂直方向。

第一道：各楼梯段的级数及高度。

第二道：层高尺寸。

c. 标注各楼层和中间平台标高、室内外地面标高、底层平台梁底标高、栏杆扶手高度等。注写图名和比例。

③ 楼梯构造节点详图 (2 ～ 5 个)，比例 1 ∶ 10(1 ∶ 20)。

要求标注清楚各细部构造、标高有关尺寸和做法说明。

习题答案

第6章 屋 顶

06

【学习目标】

- 掌握屋顶的基本组成与形式。
- 掌握柔性防水屋面的构造做法及其细部构造。
- 熟悉屋顶的保温与隔热做法。
- 理解坡屋顶的类型、组成、特点以及屋顶承重结构的布置。
- 了解坡屋顶的坡面组织方法、屋面防水、泛水构造和保温与隔热措施。

【核心概念】

屋顶的分类、卷材防水、涂膜防水、保温隔热。

【引子】

屋顶是建筑的普遍构成元素之一，主要目的是防水，有平顶和坡顶之分，干旱地区多用平顶，湿润地区多用坡顶，多雨地区屋顶坡度较大。坡屋顶又分为单坡、双坡、四坡等。

6.1 概　述

屋顶是建筑物最上层覆盖的外围护结构，构造的核心是防水，其次做好屋顶的保温与隔热构造。

6.1.1 屋顶的组成和类型

1. 屋顶的组成

屋顶由屋面、承重结构、保温（隔热）层和顶棚等部分组成。屋顶的细部构件有檐口、女儿墙、泛水、天沟、落水口、出屋面管道、屋脊等。

屋面是屋顶的面层，它暴露在大气中，直接受自然界的影响。所以，屋面材料不仅应有一定的抗渗能力，还应该能经受自然界各种有害因素的长期作用，应该具有一定的强度，以便承受风雪荷载和屋面检修等荷载。

屋顶承重结构承受屋面传来的荷载和屋顶自重。承重结构可以是平面结构，也可以是空间结构。当房屋内部空间较小时，多采用平面结构，如屋架、梁板结构等。大型公共建筑（如体育馆、会堂等）内部使用空间大，不允许设柱支承屋顶，故常采用空间结构，如薄壳、网架、悬索结构等。

保温层是严寒和寒冷地区为了防止冬季室内热量透过屋顶散失而设置的构造层。隔热层是炎热地区为了夏季隔绝太阳辐射热进入室内而设置的构造层。保温（隔热）层应采用导热系数小的材料，其位置设在顶棚与承重结构之间的承重结构与屋面之间。

顶棚是屋顶的底面。当承重结构采用梁板结构时，可以在梁、板的底面抹灰，形成抹灰顶棚。当承重结构为屋架或要求顶棚平齐（不允许梁外露）时，应采用吊顶式顶棚。顶棚也可以采用搁栅搁置在墙上形成，与屋顶承重结构不连在一起。屋顶的组成如图 6-1 所示。

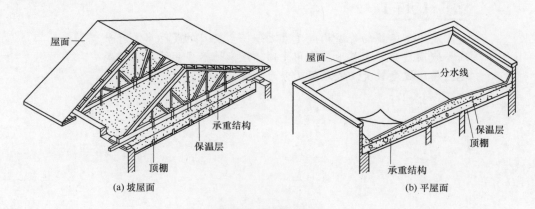

(a) 坡屋面　　　　　　　　　　　(b) 平屋面

图 6-1　屋顶的组成

2. 屋顶的类型

(1) 按功能划分：保温屋顶、隔热屋顶、采光屋顶、蓄水屋顶、种植屋顶等。

(2) 按屋面材料划分：钢筋混凝土屋顶、瓦屋顶、卷材屋顶、金属屋顶、玻璃屋顶等。

(3) 按结构类型划分：平面结构，有梁板结构、屋架结构；空间结构，有折板、桁架、壳体、网架、悬索、薄膜等结构。

(4) 按外观形式划分：平屋顶、坡屋顶及曲面屋顶等多种形式，如表 6-1 所示。

屋顶的类型 .ppt

表 6-1　屋顶的形式

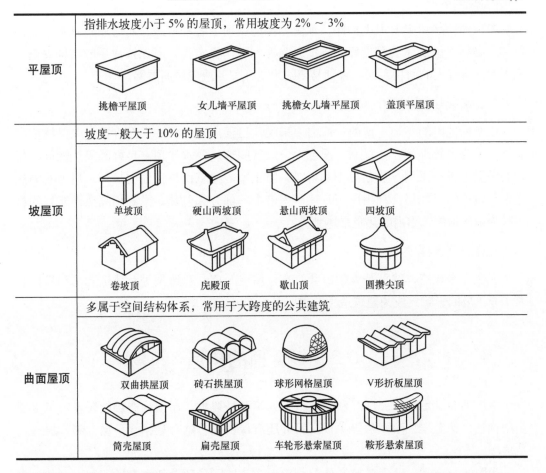

平屋顶	指排水坡度小于 5% 的屋顶，常用坡度为 2% ~ 3%			
	挑檐平屋顶	女儿墙平屋顶	挑檐女儿墙平屋顶	盖顶平屋顶
坡屋顶	坡度一般大于 10% 的屋顶			
	单坡顶	硬山两坡顶	悬山两坡顶	四坡顶
	卷坡顶	庑殿顶	歇山顶	圆攒尖顶
曲面屋顶	多属于空间结构体系，常用于大跨度的公共建筑			
	双曲拱屋顶	砖石拱屋顶	球形网格屋顶	V 形折板屋顶
	筒壳屋顶	扁壳屋顶	车轮形悬索屋顶	鞍形悬索屋顶

6.1.2　屋顶的设计要求

1. 防水要求

当屋顶坡度较小时，屋顶排水速度较慢，雨水在屋面上停留时间较长，屋面应有较好的防水性能。反之，当屋顶坡度较大时，屋顶排水速度较快，对屋面的防水要求就较低。由于屋面的多样性，为了使屋面防水做到经济合理，《屋面工程技术规范》(GB 50345—2012)根据建筑物的类别、重要程度、使用功能要求将防水等级划分为两级。屋面工程应按所要求的等级进行设防，并应符合表 6-2 的要求。

表 6-2　屋面防水等级和设防要求

防水等级	建筑类别	设防要求
Ⅰ级	重要建筑和高层建筑	两道防水设防
Ⅱ级	一般建筑	一道防水设防

2. 结构要求

屋顶作为房屋主要水平构件，承受和传递屋顶上各种荷载，对房屋起着水平支撑作用，必须保证房屋具有良好的刚度、强度和整体稳定性，以保证房屋的结构安全；也不允许有过大的结构变形，否则易使防水层开裂，造成屋面渗漏。

3. 保温隔热要求

在寒冷地区的冬季，室内一般需要采暖，屋顶应有良好的保温性能，以保持室内温度。南方炎热地区，气温高、湿度大，天气闷热，要求屋顶有良好的隔热性能。屋顶的保温通常是采用导热系数小的材料，阻止室内热量由屋顶流向屋外。屋顶的隔热通常靠设置通风间层，利用风压及热压差带走一部分辐射热，或利用隔热性能好的材料减少由屋顶传入室内的热量来达到。

4. 建筑艺术要求

现在许多建筑，特别是大型公共建筑，屋顶的色彩及造型等对建筑艺术和风格有着十分重要的影响，成为建筑造型的重要组成部分。

6.2　平屋顶的构造

平屋顶为满足防水、保温和隔热、上人等各种要求，屋顶构造层次较多，但主要由结构层、保温层、防水层等组成，另外还有保护层、结合层、找平层、隔气层等构造层次。

我国幅员辽阔，地理气候条件差异较大，各地区屋顶做法也有所不同。例如，南方地区应主要满足屋顶隔热和通风要求，北方地区应主要考虑屋顶的保温措施；上人屋顶则应设置有较高的强度和整体性的屋面面层。我国各地区均有屋面做法标准图或通用图，实际工程中可以选用。普通卷材防水屋面构造组成如图 6-2 所示。

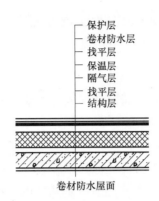

图 6-2 卷材防水屋面组成示意图

平屋顶的排水组织

平屋顶的排水组织主要内容包括屋顶的排水坡度和排水方式两个方面。

1. 排水坡度

4D 微课素材 / 屋面 / 屋面排水组织设计 .mp4

建筑屋顶由于排水和防水的需要，屋面要有一定的坡度。排水坡度的表示方法有角度法、斜率法、百分比法。角度法用屋面与水平面的夹角表示屋面的坡度，表示方法为：$\alpha=26°$、$30°$ 等，该方法主要用于坡屋面；斜率法用屋顶高度与坡面的水平投影长度之比表示屋面的排水坡度，即 $H：L$，如 $1：3$、$1：20$ 等，该方法既可用于平屋面也可用于坡屋面；百分比法用屋顶的高度与坡面水平投影长度的百分比表示排水坡度，常用 i 表示，如 $i=1\%$，$i=2\%$ 等，该方法主要用于平屋面。习惯上把坡度大于 10% 的屋顶称为坡屋顶，坡度小于 10% 的屋顶称为平屋顶。平屋顶的坡度一般小于 5%，上人屋面为 1% ~ 2%，不上人屋面为 3% ~ 5%。

在实际工程中，影响屋顶坡度的主要因素有屋面防水材料、屋顶结构形式、地理气候条件、施工方法及建筑造型要求等。不同的屋面防水材料有各自的适宜排水坡度范围，如图 6-3 所示。一般情况下，屋面防水材料单块面积越小，接缝就越多，所要求的屋面排水坡度越大；反之，尺寸大、密封整体性好，坡度就可以小些。材料厚度越大，所要求的屋面排水坡度也越大。建筑物所在地区降雨量、降雪量的大小对屋面坡度影响很大，屋面坡度还受屋面排

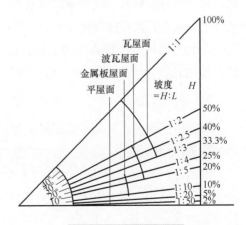

图 6-3 屋面坡度范围

水路线的长短，是否有上人活动要求，以及其他功能的要求，如蓄水、种植等因素影响，同时，不同的结构形式也影响着屋顶的坡度。

2. 屋顶排水坡度的形成方式

4D 微课素材/屋面/排水坡度的选择与形成.mp4

从屋面坡度形成方式看，平屋顶的坡度主要由结构找坡和材料找坡形成，如图 6-4 所示。

1) 结构找坡

结构找坡也称搁置坡度。这种做法是由倾斜搁置的屋面板形成坡度，顶棚是倾斜的，如图 6-4(a) 所示。屋面板以上各层厚度不变化。结构找坡的坡度加大时，并不会增加材料用量和提高屋顶的造价，所以结构找坡形成的坡度可以比材料找坡大。结构找坡不需另做找坡层，从而减少了屋顶荷载，施工简单，造价低；但在屋顶不加吊顶时，顶棚面是倾斜的，这种做法多用于生产性建筑和有吊顶的公共建筑。单坡跨度大于 9m 的屋顶宜做结构找坡，坡度不应小于 3%，坡屋顶也是结构找坡。

图 6-4　屋面坡度的形成

2) 材料找坡

材料找坡也称垫置坡度。这种做法的屋面板水平搁置，由铺设在屋面板上的厚度有变化的找坡层形成屋面坡度，如图 6-4(b) 所示。找坡层的材料一般采用造价低的轻质材料，如炉渣等。材料找坡形成的坡度不宜过大，否则找坡层的平均厚度增加，使屋面荷载过大，从而导致屋顶造价增加。材料找坡适用于跨度不大的平屋顶，坡度宜为 2%。

在北方地区，屋顶设保温层时，也有兼用保温层形成坡度的做法，这种做法较单独设置找坡层的构造方案造价高，一般不宜采用。

3. 排水方式

屋顶的排水方式分为无组织排水和有组织排水两种。

1) 无组织排水

雨水经屋檐直接自由下落称为无组织排水或自由落水，如图 6-5 所示。无组织排水的檐部要挑出，做成挑檐。这种做法构造简单，造价较低。屋檐高度大的房屋或雨量大的地区，屋面下落的雨水容易被风吹至墙面沿墙漫流，使墙面污染，因而无组织排水一般应用于年降雨量小于或等于 900mm、檐口高度不大于 10m 或年降雨量大于 900mm、檐口高度不大于 8m 的房屋，以及次要建筑。无组织排水挑檐尺寸不宜小于 0.6m。

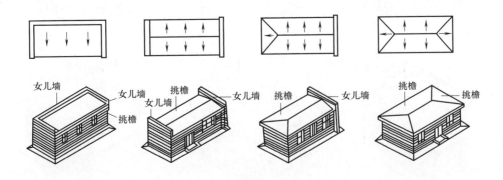

图 6-5　无组织排水

2) 有组织排水

当房屋较高或年降雨量较大时，应采用有组织排水，以避免因雨水自由下落对墙面冲刷，影响房屋的耐久性和美观。有组织排水是设置与屋面排水方向垂直的纵向天沟，把雨水汇集起来，经过雨水口和雨水管有组织地排到地面或排入下水系统。有组织排水又分为外排水和内排水两种方式，如图 6-6 所示。

有组织排水 .ppt

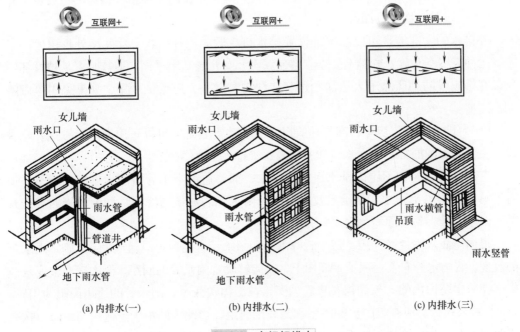

图 6-6　有组织排水

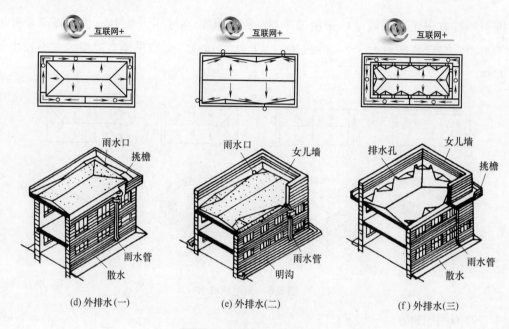

（d）外排水（一）　　　　（e）外排水（二）　　　　（f）外排水（三）

图 6-6　有组织排水（续）

（1）外排水：常用的排水方式，一般将屋面做成四坡排水，沿房屋四周做外檐沟，或沿四周做女儿墙，女儿墙与屋面相交形成内檐沟，将屋面雨水汇集，经雨水口和室外雨水管排至地面。屋面也可以做成两坡排水，此时沿屋面纵向做檐沟或做女儿墙形成檐沟，为了避免雨水沿山墙方向溢出，山墙处也要设女儿墙或挑檐。檐沟底面应向雨水口方向做出不小于5‰的纵向坡度，以避免雨水在檐沟中滞留。檐沟的坡度也不宜大于1%，以避免檐沟过深。

外排水的女儿墙也可以在下部设置排水口或做成栏杆形式，女儿墙外再用檐沟集水。这种方案女儿墙处的构造复杂，容易漏水。女儿墙高出屋面，地震时容易被震坏，所以在地震设防地区除上人屋面和建筑造型需要以外，应尽量少用，如果采用也应限制其高度。

（2）内排水：多跨房屋、高层建筑以及有特殊需要时，可以采用内排水方式。此时雨水由屋面天沟汇集，经雨水口和室内雨水管排入下水系统。

有组织排水时，不论内排水还是外排水，都要通过雨水管将雨水排出，因而必须有足够数量的雨水管才能将雨水及时排走。雨水管的数量与降雨量和雨水管的直径有关。雨水管最大集水面积如表6-3所示。

根据屋面水平投影面积、每小时降雨量和雨水管直径，可以通过表6-3确定雨水管的数量。将雨水管布置在屋顶平面图上，就能够确定雨水管的间距。天沟底面坡度是被限定在一定范围内的，天沟越长也就越深。在工程实践中，雨水管的适用间距为10～15m。按公式计算或查表得出的间距称为理论间距，当理论间距大于适用间距时，按适用间距设置。如理论间距小于适用间距，则应按理论间距设置。

表 6-3　雨水管最大集水面积 (m²)

$H/$(mm/h)	管径 /mm				
	75	100	125	150	200
50	490	880	1370	1970	3500
60	410	730	1140	1640	2920
70	350	630	980	1410	2500
80	310	548	855	1230	2190
90	273	487	760	1094	1940
100	246	438	683	985	1750
110	223	399	621	896	1590
120	205	363	570	820	1460
130	189	336	526	757	1350
140	175	312	488	703	1250
150	164	292	456	656	1170
160	153	273	426	616	1095
170	144	257	401	579	1030
180	136	243	379	547	975
190	129	230	359	518	923
200	123	219	341	492	876

6.2.2　卷材防水屋面

卷材防水屋面是将柔性的防水卷材相互搭接用胶结料黏贴在屋面基层上形成防水能力的屋面。由于卷材有一定的柔性，能适应部分屋面变形，所以也称为柔性防水屋面。

1. 防水卷材的种类

(1) 沥青防水卷材：以原纸、纤维织物、纤维毡等胎体材料浸涂沥青，表面撒布粉状、粒状或片状材料制成可卷曲的片状防水材料，如玻纤布胎沥青防水卷材、铝箔面沥青防水卷材、麻布胎沥青防水卷材等。

(2) 合成高分子防水卷材：以合成橡胶、合成树脂或它们两者的混合体为基料，加入适量的化学助剂和填充剂等，采用橡胶或塑料的加工工艺所制成的可卷曲片状防水材料，如三元乙丙橡胶(EPDM)、氯化聚乙烯—橡胶共混防水卷材、聚氯乙烯防水卷材等。

(3) 改性沥青防水卷材：以聚乙烯膜为胎体，以氧化改性沥青、丁苯橡胶改性沥青或高聚物改性沥青为涂盖层，表面覆盖聚乙烯薄膜，经滚压成型水冷新工艺加工制成的可卷曲片状防水材料，如 SBS 改性沥青防水卷材、APP 改性沥青防水卷材、SBR 改性沥青防水卷材等。

2. 卷材防水屋面构造做法

卷材防水屋面构造层次如图6-7所示。

卷材防水屋面构造做法.ppt

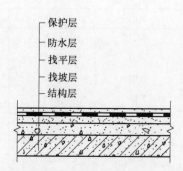

保护层
防水层
找平层
找坡层
结构层

图6-7　卷材防水屋面构造层次

1) 防水层

防水层由防水卷材和相应的卷材黏结剂分层黏结而成，层数或厚度由防水等级确定。具有单独防水能力的一个防水层次称为一道防水设防。

卷材铺设前基层必须干净、干燥，并涂刷与卷材配套使用的基层处理剂（此层次称为结合层），以保证防水层与基层黏结牢固。卷材的层数与屋面坡度有关。一般屋面铺两层卷材，在卷材与找平层之间、卷材之间和上层卷材表面共涂浇三层沥青；重要部位或严寒地区的屋面铺三层卷材（两层油毡、一层油纸），共涂浇四层沥青。前者习惯称二毡三油做法，后者称三毡四油做法。

卷材一般分层铺设，当屋面坡度小于3%时，卷材宜平行于屋脊铺贴；屋面坡度在3%～15%时，卷材可平行或垂直于屋脊铺贴；屋面坡度大于15%或屋面受震动时，沥青防水卷材应垂直于屋脊铺贴，高聚物改性沥青防水卷材和合成高分子防水卷材可平行或垂直于屋脊铺贴；上、下层卷材不得相互垂直铺贴，如图6-8所示。

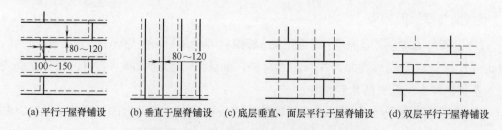

(a) 平行于屋脊铺设　　(b) 垂直于屋脊铺设　　(c) 底层垂直、面层平行于屋脊铺设　　(d) 双层平行于屋脊铺设

图6-8　卷材的铺设方向和搭接要求/mm

卷材的铺贴方法有：冷黏法、热熔法、热风焊接法、自黏法等。沥青胶的厚度一般要控制在1～1.5mm，防止厚度过大发生龟裂。粘贴时涂刷成点状或条状，点与条之间的空隙即作为水汽的扩散空间，如图6-9所示。

2) 保护层

屋面保护层的做法要考虑卷材类型和屋面是否作为上人的活动空间。

（1）不上人屋面：沥青类卷材防水层用沥青胶粘直径 3 ~ 6mm 的绿豆砂（豆石），如图 6-10(a) 所示；高聚物改性沥青防水卷材或合成高分子卷材防水层，可用铝箔面层、彩砂及涂料等。

（2）上人屋面：一般可在防水层上浇筑 30 ~ 50mm 厚混凝土层，如图 6-10(b) 所示，也可用水泥砂浆或砂垫层铺地砖，如图 6-10(c) 所示；还可以架设预制板，如图 6-10(d) 所示。

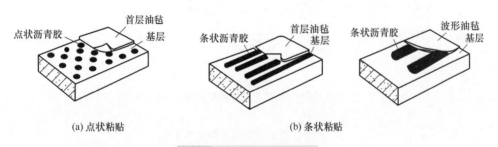

(a) 点状粘贴　　　　　　　　(b) 条状粘贴

图 6-9　沥青胶的粘贴方法

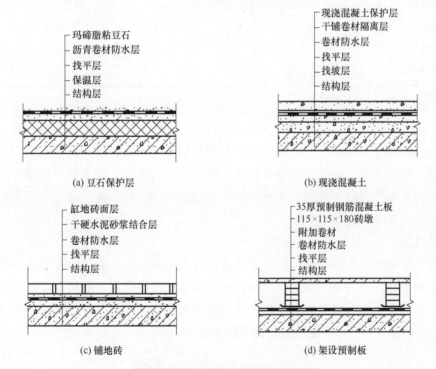

(a) 豆石保护层　　　　　　　　(b) 现浇混凝土

(c) 铺地砖　　　　　　　　(d) 架设预制板

图 6-10　卷材防水屋面保护层 /mm

现浇混凝土屋面面层，细石混凝土强度等级不低于 C20，防水层厚度不应小于 40mm，并应配置 $\phi 4$ ~ $\phi 6$ 间距为 100 ~ 200mm 双向钢筋，其保护层厚度不应小于 10mm。钢筋在分格缝处要断开，如图 6-11 所示。

3) 找平层

沥青纸胎防水卷材虽然有一定的韧性，可以适应一定程度的胀缩和变形，但当变形较大时，卷材就将破坏，所以卷材应该铺设在表面平整的刚性垫层上。一般在结构层或保温层上做水泥砂浆或细石混凝土找平层，找平层的厚度和技术要求见表 6-4。找平层宜留分格缝，缝宽一般为 5 ~ 20mm，纵横间距一般不宜大于 6m。

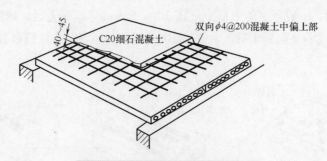

图 6-11　细石混凝土屋面配筋 /mm

表 6-4　找平层的厚度和技术要求

找平层分类	适用的基层	厚度 (mm)	技术要求
水泥砂浆	整体现浇混凝土板	15 ~ 20	1 ： 2.5 水泥砂浆
	整体材料保温层	20 ~ 25	
细石混凝土	装配式混凝土板	30 ~ 35	C20 混凝土，宜加钢筋网片
	板状材料保温层		C20 混凝土

4) 结合层

当在干燥的找平层上涂浇热沥青胶结材料时，由于砂浆找平层表面存在因水分蒸发形成的孔隙和小颗粒粉尘，很难使沥青与找平层黏结牢固。为了解决这个问题，要在找平层上预先涂刷一层既能和沥青黏结，又容易渗入水泥砂浆表层的稀释的沥青溶液。这种沥青稀释溶液一般用柴油或汽油作为溶剂，叫冷底子油。冷底子油涂层是卷材面层和基层的结合层。

5) 隔汽层

隔汽层是隔绝室内湿气通过结构层进入保温层的构造层，常年湿度很大的房间，如温水游泳池、公共浴池、厨房操作间、开水房等的屋面应设置隔汽层，隔汽层应该设置在结构层之上、保温层之下。隔汽层应选用气密性、水密性好的材料，应沿周边墙面向上连续铺设，高出保温层上表面不得小于 150mm。

知识拓展

(1) 卷材的铺贴方法应符合下列规定：

① 卷材防水层上有重物覆盖或基层变形较大时，应优先采用空铺法、点粘法、条粘法或机械固定法，但距屋面周边 800mm 内以及叠层铺贴的各层卷材之间应满粘。

② 防水层采取满粘法施工时，找平层的分格缝处宜空铺，空铺的宽度宜为 100mm。

③ 卷材屋面的坡度不宜超过 25%，当坡度超过 25% 时应采取防止卷材下滑的措施。

（2）屋面防水层施工时，应先做好节点、附加层和屋面排水比较集中等部位的处理，然后由屋面最低标高处向上施工。铺贴天沟、檐沟卷材时，宜顺天沟、檐沟方向，减少卷材的搭接。

（3）铺贴卷材应采用搭接法。平行于屋脊的搭接缝，应顺流水方向搭接；垂直于屋脊的搭接缝，应顺年最大频率风向搭接。

（4）叠层铺贴的各层卷材，在天沟与屋面的交接处应采用叉接法搭接，搭接缝应错开；接缝宜留在屋面或天沟侧面，不宜留在沟底。

3. 卷材防水屋面的细部构造

卷材防水屋面防水层的转折和结束部位的构造处理必须特别注意。这些部位是：屋面防水层与垂直墙面相交处的泛水、屋面边缘的檐口、雨水口、伸出屋面的管道、烟囱、屋面检查口等与屋面防水层的接缝等。这些部位都是防水层被切断或是防水层的边缘，是屋面防水的薄弱环节。

1）泛水

屋面防水层与垂直墙面相交处的构造处理称为泛水。例如，女儿墙、出屋面的水箱室、出屋面的楼梯间等与屋面相交部位，均应做泛水，以避免渗漏。卷材防水屋面的泛水重点应做好防水层的转折、垂直墙面上的固定及收头。转折处应做成弧形或45°斜面防止卷材被折断。泛水处卷材应采用满粘法，泛水高度由设计确定，但最低不小于250mm，应根据墙体材料确定收头及密封形式，如图6-12所示。

4D 微课素材/屋面/平屋顶柔性防水构造-泛水构造.mp4

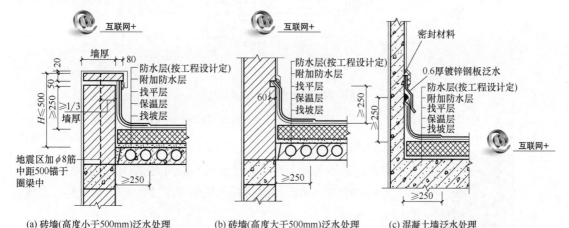

(a) 砖墙(高度小于500mm)泛水处理　　(b) 砖墙(高度大于500mm)泛水处理　　(c) 混凝土墙泛水处理

图 6-12　卷材防水屋面泛水构造 /mm

2）檐口

卷材防水屋面的檐口，包括自由落水檐口、有组织排水檐口。

（1）自由落水檐口：即无组织排水的檐口，防水层应做好收头处理，檐口范围内防水层应采用满粘法，收头应固定密封，如

4D 微课素材/屋面/平屋顶柔性防水构造-檐口构造.mp4

图 6-13 所示。

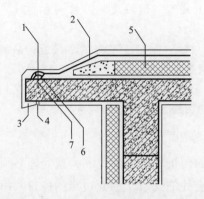

图 6-13 卷材防水屋面自由落水挑檐构造

1—密封材料；2—卷材防水层；3—鹰嘴；4—滴水槽；5—保温层；6—金属压条；7—水泥钉

(2) 有组织排水檐口：即天沟，卷材防水屋面的天沟应解决好卷材收头及与屋面交接处的防水处理，天沟与屋面的交接处应做成弧形，并增铺 200mm 宽的附加层，且附加层宜空铺，如图 6-14 所示。

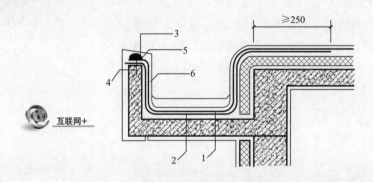

图 6-14 卷材防水屋面天沟构造 /mm

1—防水层；2—附加层；3—密封材料；4—水泥钉；5—金属压条；6—保护层

3) 雨水口

雨水口构造 .mp4

雨水口是屋面雨水汇集并排至水落管的关键部位，要求排水通畅、防止渗漏和堵塞。雨水口的材料常用的有铸铁和 UPVC 塑料，分为直式和横式两种。

(1) 直式雨水口用于天沟沟底开洞，UPVC 塑料雨水口的构造如图 6-15(a) 所示。

(2) 横式雨水口用于女儿墙外排水，UPVC 塑料雨水口的构造如图 6-15(b) 所示。

雨水斗的位置应注意其标高，保证为排水最低点，雨水口周围直径 500mm 范围内坡度不应小于 5%。

4) 出屋面管道

出屋面管道包括烟囱、通风管道及透气管，砖砌或混凝土预制烟囱和通风道构造如图 6-16(a) 所示，透气管做法如图 6-16(b) 所示。当用铁制烟囱时要处理好烟囱的变形和绝热，其构造如图 6-16(c) 所示。

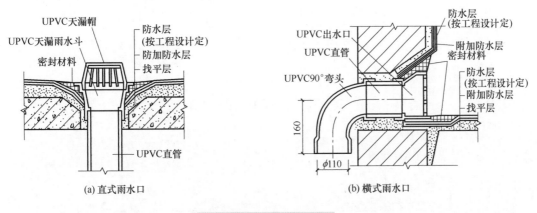

(a) 直式雨水口   (b) 横式雨水口

图 6-15 雨水口构造 /mm

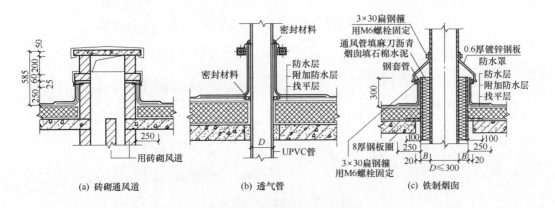

(a) 砖砌通风道   (b) 透气管   (c) 铁制烟囱

图 6-16 出屋面管道构造 /mm

5) 分格缝

分格缝也称分仓缝，是防止混凝土面层因适应热胀冷缩及屋面变形而出现不规则裂缝所设置的人工缝。分格缝应贯穿屋面找平层，且应设在结构变形的敏感部位，如预制板的支承端、屋面转折处、防水层与突出屋面结构的交接处，并应与预制板板缝对齐。双坡屋面的屋脊处应设分格缝，分格缝纵横间距都不应大于 6m，并尽量使板块呈方形或近似方形，如图 6-17 所示。分格缝应纵横对齐，不要错缝，缝宽宜为 20 ~ 40mm，缝的上部一般用油膏填注 20 ~ 30mm，为防止油膏下流，缝的下部可用沥青麻丝等材料填塞，如图 6-18(a) 所示。在横向分仓缝处，常将细石混凝土面层抹成凸出表面 30 ~ 40mm 高的分水线，以避免分格缝处积水，如图 6-18(b) 所示。为了保证在分格缝变形时屋面不漏水和保护嵌缝材料，防止其老化，常在分格缝上用卷材覆盖。

覆盖的卷材与防水层之间应再干铺一层卷材，以使覆盖的卷材有较大的伸缩余地，如图 6-18(c)、图 6-18(d) 所示。

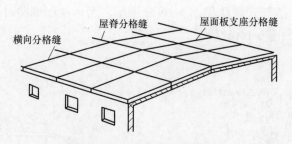

图 6-17　分格缝的位置示意图

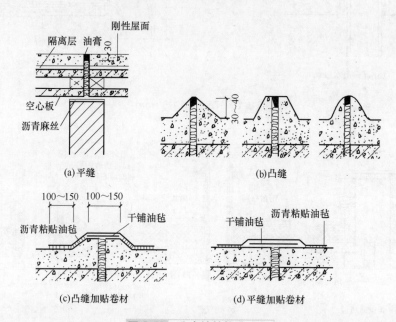

(a) 平缝　　　　　　　(b) 凸缝

(c) 凸缝加贴卷材　　　　　　　(d) 平缝加贴卷材

图 6-18　分仓缝的构造 /mm

6) 变形缝

等高屋面处的变形缝，可采用平缝做法，即缝内填沥青麻丝或泡沫塑料，上部填放衬垫材料，用镀锌钢板盖缝，然后做防水层，如图 6-19(a) 所示。也可在缝两侧砌矮墙，将两侧防水层采用泛水方式收头在墙顶，用卷材封盖后，顶部加混凝土盖板或镀锌钢盖板，如图 6-19(b) 所示。

7) 屋面检查口

为了进行多层房屋屋面的检修，常在屋顶设置屋面检查口。屋面检查口要突出屋面之上，屋面检查口周围的卷材要卷起不小于 250mm，并固定在检查口的框上，检查口的上盖应向四周挑出，以遮挡卷材的边缘。保温屋顶屋面检查口的构造，如图 6-20 所示。不保温屋顶设检查口时，可将保温层省去。

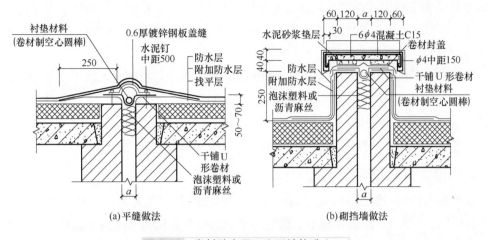

图 6-19　卷材防水屋面变形缝构造 /mm

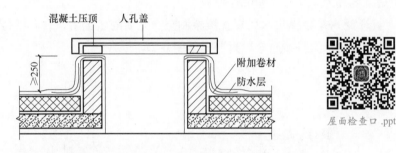

图 6-20　屋面检查口构造 /mm

屋面检查口 .ppt

6.2.3 涂膜防水屋面

涂膜防水屋面是靠直接涂刷在基层上的防水涂料固化后形成有一定厚度的膜来达到防水的目的。防水涂料按其成膜厚度，可分成厚质涂料和薄质涂料。水性石棉沥青防水涂料、膨润土沥青乳液和石灰乳化沥青等沥青基防水涂料，涂成的膜厚一般在 4 ～ 8mm，称为厚质涂料；而高聚物改性沥青防水涂料和合成高分子防水涂料涂成的膜较薄，一般为 2 ～ 3mm，称为薄质涂料，如溶剂型和水乳型防水涂料、聚氨酯和丙烯酸涂料等。防水涂料具有防水性能好、黏结力强、耐腐蚀、耐老化、整体性好、冷作业、施工方便等优点，但价格较高。其主要适用于防水等级为Ⅲ级、Ⅳ级的屋面防水，也可用作Ⅰ级、Ⅱ级屋面多道防水设防中的一道。

1. 涂膜防水屋面做法

涂膜防水层是通过分层、分遍的涂布，最后形成一道防水层。为加强防水性能（特别是防水薄弱部位），可在涂层中加铺聚酯无纺布、化纤无纺布或玻璃纤维网布等胎体增强材料。胎体增强材料的铺设，当屋面坡度小于 15% 时可平行于屋脊铺设，并应由屋面最低处向上铺设；当屋面坡度大于15%时应垂直于屋脊铺设。胎体长边搭接宽度不小于50mm，短边搭接宽度不小于70mm。采用两层胎体增强材料时，上、下层不得互相垂直铺设，搭接缝应错开，其间距不应小于幅宽的1/3。

涂膜防水层的基层应为混凝土或水泥砂浆，其质量同卷材防水屋面中找平层要求。涂膜防水屋面应设保护层，保护层材料可采用细砂、云母、蛭石、浅色涂料、水泥砂浆或块材等。采用水泥砂浆或块材时，应在涂膜和保护层之间设置隔离层。水泥砂浆保护层厚度不应小于20mm。涂膜防水层构造层次如图6-21所示。

2. 涂膜防水屋面的细部构造

涂膜防水屋面的细部构造与卷材防水构造基本相同，可参考卷材防水的节点构造图。

(1) 檐口：在自由落水挑檐中，涂膜防水层的收头应用防水涂料多遍涂刷或用密封材料封严。在天沟、檐沟与屋面交接处应加铺胎体增强材料附加层，附加层宜空铺，空铺宽度宜为200～300mm。

(2) 泛水：涂膜防水层宜直接涂刷至女儿墙的压顶下，转角处做成圆弧或斜面，收头处应用防水涂料多遍涂刷封严，如图6-22所示。

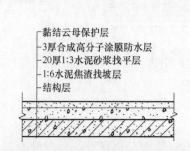

图 6-21　涂膜防水层构造层次 /mm

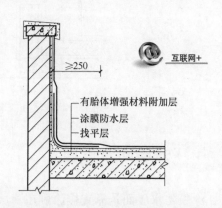

图 6-22　涂膜防水屋面泛水构造 /mm

(3) 涂膜防水变形缝：缝内应填充泡沫塑料或沥青麻丝，其上放衬垫材料，并用卷材封盖，顶部加扣混凝土或金属盖板。

6.3　坡屋顶的构造

坡屋顶有许多优点，它利于挡风、排水、保温、隔热；构造简单、便于维修、用料方便，又可就地取材、因地制宜；造型上，大屋顶会产生庄重、威严、神圣、华美之感，一般坡屋顶会给人以亲切、活泼、轻巧、秀丽之感。随着科学的发展，原来的木结构坡屋顶已被钢、钢筋混凝土结构所代替，在传统的坡屋顶上体现了新材料、新结构、新技术，轻巧透明的玻璃、彩色的钢板代替了过去的瓦材；新的设计思想，将屋顶空间也进行了很好的利用，如利用坡屋顶空间做成阁楼或局部错层，不仅增加使用面积，也创造了一种新奇空间。

6.3.1 坡屋顶的形式和组成

1. 坡屋顶的形式

坡屋顶是一种沿用较久的屋面形式，种类繁多，多采用块状防水材料覆盖屋面，故屋面坡度较大，根据材料的不同坡度可取 10% ~ 50%，根据坡面组织的不同，坡屋顶主要有单坡、双坡及四坡等形式，如图 6-23 所示。

4D 微课素材 / 屋面 / 坡屋顶的承重结构 .mp4

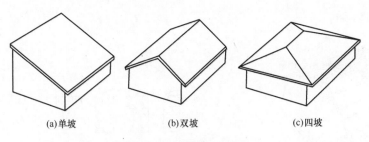

(a)单坡　　　　(b)双坡　　　　(c)四坡

图 6-23　坡屋顶的形式

坡屋顶的形式 .ppt

2. 坡屋顶的组成

坡屋顶一般由承重结构、屋面面层两部分组成，根据需要还有顶棚、保温（隔热）层等，如图 6-24 所示。

(1) 承重结构：主要承受屋面各种荷载并传到墙或柱上，一般有木结构、钢筋混凝土结构、钢结构等。

(2) 屋面：是屋顶上的覆盖层，起抵御雨、雪、风、霜、太阳辐射等自然侵蚀的作用，包括屋面盖料和基层。屋面材料有平瓦、油毡瓦、波形水泥石棉瓦、彩色钢板波形瓦、玻璃板、PC 板等。

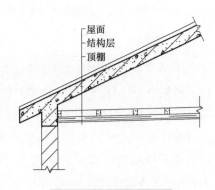

屋面
结构层
顶棚

图 6-24　坡屋顶的组成

(3) 顶棚：屋顶下面的遮盖部分，起遮蔽上部结构构件、使室内平整、改变空间形状以及保温隔热和装饰作用。

(4) 保温（隔热）层：起保温隔热作用，可设在屋面层或顶棚层。

6.3.2 承重结构

坡屋顶的承重结构主要由椽子、檩条、屋面梁、屋架等组成，承重方式主要有以下两种。

1. 山墙承重

山墙承重即在山墙上搁檩条、檩条上设椽子后再铺屋面板，也可以在山墙上直接搁置挂瓦板、屋面板等形成屋面承重体系，如图6-25所示。布置檩条时，山墙端部檩条可出挑形成悬山屋顶。常用檩条有木檩条、混凝土檩条、钢檩条等，如图6-26所示。由于檩条及挂瓦板等跨度一般在4m左右，故山墙承重结构体系适用于小空间建筑，如宿舍、住宅等。山墙承重结构简单，构造和施工方便，在小空间建筑中是一种合理和经济的承重方案。

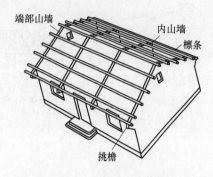

图 6-25　山墙屋面承重体系

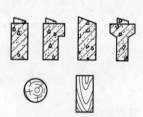

图 6-26　檩条的类型

2. 屋架承重

屋架承重即在柱或墙上设屋架，再在屋架上放置檩条及椽子而形成的屋顶结构形式。屋架由上弦杆、下弦杆、腹杆组成。由于屋顶坡度较大，故一般采用三角形屋架。屋架有木屋架、钢屋架、混凝土屋架等，如图6-27所示。屋架应根据屋面坡度进行布置，在四坡顶屋面及屋面相互交接处需增加斜梁或半屋架等构件，如图6-28所示。为保证屋架承重结构坡屋顶的空间刚度和整体稳定性，屋架间须设支撑。屋架承重结构适用于有较大空间的建筑。

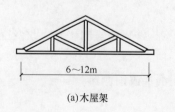

(a) 木屋架

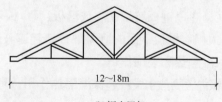

(b) 钢木屋架

图 6-27　屋架的类型

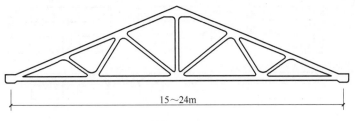

(c) 钢筋混凝土屋架

图 6-27　屋架的类型（续）

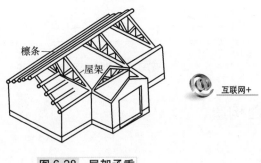

图 6-28　屋架承重

6.3.3　排水组织

坡屋顶是利用其屋面坡度自然进行排水的，和平屋顶一样，当雨水集中到檐口处时，可以无组织排水，也可以有组织排水（内排水或外排水），如图 6-29 所示。当建筑平面有变化、坡屋顶有穿插交接时，需进行坡顶组织。坡屋顶的坡面组织既是建筑造型设计，也是屋顶的排水组织。当建筑平面变化较多时，坡面组织就比较复杂，从而导致屋顶结构布置复杂及构造复杂。常见的坡屋面组合情况如图 6-30 所示。

坡屋顶建筑平面应比较规整，在坡面组织时应尽量避免平天沟。

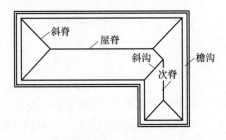

图 6-29　坡屋顶排水组织

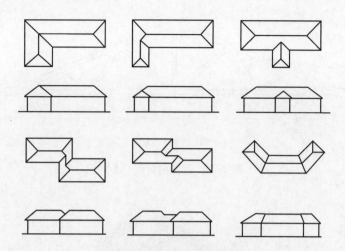

图 6-30　坡屋顶的坡面组织

6.3.4　屋面构造

1. 屋面组成

在我国传统坡屋顶建筑中，主要是依靠最上层的各种瓦相互搭接形成防水能力。其屋面构造分为板式和檩式两类：板式屋面构造是在墙或屋架上搁置预制空心板或挂瓦板，再在板上用砂浆贴瓦或用挂瓦条挂瓦；檩式屋面构造由椽子、屋面板、油毡、顺水条、挂瓦条及平瓦等组成(见图6-31)。目前常用的几种坡屋顶构造组成，如图6-32所示。

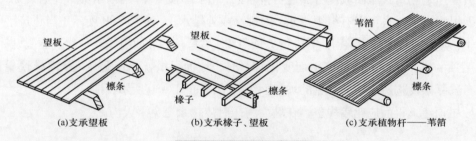

图 6-31　檩式坡屋顶构造

2. 屋面细部构造

1) 檐口构造

坡屋顶檐口构造有挑檐无组织排水、檐沟有组织排水和包檐有组织排水等几种类型。

4D 微课素材 / 屋面 / 坡屋顶
构造 - 山墙檐口构造 .mp4

采用挑檐无组织排水时，可分为砖挑檐、下弦托木或挑檐木挑檐、椽子挑檐及挂瓦板挑檐等形式，如图 6-33 所示。当采用有组织排水时，我国的传统做法是用白铁皮（镀锌铁皮）构造方法，但此种方法不耐久、易损坏，可以参考平屋顶形式做混凝土檐沟，如图 6-34 所示。

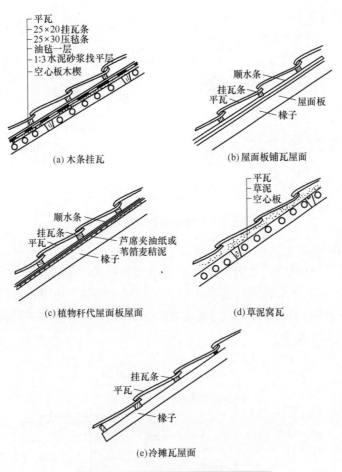

(a) 木条挂瓦

(b) 屋面板铺瓦屋面

(c) 植物秆代屋面板屋面

(d) 草泥窝瓦

(e) 冷摊瓦屋面

图 6-32 常用坡屋顶的构造组成 /mm

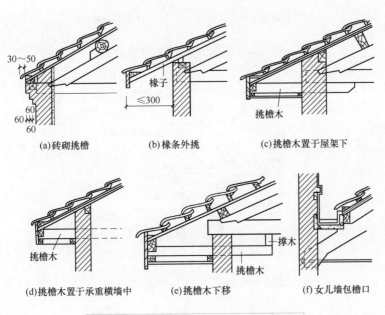

(a) 砖砌挑檐

(b) 椽条外挑

(c) 挑檐木置于屋架下

(d) 挑檐木置于承重横墙中

(e) 挑檐木下移

(f) 女儿墙包檐口

图 6-33 坡屋顶挑檐无组织排水构造 /mm

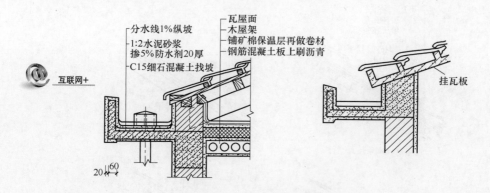

图 6-34　坡屋顶挑檐沟构造 /mm

2) 山墙泛水构造

坡屋顶山墙处有硬山、悬山及山墙出屋顶三种形式。为硬山时，一般采用 1：2
水泥砂浆窝瓦，如图 6-35 所示；为悬山时，可用檩条出挑，也可用混凝土板出挑，如
图 6-36 所示；为山墙出屋顶时，泛水构造如图 6-37 所示。防水要求较高时，还可在瓦
下加铺油毡、镀锌铁皮等。

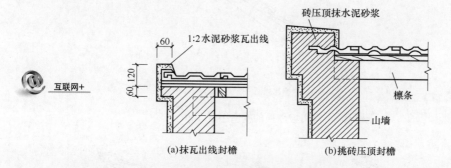

(a)抹瓦出线封檐　　　　　(b)挑砖压顶封檐

图 6-35　坡屋顶硬山泛水构造 /mm

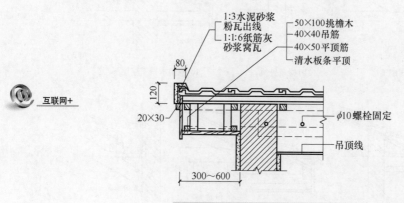

图 6-36　坡屋顶悬山泛水构造 /mm

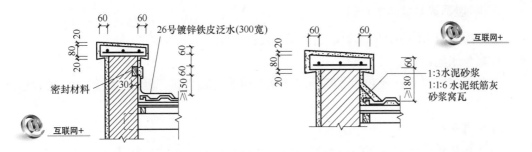

图 6-37 坡屋顶山墙泛水构造 /mm

3) 屋脊和斜天沟构造

坡屋顶屋脊 (正脊或斜脊) 一般采用 1 ： 2 水泥砂浆或水泥纸筋石灰砂浆窝脊，如图 6-38 所示。斜天沟采用镀锌铁皮、铅合金皮等天沟构造，如图 6-39 所示。

4D 微课素材 / 屋面 / 坡屋顶构造 - 屋脊、天沟和斜沟构造 .mp4

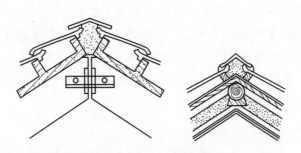

图 6-38 坡屋顶屋脊构造

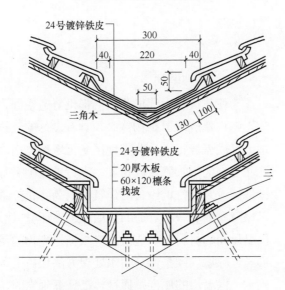

图 6-39 坡屋顶斜天沟构造 /mm

3．坡屋顶的其他防水材料

坡屋顶除用水泥平瓦防水外，还有以下几种瓦材。

1) 彩色水泥瓦

彩色水泥瓦基本尺寸和构造同水泥平瓦，但为屋顶提供了翠绿、金橙黄、素跷红等色彩。

2) 小青瓦

小青瓦是我国民间常用的屋面瓦，由于其尺寸较小，要求屋面坡度不小于50%。小青瓦有盖瓦、底瓦、滴水瓦之分，一般应"搭七露三"或"搭六露四"。

3) 琉璃瓦

琉璃瓦有琉璃平瓦和琉璃筒瓦两类，并有绿、黄、紫红、湖蓝等各种颜色，其屋面构造与水泥平瓦相同。

4) 彩色压型钢板瓦

彩色压型钢板瓦是我国近年来逐步推广应用的新型屋面防水材料，有彩色压型钢板波形瓦和压型 V 形或 W 形瓦两类，一般用自攻螺丝钉、拉铆钉或专用连接件固定于各类檩条上。彩色压型钢板瓦防水性能好、构造简单、屋面质量小，在平屋顶、坡屋顶中均可使用。当采用复合板时，其保温隔热性能也好，是极有发展前景的新型屋面防水材料。

6.4　屋顶的保温与隔热

6.4.1　屋顶的保温

1．平屋顶的保温

4D 微课素材/屋面/平屋顶的保温.mp4

为使建筑室内环境为人们提供舒适空间，避免外界自然环境的影响，建筑外围护构件必须具有良好的建筑热工性能。我国各地区气候差异很大，北方地区冬天寒冷，南方地区夏天炎热，因此北方地区需加强保温措施，南方地区则需加强隔热措施。在寒冷地区或装有空调设备的建筑中，为防止热量损失过多、过快，以保障室内有一个舒适的生活和工作环境，建筑屋顶应设保温层。保温屋面的材料和构造做法应根据建筑物的使用要求、屋面结构形式、环境气候条件、防水处理方法和施工条件等因素综合考虑确定。保温层的厚度是通过热工计算确定的，一般可从当地建筑标准设计图集中查得。

平屋顶的保温.ppt

1) 平屋顶的保温构造

在屋顶中保温层与结构层、防水层的位置关系有三种。

(1) 保温层在防水层之下，构造层次自上而下为防水层、保温层、结构层，如图 6-40(a) 所示，称为正置式保温屋面。这种形式构造简单、施工方便，目前被广泛采用。保温材料一般为热导率小的轻质、疏松、多孔或纤维材料，如蛭石、岩棉、膨胀珍珠岩等。这些材料可以直接使用散料，可以与水泥或石灰拌和后整浇成保温层，还可以制成板块使用。但用松散或块材保温材料时，保温层上须设找平层。

(2) 保温层在防水层之上，构造层次自上而下为保温层、防水层、结构层，如图 6-40(b) 所示。它与传统的屋顶铺设层次相反，称为倒置式保温屋面。其优点是防水层不受太阳辐射和剧烈气候变化的直接影响，不易受外来机械损伤。但保温层应选用吸湿性低、耐候性强的保温材料，如聚苯乙烯泡沫塑料板或聚氨酯泡沫塑料板。保温层上面应设保护层以防表面破损，保护层要有足够的质量以防保温层在下雨时漂浮，可用混凝土板或大粒径砾石。

(3) 将保温层与结构层组成复合板的形式，如图 6-40(c) 所示。还可用硬质聚氨酯泡沫塑料现场喷涂形成防水保温合一的屋面 (硬泡屋面)。

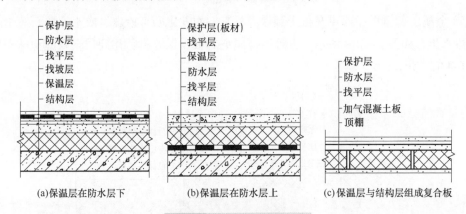

(a)保温层在防水层下　(b)保温层在防水层上　(c)保温层与结构层组成复合板

图 6-40　保温屋顶构造层次

2) 保温层的保护

由于保温层常为多孔轻质材料，一旦受潮或者进水，会使保温效果降低，严重的甚至使保温层冻结而使屋面破坏。施工过程中保温层和找平层中残留的水在保温层中影响保温层的保温效果，可设置排气道和排气孔。排气道应纵横连通不得堵塞，其间距为 6m，并与排气口相通，如图 6-41 所示。如果室内蒸气压较大 (如浴室、厨房蒸煮间)，屋顶需设置隔汽层防止室内水蒸气进入保温层。

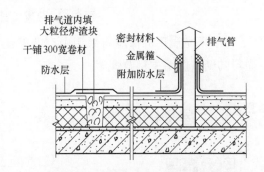

图 6-41　排气道与排气口构造 /mm

2. 坡屋顶的保温

坡屋顶保温可根据结构体系、屋面盖料、经济性及地方材料来确定。

(1) 钢筋混凝土结构坡屋顶通常是在屋面板下用聚合物砂浆黏贴聚苯乙烯泡沫塑料板保温层，如图 6-42 所示；也可在瓦材和屋面板之间铺设一层保温层，或顶棚上铺设保温材料，如纤维保温板、泡沫塑料板、膨胀珍珠岩等。

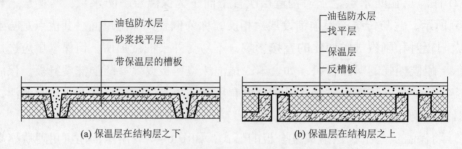

(a) 保温层在结构层之下   (b) 保温层在结构层之上

图 6-42 钢筋混凝土结构屋顶保温构造

(2) 金属压型钢板屋面可在板上铺保温材料（如乳化沥青珍珠岩或水泥蛭石等），上面做防水层，如图 6-43(a) 所示；也可用金属夹芯板，保温材料用硬质聚氨酯泡沫塑料，如图 6-43(b) 所示。

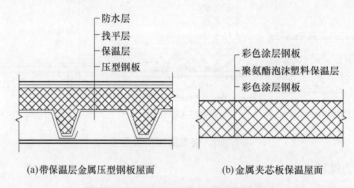

(a)带保温层金属压型钢板屋面   (b)金属夹芯板保温屋面

图 6-43 金属压型钢板屋面保温构造

(3) 采光屋顶的保温可采用中空玻璃或 PC 中空板，以及用内外铝合金中间加保温塑料的新型保温型材做骨架。

6.4.2 屋顶的隔热

1. 平屋顶的隔热

4D 微课素材 / 屋面 / 平
屋顶的隔热 .mp4

夏季在太阳辐射和室外空气温度的共同作用下，屋顶温度剧烈升高，直接影响到室内环境。特别是在南方地区，屋顶的隔热降温问题更为突出，因此要求必须从构造上采取隔热降温措施，以减少屋顶的热量对室内的影响。

隔热降温的原理是：尽量减少直接作用于屋顶表面的太阳辐射能，以及减少屋面热量向室内散发。主要构造做法如下所述。

1) 实体材料隔热屋顶

在屋顶中设实体材料隔热层，利用材料的热稳定性使屋顶内表面温度相比外表面温度有较大的降低。热稳定性大的材料一般表观密度都比较大。实体材料隔热屋顶的做法有以下两种。

(1) 种植屋面，屋面坡度不宜大于 3%，种植屋面上的种植介质四周应设挡墙，挡墙下部应设泄水孔，如图 6-44 所示。

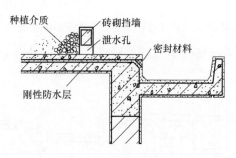

图 6-44　种植隔热屋顶构造

(2) 蓄水屋面，屋面坡度不宜大于 0.5%，蓄水屋面的溢水口应距分仓墙顶面 100mm；过水孔应设在分仓墙底部，排水管应与水落管连通；分仓缝内应嵌填泡沫塑料，上部用卷材封盖，然后加扣混凝土盖板，如图 6-45 所示。

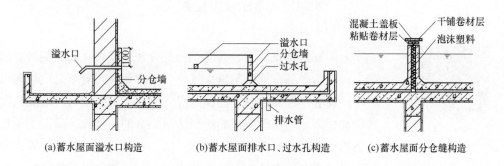

(a)蓄水屋面溢水口构造　　(b)蓄水屋面排水口、过水孔构造　　(c)蓄水屋面分仓缝构造

图 6-45　蓄水隔热屋面构造 /mm

2) 通风降温屋顶

在屋顶上设置通风的空气间层，利用风压和热压作用使间层中流动的空气带走热量，从而降低屋顶内表面温度。通风降温屋顶比实体材料隔热屋顶的降温效果好。通常通风层设在防水层之上，这样做对防水层也有一定的保护作用。

通风层可以由大阶砖或预制混凝土板以垫块或砌砖架空组成。架空层内空气可以纵横各向流动。如果把垫块铺成条形，使它与主导风向一致，两端分别处于正压区和负压区，气流会更畅通，降温效果也会更好，如图 6-46 所示。

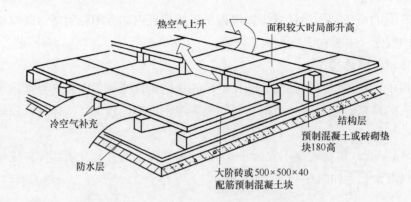

图 6-46　大阶砖或钢筋混凝土架空通风屋面 /mm

　　屋顶的通风也可利用吊顶的空间做通风隔热层，在檐墙上开设通风口，如图 6-47 所示。

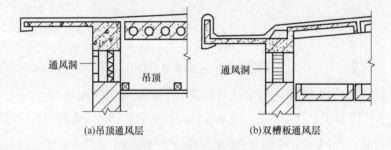

(a)吊顶通风层　　　　　　　(b)双槽板通风层

图 6-47　吊顶通风隔热屋顶

4D 微课素材／屋面／坡
屋顶构造 - 老虎窗 .mp4

4D 微课素材／屋面／坡
屋顶构造 - 坡屋顶的隔
热 .mp4

3) 屋面反射降温

　　太阳辐射到屋面上，其能量一部分被吸收转化成热能对室内产生影响；一部分被反射到大气中。反射量与入射量之比称为反射率，反射率越高越利于屋面降温。因此，可利用材料的颜色和光滑度提高屋顶反射率从而达到降温的目的。例如，屋面上采用浅色的砾石铺面、在屋面上涂刷一层白色涂料或粘贴云母等，对隔热降温均有一定效果，但浅色表面会随着使用时间的延长、灰尘的增多而使反射效果逐渐降低。如果在架空通风层中加设一层铝箔反射层，其隔热效果更加显著，也减少了灰尘对反射层的污染。

2. 坡屋顶的隔热

　　(1) 通风隔热：在结构层下做吊顶，并在山墙、檐口或屋脊等部位设通风口；也可在屋面上设老虎窗；或利用吊顶上部的大空间组织穿堂风，达到隔热效果，如图 6-48 所示。

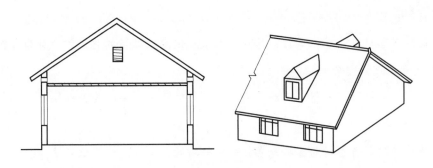

图 6-48 通风隔热

(2) 材料隔热：通过改变屋面材料的物理性能实现隔热，如提高金属屋面板的反射效率，采用低辐射镀膜玻璃、热反射玻璃等。

 **知识拓展**

1.防水层合理使用年限

屋面防水层能满足正常使用要求的年限称为防水层合理使用年限。

2.一道防水设防

具有单独防水能力的一道防水层次称为一道防水设防。

3.沥青防水卷材（油毡）

以原纸、织物、纤维毡、塑料膜等材料为胎基，浸涂石油沥青、矿物粉料或塑料膜为隔离材料，制成的防水卷材称为沥青防水卷材（油毡）。

4.高聚物改性沥青防水卷材

以高分子聚合物改性石油沥青为涂盖层，聚酯毡、玻纤毡或聚酯玻纤复合为胎基，细砂、矿物粉料或塑料膜为隔离材料，制成的防水卷材称为高聚物改性沥青防水卷材。

5.合成高分子防水卷材

以合成橡胶、合成树脂或两者共混为基料，加入适量的助剂和填料，经混炼压延或挤出等工序加工而成的防水卷材称为合成高分子防水卷材。

6.基层处理剂

在防水层施工前，预先涂刷在基层上的涂料称为基层处理剂。

7.满粘法

铺贴防水卷材时，卷材与基层采用全部黏结的施工方法称为满粘法。

8.空铺法

铺贴防水卷材时，卷材与基层在周边一定宽度内黏结，其余部分不黏结的施工方法称为空铺法。

9. 点粘法

铺贴防水卷材时，卷材或打孔卷材与基层采用点状黏结的施工方法称为点粘法。

10. 条粘法

铺贴防水卷材时，卷材与基层采用条状黏结的施工方法称为条粘法。

11. 热粘法

以热熔胶黏剂将卷材与基层或卷材之间黏结的施工方法称为热粘法。

12. 冷粘法

在常温下采用胶黏剂（带）将卷材与基层或卷材之间黏结的施工方法称为冷粘法。

13. 热熔法

将热熔性防水卷材底层加热熔化后，进行卷材与基层或卷材之间黏结的施工方法称为热熔法。

14. 自粘法

采用带有自粘胶的防水卷材进行黏结的施工方法称为自粘法。

15. 焊接法

采用热风或热锲焊接进行热塑性卷材黏合搭接的施工方法称为焊接法。

16. 高聚物改性沥青防水涂料

以石油沥青为基料，用高分子聚合物进行改性，配制成的水乳性或溶剂性防水涂料称为高聚物改性沥青防水涂料。

17. 合成高分子防水涂料

以合成橡胶或合成树脂为主要成膜物质，配制成单组分或多组分的防水涂料称为合成高分子防水涂料。

18. 聚合物水泥防水涂料

以丙烯酸酯等聚合物乳液和水泥为主要原料，加入其他外加剂制得的双组分水性建筑防水涂料称为聚合物水泥防水涂料。

19. 胎体增强材料

用于涂膜防水层中的化纤无纺布、玻璃纤维网布等，作为增强层的材料称为胎体增强材料。

20. 密封材料

能承受接缝位移以达到气密、水密目的而嵌入建筑接缝中的材料称为密封材料。

21. 背衬材料

用于控制密封材料的嵌填深度，防止密封材料和接缝底部黏结而设置的可变形材料称为背衬材料。

22. 平衡含水率

材料在自然环境中，其孔隙中所含有的水分与空气湿度达到平衡时，这部分水的质量占材料干质量的百分比称为平衡含水率。

23. 架空屋面

在屋面防水层上采用薄型制品架设一定高度的空间，起到隔热作用的屋面称为架空屋面。

24. 蓄水屋面

在屋面防水层上蓄积一定高度的水，起到隔热作用的屋面称为蓄水屋面。

25. 种植屋面

在屋面防水层上铺以种植介质，并种植植物，起到隔热作用的屋面称为种植屋面。

26. 倒置式屋面

将保温层设置在防水层上的屋面称为倒置式屋面。

 思考题与习题

习题库

一、单选题

1. 屋顶的坡度常用单位高度和相应长度的比值来标定，也有用角度和百分比来表示的。习惯上把坡度小于 (　　) 的屋顶称为平屋顶，坡度大于 (　　) 的屋顶称为坡屋顶。

    A. 20%　　　　　　B. 15%　　　　　　C. 25%　　　　　　D. 10%

2. 特别重要的民用建筑和对防水有特殊要求的建筑防水层合理使用年限为 (　　)。

    A. 25 年　　　　　B. 30 年　　　　　C. 50 年　　　　　D. 100 年

3. 平屋顶的坡度一般小于 (　　)。

    A. 3%　　　　　　B. 5%　　　　　　C. 2%　　　　　　D. 4%

4. 雨水管的适用间距为 (　　)。

    A. 12 ~ 15m　　　　　　　　　　B. 10 ~ 15m

    C. 10 ~ 12m　　　　　　　　　　D. 15 ~ 20m

5. 屋面防水层与垂直墙面相交处的构造处理称泛水。下列说法错误的是 (　　)。

    A. 卷材防水屋面的泛水重点应做好防水层的转折、垂直墙面上的固定及收头

    B. 转折处应做成弧形或 45° 斜面 (又称八字角) 防止卷材被折断

    C. 泛水处卷材应采用满粘法

    D. 泛水高度由设计确定，但最低不小于 200mm

二、多选题

1．关于屋顶下列叙述正确的是（　　　）。

　　A．屋顶的细部构件有檐口、女儿墙、泛水、天沟、落水口、出屋面管道、屋脊等

　　B．屋面材料还应该具有一定的强度，以便承受风雪荷载和屋面检修荷载

　　C．屋面材料不仅应有一定的抗渗能力，还应该能经受自然界各种有害因素的长期作用

　　D．屋顶由屋面、承重结构、保温（隔热）层组成

2．下列选项属于平屋顶的排水组织主要方面的是（　　　）。

　　A．排水坡度　　　　　　　　　　　　B．排水效果

　　C．排水方式　　　　　　　　　　　　D．排水量

3．无组织排水一般应用于（　　　）。

　　A．重要建筑

　　B．年降雨量小于或等于900mm，檐口高度不大于10m的容量

　　C．年降雨量大于900mm，檐口高度不大于8m的房屋

　　D．次要建筑

4．将柔性的防水卷材相互搭接用胶结料黏贴在屋面基层上形成防水能力的防水方法称为柔性防水屋面。下列选项属于防水卷材分类的有（　　　）。

　　A．砂浆防水屋面　　　　　　　　　　B．合成高分子防水卷材

　　C．改性沥青防水卷材　　　　　　　　D．沥青防水卷材

三、简答题

1．简述屋顶的主要作用，以及对屋顶的要求。

2．简述平屋面坡度的主要形成方法及其各自的特点、适用范围。

3．卷材的铺贴方法有哪几种，铺贴方向如何确定，应特别注意哪些部位的铺贴？

4．平屋顶的隔热措施有哪些？

5．坡屋顶有几种结构布置形式，其适用范围如何？

四、实训题

(1) 题目：平屋顶构造设计。

(2) 设计要求：

通过本次作业，使学生掌握屋顶有组织排水的设计方法和屋顶构造节点详图设计，训练绘制和识读施工图的能力。

(3) 设计资料：

① 图6-49为某小学教学楼平面图和剖面图。该教学楼为4层，教学区层高为3.6m，办公区层高为3.3m，教学区与办公区的交接处做错层处理。

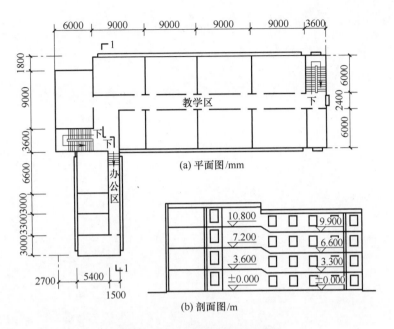

图6-49 教学楼平面图和剖面图

② 结构类型：砖混结构。

③ 屋顶类型：平屋顶。

④ 屋顶排水方式：有组织排水，檐口形式由学生自定。

⑤ 屋面防水方案：卷材防水。

⑥ 屋顶有保温或隔热要求。

(4) 设计内容及图纸要求。

用 A3 图纸一张，按建筑制图标准的规定，绘制该小学教学楼屋顶平面图和屋顶节点详图。

屋顶平面图：比例 1 ： 200。

① 画出各坡面交线、檐沟或女儿墙和天沟、雨水口以及屋面上人孔等。

② 标注屋面和檐沟或天沟内的排水方向与坡度大小，标注屋面上人孔等突出屋面部分的有关尺寸，标注屋面标高（结构上表面标高）。

习题答案

第7章 门 与 窗

07

【学习目标】

● 了解门窗的作用及门窗的材料。
● 掌握门窗洞口大小的确定。
● 掌握门窗的分类与构造。

【核心概念】

门作用、窗作用、门窗组成。

【引子】

　　门和窗是建筑造型的重要组成部分（虚实对比、韵律艺术效果，起着重要的作用），所以它们的形状、尺寸、比例、排列、色彩、造型等对建筑的整体造型都有很大的影响。

7.1 门窗概述

7.1.1 门窗的作用

门和窗是建筑物的重要组成部分，也是主要维护构件之一。窗的主要作用是采光、通风、围护和分隔空间、连系空间（观望和传递）、建筑立面装饰和造型，以及在特殊情况下交通和疏散。门的主要作用是内外连系（交通和疏散）、围护和分隔空间、建筑立面的装饰和造型，并兼有采光和通风作用。

7.1.2 门窗的材料

门窗通常采用木、金属、塑料、玻璃等材料制作。

木制门窗用于室内较多，因为大多数木材遇水容易发生翘曲变形，用于外墙上有可能会因变形而造成难以开启。但木制品易加工，感官效果良好，用于室内的效果是其他材料难以替代的。

金属门窗主要包括钢门窗以及铝合金门窗。其中，实腹钢门窗因为节能效果和整体刚度都较差，已不再推广使用。空腹钢门窗是采用薄壁型钢制作，可节省钢材40%左右，具有更大的刚度，近年来使用较为广泛。铝合金门窗由不同断面型号的铝合金型材和配套零件及密封件加工制成。其自重小，也具有相当的刚度，在使用中的变形小，且框料经过氧化着色处理，无须再涂漆和进行表面维修。

塑料门窗是以聚氯乙烯、改性聚氯乙烯或其他树脂为主要原料，轻质碳酸钙为填料，添加适量助剂和改性剂，经挤压、机制成各种空腹截面后拼装而成的。因为抗弯曲变形能力较差，所以制作时一般需要在型材内腔加入钢或铝等加强材料，故称为塑钢门窗。塑料门窗的材料耐腐蚀性能好，使用寿命长，且无须油漆着色及维护保养。中空塑料的保温隔热性能好，制作时断面形状容易控制，有利于加强门窗的气密性、水密性和隔声性能。加上工程塑料良好的耐气候性、阻燃性和电绝缘性，使得塑料门窗成为受到推崇的产品类型。

7.1.3 门洞口大小的确定

门洞口大小应根据建筑中人员和设备等的日常通行要求、安全疏散要求以及建筑造型艺术和立面设计要求等决定。为避免门扇面积过大导致门扇及五金连接件等变形而影响使用，平开门、弹簧门等的单扇门宽度不宜超过1000mm，一般供日常活动进出的门，其单扇门宽度为800～1000mm，双扇门宽度为1200～2000mm，腰窗高度常为400～900mm，可根据门洞高度进行调节。在部分公共建筑和工业建筑中，按使用要求，门洞高度可适当提高。

7.1.4　门的选用与布置

1. 门的选用

门的选用应注意以下几点。

(1) 一般公共建筑经常出入的向西或向北的门，应设置双道门或门斗，以避免冷风影响。外面的一道用外开门，里面的一道门宜用双面弹簧门或电动推拉门。

(2) 湿度大的门不宜选用纤维板门或胶合板门。

(3) 大型营业性餐厅至备餐间的门，宜做成双扇上、下行的单面弹簧门，带玻璃窗。

(4) 体育馆内运动员经常出入的门，门扇净高不低于 2200mm。

(5) 托幼建筑的儿童用门，不得选用弹簧门，以免挤手碰伤。

(6) 所有的门若无隔声要求，不得设门槛。

2. 门的布置

门的布置应注意以下几点。

(1) 两个相邻并经常开启的门，应避免开启时相互碰撞。

(2) 向外开启的平开外门，应有防止风吹碰撞的措施。

(3) 门开向不宜朝西或朝北，以减少冷风对室内环境的影响。

(4) 门框立口宜立墙内口（内开门）、墙外口（外开门），也可立中口（墙中），以满足使用方便、装修、连接的要求。

(5) 凡无间接采光通风要求的套间内门，不需设上亮子，也不需设纱窗。

(6) 经常出入的外门宜设雨罩，楼梯间外门雨罩下如设吸顶灯时，应防止被门扉碰碎。

(7) 变形缝外不得利用门框盖缝，门扇开启时不得跨缝。

(8) 住宅内门位置和开向，应结合家具布置考虑。

7.1.5　窗洞口大小的确定

窗的尺度应综合考虑以下几方面因素。

1. 采光

从采光要求来看，窗的面积与房间面积有一定的比例关系。

2. 使用

窗的自身尺寸以及窗台高度取决于人的行为和尺度。

3. 窗洞口尺寸系列

为了使窗的设计与建筑设计、工业化和商业化生产，以及施工安装相协调，国家颁布了《建筑门窗洞口尺寸系列》(GB/T 5824—2008)。窗洞口的高度和宽度（指标志尺寸）规定为 3M 的倍数。但考虑到某些建筑，如住宅建筑的层高不大，以 3M 进位作为窗洞高度，尺寸变化过大，所以增加 2200mm、2300mm 作为窗洞高的辅助参数。

4. 结构

窗的高宽尺寸受到层高及承重体系以及窗过梁高度的制约。

5. 美观

窗是建筑物造型的重要组成部分，窗的尺寸和比例关系对建筑立面影响极大。

7.1.6　窗的选用与布置

1. 窗的选用

窗的选用应注意以下几点。

(1) 面向外廊的居室、橱、侧窗应向内开，或在人的高度以上外开，并应考虑防护安全及密封性要求。

(2) 低、多、高层的所有民用建筑，除高级空调房间外（确保昼夜运转），均应设纱扇，并应注意走道、楼梯间、次要房间等装纱窗以防进蚊蝇。

(3) 高温、高湿及防火要求高时，不宜用木窗。

(4) 用于锅炉房、烧火间、车库等处的外窗，可不装纱扇。

2. 窗的布置

窗的布置应注意以下几点。

(1) 楼梯间外窗应考虑各层圈梁走向，避免冲突。

(2) 楼梯间外窗做内开扇时，开启后不得在人的高度内突出墙面。

(3) 窗台高度由工作面需要而定，一般不宜低于工作面 (900mm)。如窗台过高或上部开启时，应考虑开启方便，必要时加设开启设施。

(4) 需做暖气片时，窗台板下净高、净宽需满足暖气片及阀门操作的空间需要。

(5) 窗台高度低于 800mm 时，需有防护措施。窗台有阳台或大平台除外。

(6) 错层住宅屋顶不上人处，尽量不设窗，如因采光或检修需设窗时，应有可锁启的铁栅栏，以免儿童上屋顶发生事故，并可以减少屋面损坏及相互串通。

7.2 门的分类与构造

7.2.1 门的分类

1. 按所使用材料分类

(1) 木门：用途较广泛，其特点是轻便、制作简单、保温隔热性好，但防腐性差，且耗费大量木材，因而常用于房屋的内门。

(2) 钢门：采用型钢和钢板焊接而成，它具有强度高、不易变形等优点，但耐腐蚀性差，多用于有防盗要求的门。

门的分类.ppt

(3) 铝合金门：采用铝合金型材作为门框及门扇边框，一般用玻璃作为门板，也可用铝板作为门板。它具有美观、光洁、无须油漆等优点，但价格较高，目前应用较多，一般在门洞口较大时使用。

门的分类2.ppt

(4) 玻璃钢门、无框玻璃门：多用于公共建筑的出入口，美观大方，但成本较高，为安全起见，门扇外一般还要设如卷帘门等安全门。

2. 按开启方式分类

(1) 平开门：分为内开和外开及单扇和双扇。其构造简单，开启灵活，密封性能好，制作和安装较方便，但开启时占用空间较大。此种门在居住建筑中及学校、医院、办公楼等公共建筑的内门应用比较多，如图7-1所示。

(2) 推拉门：分单扇和双扇，能左右推拉且不占空间，但密封性能较差，可手动和自动。自动推拉门多用于办公、商业等公共建筑，门的开启多采用光控。手动推拉门多用于房间的隔断和卫生间等处。

(3) 弹簧门：多用于公共建筑人流多的出入口。开启后可自动关闭，密封性能差。

(4) 旋转门：由四扇门相互垂直组成十字形，绕中竖轴旋转的门。其密封性能及保温隔热性能比较好，且卫生方便，多用于宾馆、饭店、公寓等大型公共建筑的正门。

(5) 折叠门：用于尺寸较大的洞口。开启后门扇相互折叠，占用空间较少。

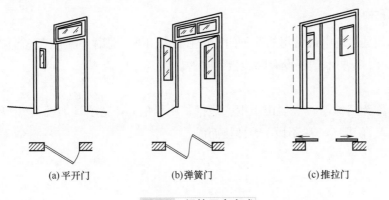

(a) 平开门　　　　(b) 弹簧门　　　　(c) 推拉门

图 7-1 门的开启方式

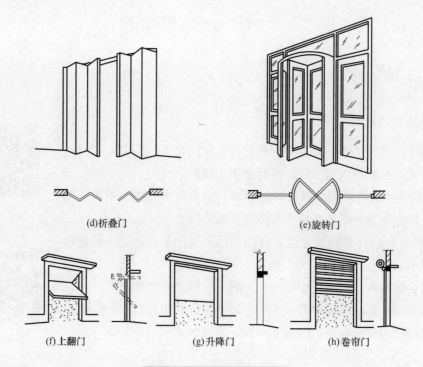

(d)折叠门   (e)旋转门

(f)上翻门   (g)升降门   (h)卷帘门

图 7-1　门的开启方式（续）

(6) 卷帘门：有手动和自动及正卷和反卷之分。开启时不占用空间。

(7) 翻板门：外表平整，不占用空间，多用于仓库、车库等。

此外，门按所在位置不同又可分为内门（在内墙上的门）和外门（在外墙上的门）。

知识拓展

按门窗的功能分为：百叶门窗、保温门、防火门、隔声门等。

7.2.2　门的构造

1. 平开木门

平开木门是建筑中最常用的一种门。它主要由门框、门扇、亮子、五金零件等组成，如图 7-2 所示，有些木门还设有贴脸板等附件。

1) 门框

门框又称为门樘子，主要由上框、边框、中横框（有亮子时加设）、中竖框（三扇以上时加设）、门槛（一般不设）等榫接而成。

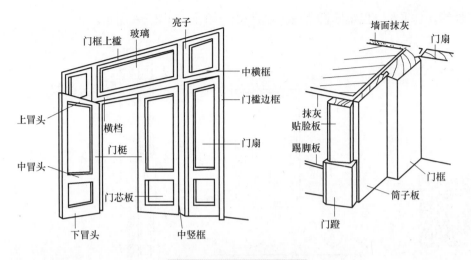

图 7-2 木门的组成和名称

门框安装方式有两种：一是立口，即先立门框后砌筑墙体，门上框两侧伸出长度 120mm(俗称羊角) 压砌入墙内；二是塞口。为使门框与墙体有可靠的连接，砌墙时沿门洞两侧每隔 500 ~ 700mm 砌入一块防腐木砖，再用长钉将门框固定在墙内的防腐木砖上。门 (窗) 框的安装方式如图 7-3 所示。防腐木砖每边为 2 或 3 块，最下一块木砖应放在地坪以上 200mm 左右处。门框相对于外墙的位置可分为内平、居中和外平三种情况。

4D 微课素材 / 门（窗）框的安装（立口）.mp4

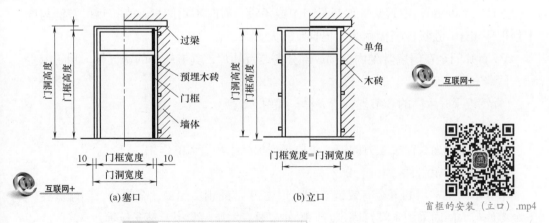

(a) 塞口　　　　(b) 立口

窗框的安装（立口）.mp4

图 7-3 门 (窗) 框的安装方式 /mm

2) 门扇

门扇嵌入到门框中，门的名称一般以门扇所选的材料和构造来命名，民用建筑中常见的有夹板门、拼板门、百叶门、镶板门等形式。

(1) 夹板门采用小规格 [(32 ~ 35mm)×(34 ~ 60mm)] 木料做骨架，在骨架两侧贴上胶合板、硬质纤维板或塑料板，然后四周再用木条封闭而成。夹板门具有较好的保温、隔声性能，自重小，但牢固性一般，通常用作内门，如图7-4所示。

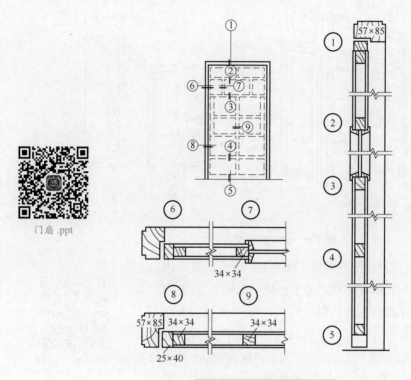

门扇.ppt

图 7-4　夹板门的构造 /mm

（2）拼板门用的拼板的骨架构造与镶板门相类似，只是竖向拼接的门芯板规格较厚（一般 15～20mm），中冒头一般只设一道或不设，有时不用门框，直接用门铰链与墙上预埋件相连。拼板门坚固耐久，但自重较大。

（3）百叶门是在门扇骨架内全部或部分安装百叶片，具有较好的透气性，用于卫生间、储藏室等。

（4）镶板平开木门的各节点构造大样，如图7-5所示。

3）亮子

亮子是指门扇或窗扇上方的窗，主要起增加光线和通风的作用。

4）五金零件及附件

平开木门上常用的五金有铰链（合叶）、拉手、插销、门锁、金属角、门碰头等。五金零件与木门间采用木螺钉固定。门附件主要有木质贴脸板、筒子板等。

2．铝合金门

铝合金门由门框、门扇及五金零件组成。门框、门扇均用铝合金型材料制作，为改善铝合金门冷桥散热，可在其内部夹泡沫塑料新型型材。由于生产厂家不同，门框型材种类繁多。铝合金门常采用推拉门、平开门和地弹簧门。关于窗扇、窗框、玻璃的安装等构造及窗框与墙体的连接，后面我们会介绍铝合金窗的构造，铝合金门的构造不作赘述。

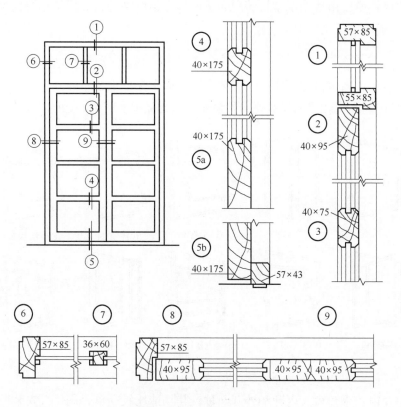

图 7-5　镶板门的构造 /mm

7.3　窗的分类与构造

窗的分类

1. 按所使用材料分

(1) 木窗：用松、杉木制作而成。具有制作简单，经济，密封性能、保温性能好等优点，但相对透光面积小，防火性能差，耗用木材，耐久性低，易变形、损坏等。过去经常采用此种窗，目前随着窗材料的增多，已基本上不再采用。

(2) 钢窗：由型钢经焊接而成。钢窗与木窗相比较，具有坚固，不易变形，透光率大的优点，但易生锈，维修费用高，目前采用越来越少。

(3) 铝合金窗：由铝合金型材用拼接件装配而成。其成本较高，但具有轻质高强，美观耐久，耐腐蚀，刚度大，变形小，开启方便等优点，目前应用较多。

(4) 塑钢窗：由塑钢型材装配而成。其成本较高，但密闭性好，保温、隔热、隔声，

窗的分类按所使用材料分 .ppt

表面光洁，便于开启。该窗与铝合金窗同样是目前应用较多的窗。

（5）玻璃钢窗：由玻璃钢型材装配而成。具有耐腐蚀性强、质量小等优点，但表面糙度较大，通常用于化工类工业建筑。

2．按开启方式分

（1）固定窗：固定窗无须窗扇，玻璃直接镶嵌于窗框上，不能开启，不能通风。其通常用于外门的亮子和楼梯间等处，供采光、观察和围护所用，如图7-6所示。

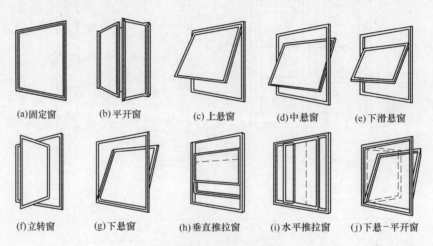

(a)固定窗	(b)平开窗	(c)上悬窗	(d)中悬窗	(e)下滑悬窗
(f)立转窗	(g)下悬窗	(h)垂直推拉窗	(i)水平推拉窗	(j)下悬－平开窗

图 7-6　窗的开启方式

（2）平开窗：平开窗有内开和外开两种，其构造比较简单，制作、安装、维修、开启都比较方便，通风面积比较大。

（3）悬窗：它根据水平旋转轴的位置不同分为上悬窗、中悬窗和下悬窗三种。为了避免雨水进入室内，上悬窗必须向外开启；中悬窗上半部向内开、下半部向外开，此种窗有利于通风，开启方便，多用于高窗和门亮子；下悬窗一般内开，不防雨，不能用于外窗。

（4）立转窗：窗扇可以绕竖向轴转动，竖轴可设在窗扇中心，也可以略偏于窗扇一侧，通风效果较好。

（5）推拉窗：窗扇沿着导轨槽可以左右推拉，也可以上下推拉，这种窗不占用空间，但通风面积小，目前铝合金窗和塑钢窗均采用这种开启方式。

7.3.2　窗的构造

窗由窗樘（又称窗框）和窗扇两部分组成。窗框与墙的连接处，为满足不同的要求，有时加贴脸板、窗台板、窗帘盒等，窗的组成和名称如图7-7所示。

1. 推拉式铝合金窗

铝合金窗的开启方式有很多种，目前较多采用水平推拉式。

(1) 推拉式铝合金窗组成及其构造：铝合金窗主要由窗框、窗扇和五金零件组成。

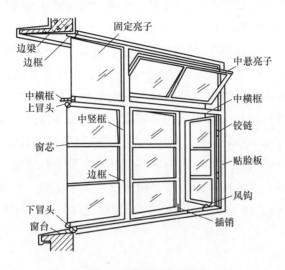

图7-7 窗的组成和名称

推拉式铝合金窗的型材有55系列、60系列、70系列、90系列等，其中70系列是目前广泛采用的窗用型材，采用90°开榫对合，螺钉连接成型。玻璃根据面积大小、隔声、保温、隔热等的要求，可以选择3～8mm厚的普通平板玻璃、热反射玻璃、钢化玻璃、夹层玻璃或中空玻璃等。玻璃安装时采用橡胶压条或硅酮密封胶密封。窗框与窗扇的中梃和边梃相接处，设置塑料垫块或密封毛条，以使窗扇受力均匀，开关灵活。

(2) 推拉式铝合金窗框的安装应采用塞口法，即在砌墙时，先留出比窗框四周大的洞口，墙体砌筑完成后将窗框塞入。固定时，为防止墙体中的碱性对窗框的腐蚀，不能将窗框直接埋入墙体，一般可采用预埋件焊接、膨胀螺栓锚接或射钉等方式固定。但当墙体为砌体结构时，严禁用射钉固定。

窗框与墙体连接时，每边不能少于两个固定点，且固定点的间距应在700mm以内。在基本风压大于或等于0.7kPa的地区，固定点的间距不能大于500mm。边框两端部的固定点距两边缘不能大于200mm。窗框固定好后，窗外框与墙体之间的缝隙用弹性材料填嵌密实、饱满，确保无缝隙。填塞材料与方法应按设计要求，一般用与其材料相容的闭孔泡沫塑料、发泡聚苯乙烯、矿棉毡条或玻璃丝毡条等填塞嵌缝且不得填实，以避免变形破坏。外表留5～8mm深的槽口用密封膏密封。这种做法主要是为了防止窗框四周形成冷热交换区产生结露，也有利于隔声、保温，同时还可避免窗框与混凝土、水泥砂浆接触，消除墙体中的碱性对窗框的腐蚀。

2．塑钢窗

（1）塑钢窗的组成与构造。塑钢窗的组装多用组角与榫接工艺。考虑到PVC塑料与钢衬的收缩率不同，钢衬的长度应比塑料型材长度短1～2mm，且能使钢衬较宽松地插入塑料型材空腔中，以适应温度变形。组角和榫接时，在钢衬型材的空腔插入金属连接件，用自攻螺钉直接锁紧形成闭合钢衬结构，使整窗的强度和整体刚度大大提高。

（2）塑钢窗的安装。塑钢窗应采用塞口安装。窗框与墙体固定时，应先固定上框，然后再固定边框。窗框每边的固定点不能少于三个，且间距不能大于600mm。当墙体为混凝土材料时，大多采用射钉、塑料膨胀螺栓或预埋铁件焊接固定；当墙体为砖墙材料时，大多采用塑料膨胀螺栓或水泥钉固定，但注意不得固定在砖缝处；当墙体为加气混凝土材料时，大多采用木螺钉将固定片固定在已预埋的胶结木块上。

窗框与洞口的缝隙内应采用闭孔泡沫塑料、发泡聚苯乙烯或毛毡等弹性材料分层填塞，填塞不宜过紧，以适应塑钢窗的自由胀缩。对于保温、隔声要求较高的工程，应采用相应的隔热、隔声材料填塞。墙体面层与窗框之间的接缝用密封胶进行密封处理。

习题库

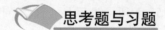

思考题与习题

一、单选题

1．塑料门窗是以聚氯乙烯、改性聚氯乙烯或其他树脂为主要原料，轻质碳酸钙为填料，添加适量助剂和改性剂，经挤压、机制成各种空腹截面后拼装而成的。下列选项不正确的是（　　）。

    A．塑料门窗的材料耐腐蚀性能好，使用寿命长，且无须油漆着色及维护保养

    B．中空塑料的保温隔热性能好，制作时断面形状容易控制

    C．有利于加强门窗的气密性、水密性和隔声性能

    D．工程塑料具有良好的耐候性、阻燃性和电绝缘性

2．多用于公共建筑的出入口门窗是（　　）。

    A．钢门　　　　　　　　　　　　　B．玻璃钢门、无框玻璃门

    C．木门　　　　　　　　　　　　　D．铝合金门

3．体育馆内运动员经常出入的门，门扇净高不低于（　　）。

    A．2000mm　　　　　　　　　　　B．2200mm

    C．2500mm　　　　　　　　　　　D．2400mm

4．多用于宾馆、饭店、公寓等大型公共建筑正门的是（　　）。

    A．推拉门　　　　B．平开门　　　　C．旋转门　　　　　　D．弹簧门

5．当门框安装方式采用塞口法时，为使门框与墙体有可靠的连接，砌墙时沿门洞

两侧每隔 ( ) 砌入一块防腐木砖。

    A．500 ～ 800mm   B．500 ～ 700mm

    C．400 ～ 700mm   D．500 ～ 1000mm

二、多选题

1．门洞口大小应根据建筑中人员和设备等的日常通行要求、安全疏散要求以及建筑造型艺术和立面设计要求等决定。下列说法正确的是 ( )。

    A．平开门、弹簧门等的单扇门宽度不宜超过 1100mm

    B．一般供日常活动进出的门，其单扇门宽度为 800 ～ 1000mm，双扇门宽度为 1200 ～ 2000mm

    C．腰窗高度常为 400 ～ 900mm，可根据门洞高度进行调节

    D．在部分公共建筑和工业建筑中，按使用要求，门洞高度可适当提高

2．平开木门是建筑中最常用的一种门。它主要由 ( ) 组成。

    A．亮子   B．五金零件   C．门扇   D．门框

三、简答题

1．简述门窗的作用和要求。

2．简述铝合金门窗的优点。

3．窗的尺度应综合考虑哪几方面因素？

习题答案

第8章 变形缝

08

【学习目标】

- 掌握变形缝的种类及其作用。
- 掌握各种变形缝设置原则。
- 理解变形缝的构造。

【核心概念】

伸缩缝、沉降缝、防震缝。

【引子】

建筑物在外界因素作用下常会产生变形，导致开裂甚至破坏。变形缝是针对这种情况而预留的构造缝。变形缝可分为伸缩缝、沉降缝、防震缝三种。在我们了解了变形缝的分类之后，带着思考来阅读本章的内容，看看有何区别与联系。

4D 微课素材 / 变形
缝 / 变形缝的类型 -
变形缝的形式 .mp4

当建筑物的长度超过规定，平面有曲折变化，同一建筑部分高度或荷载有很大差别时，建筑构件会因温度变化、地基不均匀沉降和地震等因素的影响，使结构内部产生附加应力和变形，使建筑物产生裂缝或破坏，所以在设计时应事先将建筑物用垂直的缝分成几个单独的部分，使各部分能够独立地变形，这种缝称为变形缝。变形缝按其功能不同可分为伸缩缝、沉降缝和抗震缝。

8.1 变形缝的设置

8.1.1 伸缩缝

4D 微课素材 / 变形
缝 / 变形缝的设置原
则 - 伸缩缝 .mp4

建筑物因受温度变化的影响而产生热胀冷缩，在结构构件内部产生附加应力，当建筑物长度超过一定限度时，建筑平面变化较多或结构类型变化较大时，建筑物会因热胀冷缩变形较大而产生裂缝。为了避免这种情况发生，通常沿建筑物长度方向每隔一定距离或结构变化较大处预留缝隙。将建筑物断开，这种因温度变化而设置的缝隙称为伸缩缝。设置伸缩缝时，自基础以上将房屋的墙体、楼板层、屋顶等构件断开，将建筑物分离成几个独立的部分，基础可不断开，缝宽一般是 20mm。

伸缩缝的最大间距，应根据不同材料的结构而定。砌体房屋伸缩缝的最大间距如表 8-1 所示，钢筋混凝土结构伸缩缝的最大间距如表 8-2 所示。

表 8-1　砌体房屋伸缩缝的最大间距

屋盖和楼盖类别		间距 /m
整配式或装配整体式钢筋混凝土结构	有保温层或隔热层的屋盖、楼盖	50
	无保温层或隔热层的屋盖、楼盖	40
整配式无檩体系钢筋混凝土结构	有保温层或隔热层的屋盖、楼盖	60
	无保温层或隔热层的屋盖、楼盖	50
整配式有檩体系钢筋混凝土结构	有保温层或隔热层的屋盖、楼盖	75
	无保温层或隔热层的屋盖、楼盖	60
瓦材屋盖、木屋盖或楼盖、轻钢屋盖		100

注：① 层高大于 5m 的混合结构单层房屋，其伸缩间距可按本表中数值乘以 1.3 采用，但当墙体采用硅酸盐砌块和混凝土砌块砌筑时，不得大于 75m。

② 温差较大且变化频繁地区和严寒地区不采暖的房屋及构筑物墙体，其伸缩缝的最大间距应按表中数值予以适当减小后采用。

表 8-2　钢筋混凝土结构伸缩缝的最大间距

结　　构	类　　型	室内或土中 /m	露天 /m
排架结构	装配式	100	70
框架结构	装配式	75	50
	现浇式	55	35
剪力墙结构	装配式	65	40
	现浇式	45	30
挡土墙及地下室墙壁等类结构	装配式	40	30
	现浇式	30	20

注：① 装配整体式结构房屋的伸缩缝间距宜按表中现浇式的数值取用。

　　② 框架 - 剪力墙结构或框架 - 核心筒结构房屋的伸缩缝间距可根据结构的具体布置情况取表中框架结构与剪力墙结构之间的数值。

　　③ 当屋面无保温或隔热措施时，框架结构、剪力墙结构的伸缩缝间距宜按表中露天栏的数值取用。

　　④ 现浇挑檐、雨罩等外露结构的伸缩缝间距不宜大于 12m。

8.1.2　沉降缝

　　上部结构各部分之间，因层数差异较大，或使用荷载相差较大；或因地基压缩性差异较大，也就是可能使地基发生不均匀沉降时，需要设缝将结构分为几部分，使其每一部分的沉降比较均匀，避免在结构中产生额外的应力，该缝即称为沉降缝。沉降缝把建筑物划分成几个段落，自成系统，从基础、墙体、楼板到房顶各不连接。缝宽一般为 30 ~ 70mm，借以避免各段不均匀下沉而产生裂缝。通常设置在建筑高低、荷载或地基承载力差别很大的各部分之间，以及在新旧建筑的连接处。设置沉降缝时，必须从建筑物的基础底面到屋顶在垂直方向全部断开。

4D 微课素材 / 变形缝 / 变形缝的设置原则 - 沉降缝 .mp4

　　凡属下列情况的，均应考虑设置沉降缝。

　　(1) 同一建筑物部分的高度相差较大、荷载大小悬殊、结构形式变化较大等易导致地基沉降不均匀时。

　　(2) 建筑物平面形状较复杂、连接部位又比较薄弱时。

　　(3) 新建建筑物与原有建筑物毗邻时。

　　(4) 当建筑物各部分相邻基础的形式、宽度及埋置深度相差较大，易形成不均匀沉降时。

　　(5) 当建筑物建造在不同的地基上，并难以保证均匀沉降时。

8.1.3 防震缝

4D 微课素材 / 变形缝 / 变形缝的设置原则 - 防震缝 .mp4

在抗震设防地区建造房屋必须充分考虑地震对建筑物造成的影响。将大型建筑物分隔为较小的部分，形成相对独立的防震单元，避免因地震造成建筑物整体震动不协调而产生破坏。防震缝应沿建筑物全高设置，缝的两侧应布置双墙或双柱，使各部分结构有较好的刚度。一般情况下基础可以不分开，但当建筑物平面复杂时，应将基础分开。

在抗震设防区，沉降缝和伸缩缝须满足抗震缝要求。

8.1.4 变形缝的缝宽

三种不同的变形缝的缝宽设置如表 8-3 所示。

表 8-3　变形缝的缝宽设置

变形缝	伸缩缝	沉　降　缝	防　震　缝
缝宽	20 ～ 30mm	一般地基： 建筑物高＜ 5m，缝宽为 30mm 　　　　5 ～ 10m，缝宽为 50mm 　　　　10 ～ 15m，缝宽为 70mm 软弱地基： 建筑物 2 或 3 层缝宽为 50 ～ 80mm 　　　　4 ～ 5 层，缝宽为 80 ～ 120mm 　　　　≥ 6 层，缝宽＞ 120mm 湿陷性黄土地基≥ 30 ～ 50mm	当建筑物高≤ 15m 时，缝宽为 70mm 当建筑物高＞ 15m 时，7、8、9 度设防，高度每增加 4m、3m、2m，缝宽增加 20mm

8.2　变形缝的构造

变形缝的构造处理采取中间填缝、上下或内外盖缝的方式。中间填缝是指缝内填充沥青麻丝或木丝板、油膏、泡沫塑料条、橡胶条等有弹性的防水轻质材料；上下或内外盖缝是指根据位置和要求合理选择盖缝条，如镀锌铁皮、彩色薄钢板、铝皮等金属片以及塑料片、木盖缝条等。

8.2.1 伸缩缝的构造

1. 墙体伸缩缝构造

墙体伸缩缝一般做成平缝、错口缝和凹凸缝等截面形式，如图 8-1 所示。

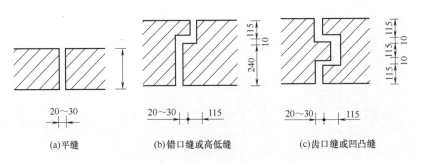

4D 微课素材 / 变形缝 /
变形缝的构造 - 墙体变
形缝 - 伸缩缝 .mp4

墙体伸缩缝构造 .ppt

(a)平缝　　(b)错口缝或高低缝　　(c)齿口缝或凹凸缝

图 8-1　砖墙伸缩缝的截面形式 /mm

为了防止外界自然条件对墙体及室内环境的影响，变形缝外墙一侧常用沥青麻丝、泡沫塑料条等有弹性的防水材料填缝，当缝较宽时，缝口可用镀锌铁皮、彩色薄钢板等材料做盖缝处理。所有填缝及盖缝材料和构造应保证结构在水平方向自由伸缩而不产生破裂，如图 8-2 所示。

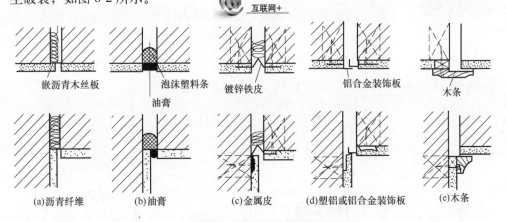

互联网+

嵌沥青木丝板　　泡沫塑料条油膏　　镀锌铁皮　　铝合金装饰板　　木条

(a)沥青纤维　(b)油膏　(c)金属皮　(d)塑铝或铝合金装饰板　(e)木条

图 8-2　砖墙伸缩缝构造

2. 楼板层伸缩缝构造

楼板层伸缩缝的缝内常用沥青麻丝、油膏等填缝进行密封处理，上铺金属、混凝土等活动盖板，如图 8-3 所示。满足地面平整、光洁、防水、卫生等使用要求。

楼板层伸缩缝构造 .ppt

4D 微课素材 / 变形缝 / 变形缝的构造 -楼地层变形缝 .mp4

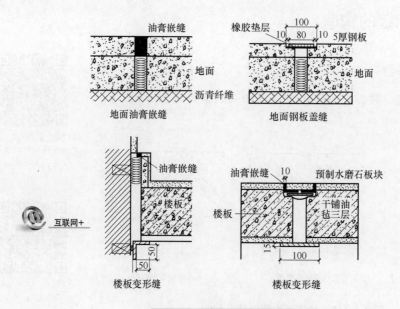

图 8-3　楼板层伸缩缝构造 /mm

3. 屋顶伸缩缝构造

4D 微课素材 / 变形缝 /
变形缝的构造 - 屋顶变
形缝 .mp4

　　屋顶伸缩缝的位置一般在同一标高屋顶处或墙与屋顶高低错落处。当屋顶为不上人屋面时，一般在伸缩缝处加砌矮墙，并做好屋面防水和泛水的处理，其要求同屋顶泛水构造；当屋顶为上人屋面时，则用防水油膏嵌缝并做好泛水处理。常见屋面伸缩缝构造如图 8-4 所示。屋面采用镀锌铁皮和防腐木砖的构造方式，其使用寿命是有限的，随着材料的发展，出现了彩色薄钢板、铝板、不锈钢皮等新型材料。

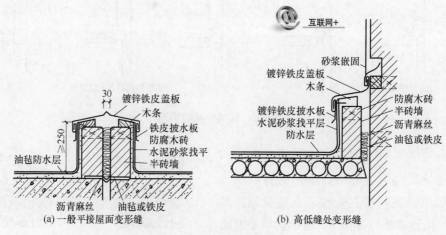

图 8-4　卷材屋面伸缩缝构造

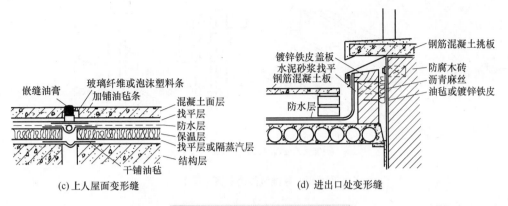

(c) 上人屋面变形缝　　　　　　　(d) 进出口处变形缝

图 8-4　卷材屋面伸缩缝构造（续）

8.2.2　沉降缝的构造

1. 基础沉降缝的结构处理

沉降缝的基础应断开，可避免因不均匀沉降造成的相互干扰。常见的结构处理有砖墙结构和框架结构。砖混结构墙下条形基础有双墙偏心基础、挑梁基础和交叉式基础三种方案，如图 8-5 所示。框架结构有双柱下偏心基础、挑梁基础和柱交叉布置三种方案。

4D 微课素材 / 变形缝 /
变形缝的构造 - 基础沉
降缝 .mp4

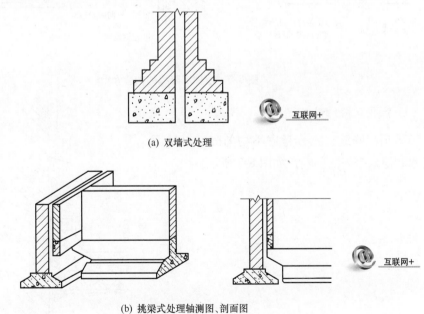

(a) 双墙式处理

互联网+

(b) 挑梁式处理轴测图、剖面图

图 8-5　基础沉降缝处理

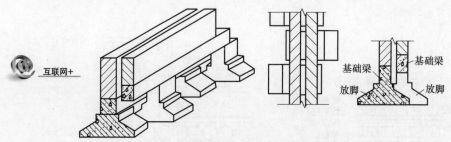

(c)交叉式处理示意图、平面图、剖面图

图 8-5　基础沉降缝处理（续）

4D 微课素材 / 变形缝 /
变形缝的构造 - 墙体变
形缝 - 沉降缝 .mp4

墙体沉降缝的构造 .ppt

2. 墙体沉降缝的构造

墙体沉降缝常用镀锌铁皮、铝合金板和彩色薄钢板等盖缝，墙体沉降缝盖缝条应满足水平伸缩和垂直沉降变形的要求，如图 8-6 所示。

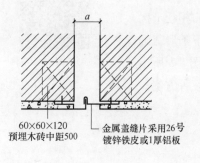

60×60×120
预埋木砖中距500

金属盖缝片采用26号
镀锌铁皮或1厚铝板

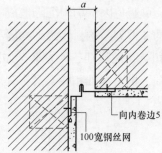

向内卷边5

100宽钢丝网

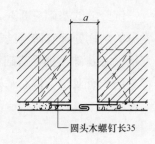

圆头木螺钉长35

图 8-6　墙体沉降缝的构造 /mm

3. 屋顶沉降缝的构造

屋顶沉降缝应充分考虑不均匀沉降对屋面防水和泛水带来的影响，如图 8-7 所示。

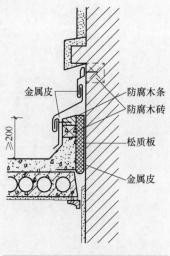

金属皮

防腐木条
防腐木砖

松质板

金属皮

图 8-7　屋顶沉降缝的构造 /mm

8.2.3 防震缝的构造

防震缝因缝宽较宽,在构造处理时,应考虑盖缝板的牢固性及适应变形的能力,具体构造如图 8-8 所示。

4D 微课素材 / 变形缝的构造——墙体变形缝 - 防震缝 .mp4

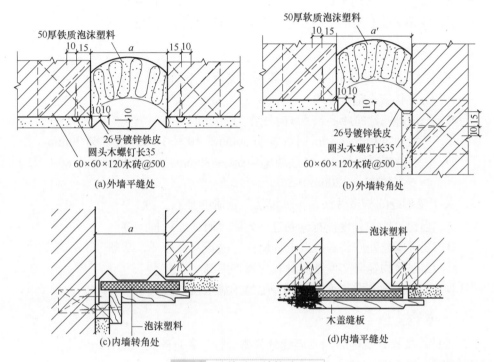

(a) 外墙平缝处

(b) 外墙转角处

(c) 内墙转角处

(d) 内墙平缝处

图 8-8 墙体防震缝构造 /mm

 思考题与习题

习题库

一、单选题

1．现浇挑檐、雨罩等外露结构的伸缩缝间距不宜大于 (　　)。

  A．10m   B．15m   C．8m   D．12m

2．伸缩缝缝宽一般为 (　　)。

  A．10 ～ 30mm   B．20 ～ 30mm

  C．20 ～ 40mm   D．20 ～ 50mm

3．当墙体采用硅酸盐砌块和混凝土砌块砌筑时,伸缩缝的最大间距不得大于 (　　)。

  A．80m   B．75m   C．70m   D．90m

4．砖墙伸缩缝的截面形式不包括（　　）。

　　A．平缝　　　　　　　　　　　　B．错口缝

　　C．斜缝　　　　　　　　　　　　D．凹凸缝

5．沉降缝的基础应断开，可避免因不均匀沉降造成的相互干扰。常见的结构处理有砖混结构和框架结构，不是砖混结构墙下条形基础方案的是（　　）。

　　A．双墙偏心基础方案　　　　　　B．偏心基础方案

　　C．挑梁基础方案　　　　　　　　D．交叉式基础方案

二、多选题

1．沉降缝宽度应根据不同情况设置不同宽度，下列选项正确的是（　　）。

　　A．沉陷性黄土缝宽 ≥50 ～ 70mm

　　B．一般地基建筑物高 < 5m 时缝宽为 30mm

　　C．一般建筑物 5 ～ 10m 时缝宽为 50mm，10 ～ 15m 时缝宽为 70mm

　　D．软弱地基建筑物 2 ～ 3 层缝宽为 50 ～ 80mm，4 ～ 5 层缝宽为 80 ～ 120mm，

　　　　≥ 6 层缝宽 > 120mm

2．关于变形缝的构造做法，下列说法不正确的是（　　）。

　　A．当建筑物的长度或宽度超过一定限度时，要设伸缩缝

　　B．在沉降缝处应将基础以上的墙体、楼板全部分开，基础可不分开

　　C．当建筑物竖向高度悬殊时，应设伸缩缝

　　D．在抗震设防区，沉降缝和伸缩缝须满足抗震缝要求

三、简答题

1．为什么要设置变形缝，变形缝分为哪三种，各自的定义是什么？

2．简述屋顶伸缩缝的处理方案。

3．简述伸缩缝、沉降缝和防震缝的断开位置。

4．当同一座建筑中要同时考虑伸缩缝、沉降缝和防震缝，该如何处理？

四、案例题

2005 年 2 月，王某买入一别墅，2007 年 8 月开始装修。在施工过程中，王某发现，房屋内部的地板竟然成一个小斜坡，整幢楼南北向倾斜。最大南北水平高差达 10cm，严重超出了国家标准。

针对上述材料作答：

(1) 该别墅为什么会产生这种情况？

(2) 在哪些情况下应考虑设置沉降缝？

习题答案

第 9 章 民用建筑设计

09

【学习目标】

- 掌握民用建筑设计的基本知识，理解建筑设计所涵盖的三方面内容。
- 掌握建筑平面设计的基本原则和方法。
- 掌握建筑剖面设计的基本原则和方法。
- 了解建筑体型设计和立面设计的基本原则与方法。

【核心概念】

建筑设计、建筑平面设计、建筑剖面设计、建筑体型设计、建筑立面设计等。

【引子】

　　建筑物在建造之前，设计者按照建设任务，把施工过程和使用过程中所存在的或可能发生的问题，事先做好通盘的设想，拟定好解决这些问题的办法、方案，用图纸和文件表达出来，使建成的建筑物充分满足使用者的各种要求。本章主要介绍民用建筑设计的有关知识。

9.1 概　　述

9.1.1　民用建筑的设计内容

广义的建筑设计是指建筑工程设计，即设计一幢建筑物或建筑群所要做的全部工作，包括建筑设计、结构设计、设备设计三个方面的内容。

(1) 建筑设计：通常所说的建筑设计，是指"建筑学"范围内的工作。其包括总体设计和个体设计两方面，由建筑设计师根据建设单位提供的设计任务书，综合分析场地环境、使用功能、建筑规模、结构施工、材料设备、建筑经济及建筑艺术等问题，在满足总体规划的前提下提出建筑设计方案，并逐步完善，最后完成全部的建筑施工图设计。

(2) 结构设计：是由结构工程师根据建筑设计选择切实可行的结构布置方案，进行结构计算及构件设计，最后完成全部的结构施工图设计。

(3) 设备设计：主要包括给水排水、电气照明、采暖通风、动力配电等方面的设计。

9.1.2　民用建筑的设计要求

(1) 满足建筑功能的要求：满足建筑物的功能要求，为人们创造良好的生产、生活和学习环境，是建筑设计的首要任务。

(2) 采用合理可行的技术措施：根据经济技术条件，选择合理可行的结构类型、施工方案，使建筑物坚固耐久，并方便施工单位施工。

(3) 具有良好的经济效益：建筑物的建造是一个复杂的过程，需要大量人力、物力和财力支持，因而设计房屋时要综合考虑多种方案，在保证在其他设计要求的前提下尽量做到降低工程造价和缩短工期，使建筑物的建筑功能要求、技术措施和相应的工程造价及建筑标准相统一。

(4) 创造美观的建筑形象，符合总体规划要求。

9.1.3　民用建筑的设计依据

1. 使用功能

1) 人体尺度和人体活动所需的空间尺度

建筑必须满足人们的物质活动需求，那么进行建筑设计，首先要了解人体尺度和人体活动所需的空间尺度，这是确定民用建筑平面和空间设计的主要依据。

从建筑设计的角度来说，楼梯踏步尺寸、门窗洞口尺寸、窗台及栏杆扶手高度和走道宽度等都与人体的基本尺度及人体活动所需的空间尺度有直接或间接关系。以中等人体地区的人群作为参照标准，我国成人一般人体尺度和人体活动所需的空间尺度如图 9-1 所示。

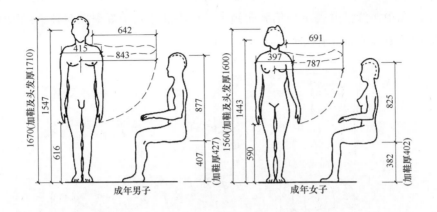

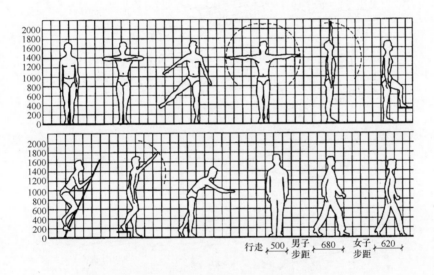

图 9-1　人体尺度和人体活动所需的空间尺度 /mm

2) 家具、设备的尺寸和使用空间

建筑物房间内部通常都要布置家具设备，房间内家具设备的尺寸，以及人们使用它们所需的活动空间是确定房间内部使用面积的重要依据，常用家具的参考尺寸如图 9-2 所示。

2. 自然条件

1) 气候条件

气候条件一般包括温度、湿度、日照、雨雪、风向和风速等。气候条件对建筑设计有较大影响，如我国南方多是湿热地区，建筑风格多以通透为主，北方干冷地区建筑风格趋向闭塞、严谨。日照与风向通常是确定房屋朝向和间距的主要因素。雨雪量的多少对建筑的屋顶形式与构造也有一定影响。

　　图 9-3 为我国部分城市的风向频率玫瑰图，即风玫瑰图。风玫瑰图是依据这些城市多年来统计的各个方向吹风的平均日数的百分数按比例绘制而成，一般用 16 个罗盘方位表示。图中实线部分表示全年风向频率，虚线部分表示夏季风向频率。风向是指由外吹向地区中心，如由南吹向中心的风称为南风。

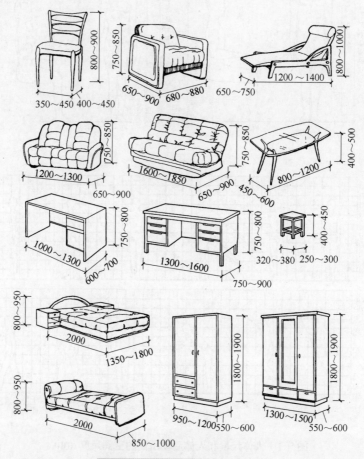

图 9-2　常用家具参考尺寸 /mm

　　2) 地形、地质以及地震烈度

　　基地的平缓起伏、地质构成、土层特性与承载力的大小，对建筑物的平面组合、结构布置与造型都有明显的影响。坡地建筑常结合地形错层建造，复杂的地质条件要求基础采用不同的结构和构造处理等。地震对建筑的破坏作用也很大，有时是毁灭性的。这就要求我们无论是从建筑的体型组合到细部构造设计必须考虑抗震措施，才能保证建筑的使用年限与坚固性。

　　3) 水文条件

　　水文条件是指地下水位的高低及地下水的性质，直接影响到建筑物的基础和地下室，设计时应采取相应的防水和防腐措施。

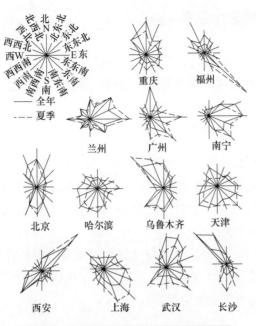

图 9-3　我国部分城市的风向频率玫瑰图

9.2　建筑平面设计

　　任何一幢建筑物，都是由若干单体空间有机地组合起来的整体空间，而表达建筑物的三维空间的设计中，常从建筑平面、建筑剖面、建筑立面三个不同方向的投影图来综合分析建筑物的各种特性，并通过相应的图纸来表达其设计意图。在建筑方案设计时，通常情况下先从建筑平面设计开始，分析建筑功能、布局及建筑环境，考虑建筑的剖面、立面和体型，分析各个方向空间有机结合的可能性和合理性，把握建筑的整体空间效果，使平面布局更合理。

　　建筑的平面、立面和剖面设计是一个完整设计内容中的各个组成部分，三者之间既相互联系又相互制约。一般来说，建筑平面设计是关键，是整个建筑设计中的重要组成部分，对建筑的整体效果起着非常重要的作用；对建筑方案的确定起着决定性的作用，是建筑设计的基础。建筑平面设计集中反映了建筑能否满足使用功能的要求、建筑平面与周围环境的关系、建筑各组成部分的特点及相互关系以及建筑设计是否经济合理等。

　　在进行建筑方案设计时，只有综合考虑建筑平面、立面和剖面设计三者的关系，按照完整的三维空间概念去进行设计，才能做出一个好的建筑设计。

9.2.1　建筑平面设计的内容

民用建筑种类繁多，各类建筑房间的使用性质和组成类型也不相同。但是对于民用建筑而言，无论功能如何，按照其空间使用性质的不同，建筑平面设计一般由使用部分和交通连系部分组成，图 9-4 为某宾馆底层平面图。

1. 使用部分

使用部分包括建筑物中的主要使用房间和次要使用房间 (或称为辅助房间)。

主要使用房间是建筑的核心部分，由于它们的使用要求不同，形成了不同类型的建筑物，如住宅中的起居室、卧室，教学楼中的教室、实验室，影剧院中的观众厅等都是构成各类建筑物的主要使用房间。

次要使用房间 (辅助房间) 是为保证建筑物的主要使用要求而设置的，与主要使用房间相比，它属于建筑物的次要部分。例如，住宅建筑中的厨房、厕所，公共建筑中的卫生间、储藏室以及各种设备用房等。

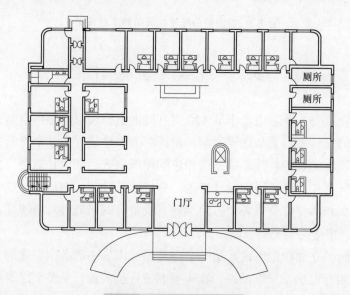

图 9-4　某宾馆底层平面图

2. 交通连系部分

交通连系部分是建筑物中房间之间、楼层之间和室内与室外之间连系的空间。例如，各类建筑物中的走道、门厅、楼梯间和电梯间等。

9.2.2　使用部分的平面设计

使用部分是构成建筑空间的主体，是供人们工作、学习、生活和娱乐等的必要房间。

在进行建筑设计时，一般先从构成建筑的基本单元——房间着手，然后进行组合设计。

1. 主要使用房间的设计

由于建筑类别不同、使用功能不同，对主要使用房间的要求也不一致。一般来说，生活、工作和学习用的房间要求安静，如住宅建筑中用来满足人们休息、睡眠用的卧室；公共活动房间的主要特点是人流比较集中，通常进出频繁，因此室内人们活动和通行面积的组织比较重要。

总的来说，主要使用房间的设计应考虑的基本因素是一致的，即要求有适宜的尺度、足够的面积、恰当的形状、良好的朝向、便捷的内外交通条件以及合理的结构布置和方便施工等，图 9-5 为住宅建筑中起居室设计分析示意。

1) 房间的面积

房间的面积是由其使用面积和结构或围护构件所占面积组成的，由房间内部活动特点、使用人数的多少、家具设备的数量和布置方式等多种因素决定。为了更好地分析房间内部的使用特点，我们通常把一个房间的使用面积分为家具或设备占用的面积、人们使用家具或设备及活动所占的面积和房间内部交通面积等几个部分。

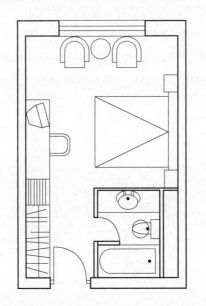

使用部分的设计 .ppt

图 9-5 住宅建筑起居室设计分析示意

确定房间的面积应主要考虑以下因素。

(1) 房间的容纳人数和使用特点。

确定房间面积首先应确定房间的使用人数，它决定着室内家具与设备的多少，决定着交通面积的大小。确定使用人数的依据是房间的使用功能和建筑标准。在实际工作中，房间的面积主要是依据国家有关规范规定的面积定额指标，结合工程实际情况，根据房间的容纳人数及面积定额就可以得出房间的总面积。例如，中学普通教室，使用面积定额为 $1.12m^2/$ 人；实验室为 $1.8\ m^2/$ 人；办公楼中一般办公室为 $3.5\ m^2/$ 人，有桌会议室为 2.3 m²/人，表 9-1 为部分民用建筑房间面积定额参考指标。

应当指出，有些建筑的房间面积指标未作规定，使用人数也不固定，并且并不能把使用面积分配得比较明确，对于这类使用房间通常需要设计人员根据设计任务书的要求，对同类型及规模相近的建筑进行调查研究，充分掌握房间的使用特点，结合经济条件，通过分析比较得出合理的房间面积。

表 9-1 部分民用建筑房间面积定额参考指标

民用建筑名称	房间名称	面积定额 /(m²/人)	备 注
中小学校	普通教室	1 ~ 1.2	小学取下限
办公楼	一般办公室	3.5	不包括走道
	会议室	0.5	无会议桌
		2.3	有会议桌
图书馆	普通阅览室	1.8 ~ 2.5	4 ~ 6 座双面阅览室
电影院	观众厅	0.6 ~ 0.8	

(2) 家具设备及人们使用活动的面积。

任何房间为满足使用要求，都需要有一定数量的家具、设备，并进行合理的布置。例如，教室中的课桌椅、讲台，卧室中的床、衣橱，卫生间中的大小便器、洗脸盆。这些家具设备的数量、布置方式以及人们使用它们所需的活动面积，直接影响到房间使用面积的大小。如图 9-6 所示为营业厅旁人体活动所需的必要面积。

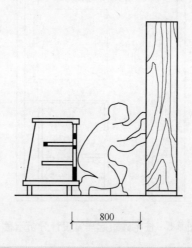

800

图 9-6 营业厅旁人体活动所需的必要面积 /mm

(3) 房间的交通面积。

房间的交通面积是指连接各个使用区域的面积。例如，教室中课桌行与行之间的距离一般取 550mm 左右，最后一排与后墙距离大于 600mm 等均为教室的交通面积。

2) 房间的形状

民用建筑中，房间的平面形状常见的有矩形、方形、多边形、扇形和圆形等。在具体工程设计时，就从建筑物的使用要求、结构形式、结构布置、经济美观等方面综合考虑，选择合适的房间形状。

　　在以上房间平面形状中，以矩形房间应用最为广泛，这是因为矩形房间具有平面体型简单、墙体平直、便于家具设备的布置，且结构简单、便于施工，同时房间的开间和进深容易协调统一，有利于与周围房间组合等优点，因而在内部房间数量较多、面积较小、需要多个房间组合的建筑中大量采用。当然，矩形平面不是唯一的形式。以中小学教室为例，在满足视听及其他要求的条件下，也可采用方形或六角形平面。方形教室的优点是进深加大，长度缩短，外墙减少，相应交通线路缩短，用地经济。同时，方形教室缩短了最后一排的视距，视听条件有所改善，但为了保证水平视角的要求，前排两侧均不能布置课桌椅，图 9-7 为中小学教室平面形状比较。

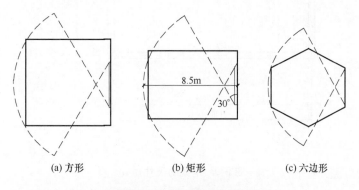

(a) 方形　　　　　　(b) 矩形　　　　　　(c) 六边形

图 9-7　中小学教室平面形状

　　对于一些有特殊功能和视听要求的房间如观众厅、体育馆等，它们的形状首先应满足这类建筑的功能要求。例如，观众厅的平面形状一般有矩形、钟形、扇形、六角形、圆形等，如图 9-8 所示。矩形平面的声场分布均匀，池座前部能接受侧墙一次反射声的区域比其他平面形状大，但跨度较大时，前部易产生回声，适合于小型观众厅。扇形平面由于侧墙呈倾斜状，声音能均匀地分散到大厅的各个区域，多用于大中型观众厅。六角形平面的声场分布均匀，但由于其屋顶结构复杂，适用于中小型观众厅。圆形平面的声场分布不均匀，观众厅很少采用，但由于其视线及疏散条件较好，常用于大型体育馆。

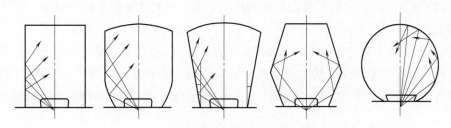

图 9-8　观众厅的平面形状

3) 房间的尺寸

房间的尺寸是指房间的开间和进深。开间也称为面宽，是指房间在建筑外立面上所占的宽度，进深是垂直于开间的房间深度尺寸。这里开间和进深并不是指房间净宽和净深尺寸，而是指房间轴线尺寸，如图9-9所示。在确定了房间的面积和形状之后，其尺寸还可能有多种，因而在确定房间平面尺寸时需要从几个方面进行综合考虑。

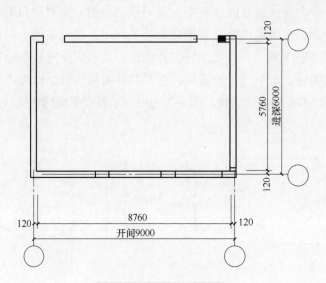

图 9-9　房间的尺寸 /mm

(1) 满足家具设备的要求。

确定房间的开间、进深尺寸，首先应当考虑家具设备的布置要求，并要增加它的适应性。例如，中学普通教室，教室的主要功能是教学活动，在保证每位学生有良好视听效果的同时，还要给老师授课留有足够的空间及方便学生进出教室的通道。依据《中小学校设计规范》(GB 50099—2011) 第 5.2.2 条规定：为保证最小视距的要求，最前排课桌的前沿与前方黑板的水平距离不宜小于 2.20m；为限制最大视距的要求，最后排课桌的后沿与前方黑板的水平距离不宜大于 8.00m，中学不宜大于 9.00m；为保证边侧学生的视线夹角，要求前排边座座椅与黑板远端的水平视角不应小于 30°，如图 9-10 所示。例如，住宅中的主卧室要求能在两个方向布置床，一般开间常取 3.3 ～ 3.6m，进深方向应考虑床宽、衣柜的长度以及床头柜的宽度，一般进深取 4.2 ～ 4.5m。

(2) 具有良好的天然采光。

民用建筑中，大部分房间都需要良好的天然采光，一般房间多采用单侧或双侧采光，因此房间的深度常受到采光的限制。为保证室内采光的要求，单侧采光时，进深不应大于窗上口至地面距离的 2 倍；双侧采光时进深可较单侧采光时增大一倍，如图9-11所示。

(3) 结构布置经济合理，符合模数协调统一标准。

一般民用建筑常采用墙体承重的梁板式结构或框架结构体系，房间的开间和进深尺寸应尽量使构件规格化、统一化，同时使梁板构件符合经济跨度的要求。

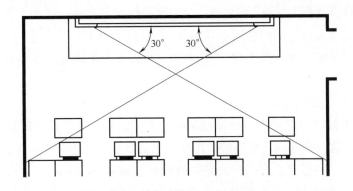

图 9-10　中学教室水平视角要求

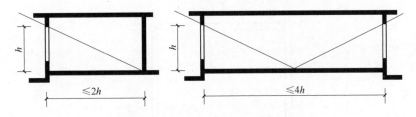

图 9-11　采光方式对房间进深的影响

为提高建筑工业化水平，必须统一构件类型，减少规格，这就需要在房间开间和进深上采用统一的模数，作为协调建筑尺寸的基本标准。按照建筑模数协调统一标准的规定，房间的开间和进深尺寸一般以 3M 为模数。

4) 房间的门窗布置

门是人们进出房间的通道，其宽度还需满足搬运家具设备的要求，同时也兼有采光和通风的作用。窗的主要功能是采光、通风，同时对建筑立面的效果也有较大影响。因此，门窗设计也是平面设计中应充分考虑的问题。

(1) 门的宽度及数量。

门的宽度应考虑房间用途、人体尺寸、安全疏散及搬运家具设备等的影响。一般单股人流通行最小宽度为 550mm，一个人侧身通行需要的宽度为 300mm，因此，门的最小宽度 (洞口宽度) 一般为 700mm，通常取 850mm，常用于住宅中的厕所、浴室；住宅中的卧室门宽常取 900mm；厨房取 800mm。普通教室、办公室等的门应满足一人正面通行，另一人侧身通行的需要，常采用 1000mm。

当房间面积较大，使用人数较多，单扇门不能满足要求时，应根据需要采用双扇门、四扇门或者增加门的数量。双扇门的宽度可为 1200 ~ 1800mm，四扇门的宽度可为 2400 ~ 3600mm。

对于一些大型公共建筑如影剧院的观众厅、体育馆的比赛大厅等，由于人流集中，为保证紧急情况下人流能迅速、安全地疏散，门的数量和总宽度必须经过计算确定，具体指标与建筑的功能、房间内的人流数量有关，并且这些房间的门应向外开。

按照《建筑设计防火规范》的要求，当房间面积大于 60m²，使用人数超过 50 人时，应设两个门；位于走道尽端的房间（幼儿园、托儿所除外）内由最远一点到房间门口的直线距离不超过 14m，且人数不超过 80 人时，可设置一个净宽度不小于 1.40m 并向外开启的门。

(2) 门的位置及开启方向。

门在房间中开设的位置是否合理对房间的使用影响较大，其位置及开启方向应以便于室内家具布置、房间内部交通流线便捷、满足安全疏散要求且自然通风为前提。

通常情况下，门尽量设在房间端部，以保持墙留有一段长墙面，为家具布置提供更大的灵活性，同时门的位置要充分考虑如何缩短室内的交通路线，避免过多占用室内面积，如图 9-12 所示。

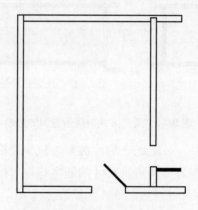

图 9-12　门的位置及开启方向

门的开启方向一般有外开和内开两种情况，大多数房间的门采用内开，以防止门开启时影响室外人行交通。但在人数较多的公共建筑中，为便于人流畅通及在紧急情况下快速安全地疏散，门必须外开。若一个房间中门的数量不止一个，应尽量使多个门靠拢，减少交通面积。但要注意避免门扇相互碰撞、遮挡和妨碍人流通行。

(3) 窗的面积及开设位置。

为获取良好的天然采光，房间必须开窗以保证房间有足够的照度值。窗口面积大小主要根据房间的使用要求、房间面积及当地日照情况等因素考虑。按房间的不同使用要求，建筑采光标准分为五级，每级规定了相应的窗地面积比（简称窗地比）。窗地比为直接天然采光房间的侧窗洞口面积与该房间地面面积的比值。设计时即可按窗地比估算窗口面积，也可先确定窗口面积，然后按规定的窗地面积比值进行验算。表 9-2 为《宿舍建筑设计规范》(JGJ 36—2005) 第 5.1.4 条关于宿舍建筑房间的室内采光标准要求。

表 9-2　　宿舍建筑房间的室内采光标准

房间名称	侧面采光	
	采光系数最低值 (%)	窗地面积比最低值
居室	1	1/7
楼梯间	0.5	1/12
公共厕所、公共浴室	0.5	1/10

窗的平面位置会影响室内采光效果，通常以居中为宜，以保证室内光线的均匀。以单侧采光的教室为例，为保证照度的均匀，窗间墙不宜过宽，窗口与挂黑板的墙面之间距离应适当，过大时会形成暗角，过小时又会在黑板产生眩光。

窗对室内空气流通的影响也较大，应当使窗的位置能与门结合形成穿堂风，在炎热地区尤其要高度重视这个问题。

2．次要使用房间（辅助房间）的设计

民用建筑中除了主要使用房间以外，还有很多次要使用房间。次要使用房间是指为主要使用房间提供服务的房间，如学校建筑中的厕所、储藏室，住宅建筑中的卫生间、厨房等。这些房间在整个建筑平面中虽然处于次要地位，但却是不可缺少的部分，如果处理不当，会造成使用和维修管理不便或增加工程造价等缺点。不同类型的建筑，次要使用房间的大小、形式都有不同，其平面设计原理和设计方法与主要使用房间的设计基本相同。但是因为这类房间的特殊使用性质，在其内部往往会布置有较多的管道和设备等，因此，设计时房间的大小和布置受到的限制较多，需合理设计布置，辅助房间的设计也是建筑设计中不可忽视的一部分。

1) 厕所设计

(1) 厕所设备及数量。

厕所卫生设备主要有大便器、小便器、洗手盆、污水池等。

大便器有蹲式和坐式两种，可根据建筑标准和使用习惯分别选用。蹲式大便器使用卫生，便于清洁，对于使用频繁的公共建筑如学校、医院、办公楼、车站等尤其适用；而标准较高，使用人数少或老年人使用的厕所如住宅、宾馆、敬老院等宜采用坐式大便器。

厕所设计 .ppt

小便器有小便斗和小便槽两种，根据建筑标准和使用人数选用。

卫生设备的数量应根据使用人数、使用对象和使用特点等确定。当建筑物各层使用人数不同时，应按人数最多的一层考虑。表 9-3 为公共建筑厕所卫生设备数量参考指标。

(2) 厕所的布置。

厕所主要分为专用卫生间和公共卫生间两大类，由于它们的服务对象不同，设计要求有所区别。

专用卫生间由于使用人数较少，多用于住宅及标准较高的旅馆等建筑中。为保证主要使用房间能自然采光，卫生间应设置在相对隐蔽、使用方便的部位，可通过采用

人工照明及抽气井的方式实现采光和通风。

表9-3 公共建筑厕所卫生设备数量参考指标

建筑类型	男小便器 /（人／个）	男大便器 /（人／个）	女大便器 /（人／个）	洗手盆或水龙头 /（人／个）	男女比例
旅馆	20	20	12		按设计要求
宿舍	20	20	15	15	按实际情况
小学	40	40	20	90	1：1
中学	50	50	25	90	1：1
办公楼	30	40	20	40	按实际情况
火车站	80	80	50	150	1：1
影剧院	45	100	50	150	1：1

公共卫生间的平面形式可分为两种：一种是无前室的，另一种是有前室的，如图9-13所示。公共厕所应设置前室，这种设计可改善通往厕所的走道和过厅的卫生条件，而且使用功能互不干扰，并有利于厕所的隐蔽；前室设双重门，通往厕所的门可设弹簧门，便于随时关闭。前室一般设有洗手盆及污水池，为保证必要的使用空间，前室的深度一般应在2.0m左右。当厕所面积小，不能布置前室时，应注意门的开启方向，尽量使厕所蹲位及小便器位于隐蔽位置。

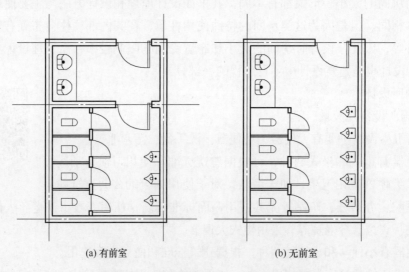

(a) 有前室   (b) 无前室

图9-13 次要使用房间——厕所平面布置

(3) 厕所的设计要求。

① 厕所在建筑物中常处于人流交通线上，与走道及楼梯间连系，如走道两端、楼梯间及出入口处、建筑物转角处等。同时，厕所本身从卫生和使用上考虑常设置前室，以前室作为公共交通空间和厕所的缓冲地，并可使厕所隐蔽一些。

② 大量人群使用的厕所应具有良好的天然采光与通风，以便排除臭气。少数人使

用的厕所允许间接采光，但必须有抽风设施。为保证主要使用房间的良好朝向，厕所可布置在方位较差的一侧。

③ 厕所位置应利于节省管道，减少立管并靠近室外给排水管道。同层平面中男、女厕所最好并排布置，避免管道分散。多层建筑中应尽可能把厕所布置在上、下相对应的位置。

④ 结合不同类型建筑的使用特点以确定厕所的位置、面积及设备数量。对于使用时间集中、使用人数多的厕所，卫生器具应适当加大，位置应分散，均匀布置。

2) 浴室、盥洗室设计

浴室和盥洗室的主要设备有洗脸盆、污水池、淋浴器和浴盆等。除此以外，公共浴室还有更衣室，其主要设备有挂衣钩、衣柜、更衣凳等。设计时可根据使用人数确定卫生器具的数量，同时结合设备尺寸及人体活动所需的空间进行房间布置。

3) 厨房设计

这里所说的厨房是指住宅、公寓内每户的专用厨房。厨房主要用于烹调，面积较大的厨房可以兼做餐厅。随着人民生活水平和住宅标准的不断提高，对厨房的设计要求也不断赋予新的内容。

厨房设计时应满足以下几方面要求。

(1) 厨房应有良好的采光和通风条件，为此，在平面组合中应将厨房紧靠外墙布置。为防止油烟、废气、灰尘进入卧室、起居室，厨房布置应尽可能避免通过卧室、起居室来组织自然通风，厨房灶台上方可设置专门的排烟罩。

(2) 尽量利用厨房的有效空间，布置足够的储藏设施。为方便存取，吊柜底距地面高度不应超过 1.7m。除此之外，还可充分利用案台、灶台下部的空间储藏物品。

(3) 厨房的墙面、地面应考虑防水，便于清洁。

(4) 厨房室内布置应符合操作流程，并保证必要的操作空间，为使用方便、提高效率和节约时间创造条件。

厨房按平面布置方式有单排、双排、L 形和 U 形四种，如图 9-14 所示。单排布置适用于在宽度方向上只能单排布置设备的狭长平面或在另一侧布置餐桌的厨房，由于各个设备都需要留出自己的操作面积，面积利用不够充分；双排布置是将各个设备分列两侧，操作时需要 180°转身，往复走动，从而增加体力消耗，但有些住宅其厨房设有服务阳台，多选用此种方式布置，利用空余的外墙开阳台门窗；L 形和 U 形布置的厨房，操作省力而且方便。

厨房设计 .ppt

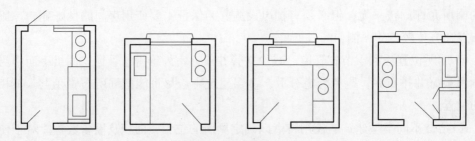

图 9-14　厨房布置方式

9.2.3　交通连系部分的平面设计

建筑物除了有满足使用要求的各种房间外，还需要有交通连系部分把各个房间以及室内外连系起来，建筑物内部交通连系部分包括水平交通空间（走道）、垂直交通空间（楼梯、电梯、坡道）、交通枢纽空间（门厅、过厅）等。一幢建筑物是否适用，除主要使用房间和次要使用房间本身及其位置是否恰当外，很大程度上取决于主要使用房间和次要使用房间与交通连系部分相互位置是否合理，以及交通连系部分是否使用方便。

对于交通连系部分最基本设计要求包括以下几点。

(1) 要有足够的通行宽度以保证通行顺畅。

(2) 平时人流通畅，紧急情况下疏散迅速、安全。

(3) 满足必要的采光、通风要求。

(4) 在满足使用要求的前提下，尽量减少交通连系部分的面积，以节省投资。

1. 水平交通空间（走道）平面设计

走道也称为走廊或过道（当走道一侧或两侧通透时称为走廊），是水平交通空间，起到连系同层各个房间的作用，如图 9-15 所示。

水平交通空间（走道）平面设计第一段图片.ppt

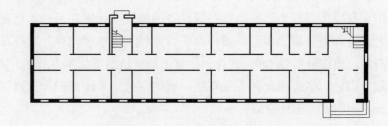

图 9-15　水平交通空间（走道）设计

按走道使用性质的不同可以分为以下两种情况。

(1) 交通型：为交通需要而设置的走道，这类走道内不允许再有其他使用要求，如办公楼、旅馆、电影院、体育馆等建筑的走道。

(2) 综合型：为交通连系同时也兼有其他功能的走道，如教学楼中的走道，除作为学生课间休息活动的场所外，还有陈列橱窗及黑板展览的功能；医院门诊部走道可作为人流通行和候诊之用等。

走道宽度主要根据人流通行、安全疏散、走道性质、空间感受、人体尺度及两侧门开启方向等因素综合考虑。

走道的采光和通风主要依靠天然采光和自然通风。外走道由于只有一侧布置房间，可以获得较好的采光通风效果。内走道由于两侧均布置有房间，如果设计不当，就会造成光线不足、通风较差。在设计时，可用以下几种方式解决：一是在走道尽端开窗，直接采光通风；二是利用楼梯间、门厅、过厅直接采光通风；三是利用走道两侧房间设高窗或门上装亮子间接采光和通风；四是采用内外走道相结合的方式解决走道的采光和通风。

2．垂直交通空间平面设计

垂直交通空间是连系不同标高必不可少的部分，常用的有楼梯、坡道、台阶、电梯和自动扶梯等。

1) 楼梯

楼梯是多层和高层建筑中常用的垂直交通连系空间，应根据使用要求选择合适的形式及布置适当的位置，根据使用性质、人流通行情况及防火规范综合确定楼梯宽度及数量，并根据使用对象和使用场合选择最舒适的坡度，如图 9-16 所示。

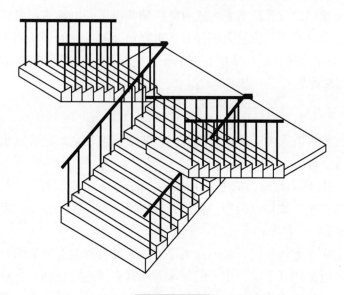

图 9-16　楼梯

(1) 楼梯位置的布置。民用建筑楼梯按使用性质的不同有主要楼梯、次要楼梯、消防楼梯等。主要楼梯通常布置在门厅中明显或较明显的部位，既可丰富门厅空间，又具有明显的导向性，同时还能及时分散人流；次要楼梯多布置在建筑物次要入口附近，分担一部分人流，同时配合主要楼梯起安全疏散的作用；消防楼梯常设于建筑物端部，采取开敞式的方式，有利于消防。

(2) 楼梯宽度和数量。楼梯的宽度和数量主要根据使用性质、使用人数和防火规范来确定。供单人通行的楼梯宽度应不小于900mm，双人通行为1100～1400mm，三人通行为1650～2100mm，一般民用建筑楼梯的最小净宽应满足两股人流疏散要求。所有楼梯梯段宽度的总和应符合《建筑设计防火规范》和《高层民用建筑设计防火规范》最小宽度要求，休息平台宽度应不小于梯段宽度。

楼梯的数量应根据使用人数及防火规范要求确定，必须满足走道内房间门至楼梯间的最大距离的限制。通常情况下，每一幢公共建筑均应设两部楼梯；此外，除个别高层住宅外，高层建筑中至少要设两部或两部以上的楼梯。

另外，楼梯的平面设计可为封闭式的楼梯和非封闭式的楼梯。封闭式的楼梯不如非封闭式开敞的楼梯那么具有装饰效果，但是从消防安全的角度来看，封闭式楼梯的安全疏散能力明显高于非封闭式楼梯。封闭的楼梯按照不同的要求还可以设计为封闭楼梯间和更为安全的防烟楼梯间。

2) 电梯

高层建筑的发展，使电梯成为不可缺少的垂直交通设施。高层建筑的垂直交通以电梯为主，其他有特殊功能要求的多层建筑，如宾馆、酒店、医院等，除设置楼梯外，也需设置电梯。

电梯按使用性质的不同可分为客梯、货梯、消防电梯、客货两用电梯、杂物电梯等类型。确定电梯间的位置及布置方式时，应使其满足：电梯应布置在人流集中的地方，如门厅、出入口处等，位置要明显，且电梯前面有足够的等候面积；符合防火规范的要求，在其附近布置辅助楼梯，有利于安全疏散。设置多部电梯时，宜集中布置，以方便使用和维修。

3. 交通枢纽空间平面设计

门厅、过厅是集散人流、转换人流方向、实现室内外空间过渡及水平与垂直交通衔接的交通枢纽空间。

(1) 门厅。门厅作为建筑物的主要出入口，采用不同的空间处理手法可体现不同的意境和形象，如庄严、雄伟、轻巧、自然、亲切等气氛。因此，在民用建筑中门厅的设计是非常重要的一个环节。

门厅的位置应明显和突出，且面向主干道；内部设计要有明确的导向性，且交通组织简洁明了，避免相互干扰；由于门厅是人流首先到达的空间，其空间组合和造型设计应充分考虑；门厅作为室内外的过渡空间，在入口处应设门廊或雨篷；门厅对外出口的宽度应满足防火规范要求，不得小于通向该门厅的走道、楼梯宽度的总和。门厅处外门的开启方向应向外开或采用弹簧门。

(2) 过厅。过厅一般位于走道的交汇点或走道与垂直交通空间的交汇处，起到人流经门厅后再分配及缓冲的作用。

建筑平面组合设计

建筑平面设计包括单个房间的平面设计和多个房间的平面组合设计。单个房间设计是在满足整体建筑合理且适用的基础上，确定房间的面积、形状、尺寸以及门窗的大小和位置。平面组合设计是根据建筑物的功能要求，在满足使用部分和交通连系功能的前提下，采取不同的组合方式将各单个房间合理地组合起来。

1. 影响平面组合的因素

影响建筑平面组合设计的因素很多，如使用功能、建筑结构、基地环境、物质技术条件、建筑美观及经济条件等。在进行组合设计时，必须在熟悉各组成部分的基础上，紧密结合具体情况，反复推敲，不断调整，使组合设计尽量完善合理。

1) 使用功能

各类建筑物由于性质不同，功能要求也不同，其合理性不仅仅体现在单个房间的功能要求满足上，更大程度地体现在各种房间组合后的使用要求满足程度上。例如，教学楼设计中，虽然教室、实验室、办公室等房间的大小、形状、尺寸及门窗设置都满足了使用要求，但在它们组合后，如果相互关系及走道、门厅、楼梯等布置不合理，就会出现相互干扰、人流交叉等使用不便的现象，从而影响使用。

在进行平面组合时，一般先从分析各主要房间之间的功能关系入手，即"功能分析"。功能分析是在熟悉各种房间使用性质的基础上，按照房间的使用特点、要求及相互之间关系的密切程度，对房间的主与次、内与外、连系与分隔、流线与顺序进行分类和分区，并画出框线图表示各组成部分的相互关系，这种图叫作功能分析图。

建筑物中各房间之间的相互关系大致可分为以下几种。

(1) 主与次的关系。建筑物中的各类房间可分为主要房间和辅助房间，这种划分充分说明了各房间的主次关系。在平面组合时应分清主次，合理安排。例如，在中小学建筑中，教室、实验室属于主要房间，厕所、办公用房则属次要房间。住宅建筑中起居室、卧室为主要房间，而厨房、卫生间、储藏室等为次要房间。通常情况下应将主要房间布置在朝向好、安静的位置，以取得较好的日照、采光及通风条件；对于人流量大的房间，应布置在疏散方便、接近出入口的部位。辅助房间可布置在条件较差的位置，储藏室可布置在较隐蔽的暗角处。

(2) 内与外的关系。对于一些公共建筑，从使用功能上分析，其使用部分房间可分为供内部使用和供外部使用两部分。例如，商业建筑其营业厅是供顾客使用的，应位于主要沿街位置上，方便人们购物；而库房及办公用房是供内部人员使用的，位置可设于隐蔽处。

(3) 房间的连系与分隔。在建筑平面组合时应使联系密切的房间相对集中，而把虽有连系但使用性质不同、避免相互干扰的房间适当分隔。例如，在学校建筑中，普通教室和音乐教室同属教学用房，但因声音干扰，可用较长的走道将它们适当隔开；教室和办公室之间虽有连系，但为避免学生对老师工作的影响，也应将这类房间用门厅隔开。因此，教学楼的平面组合设计中，对上述不同要求的房间须予以连系与分隔处理。

(4) 房间的流线与顺序。流线在民用建筑设计中是指人或物在房间之间、房间内外之间的流动路线。流线按对象可分为人流和物流两种。各类民用建筑在流线上要求组织明确，即要使流线便捷通畅，不迂回逆行，避免相互交叉。例如，展览馆建筑其各展室常常按人流参观路线的顺序连贯起来。火车站建筑有旅客进出站路线、行包线等，对流线要求较高，在平面布置时应以人流路线为主，进出站及行包线分开并尽量缩短各种流线的长度。

2) 结构类型

在平面组合设计时，应充分考虑结构对建筑组合的影响，包括结构的可行性、经济性、安全性和结构形式带来的空间效果等。

民用建筑常用的结构类型有墙承重体系、框架结构体系、空间结构体系等。

墙承重体系的结构形式以砖混结构为主。其适用于建筑层数较少、房间面积不大的建筑，如多层住宅、宿舍、办公楼、教学楼等。这种结构的特点是，构造简单、施工方便且造价较低。混合结构据其受力不同可分为横墙承重、纵墙承重、纵横墙承重等方式。由于采用墙体承重，房间的开间、进深受钢筋混凝土板经济跨度限制，室内空间较小，开窗也受到限制。砖混结构的建筑在进行平面组合设计时，应尽量使平面规则、整齐、简化构件类型。

框架结构是由钢筋混凝土柱、梁、板构成建筑骨架，墙体只起围护和分隔作用。这种结构形式具有承载能力强、整体刚度好、抗震性好及平面灵活的特性，适合层数较多、空间较大的建筑，如多（高）层住宅、大型商场、图书馆、教学楼等公共建筑。框架结构建筑在进行平面组合设计时，要注意选择合适的柱网尺寸，也可结合实际需要采用半框架或底层框架、上部砖混等承重方式。

空间结构采用网架、悬索、壳体、折板等空间结构形式，解决了大跨度建筑空间的覆盖问题，空间结构具有跨度大、自重小、平面灵活、建筑造型生动的特点，同时可创造出丰富多彩的建筑形象。

3) 场地环境

建筑平面组合设计应考虑建筑与场地环境相互协调的问题。环境不仅指建筑所处的空间环境，如建筑基地的地形、地貌、相邻建筑、道路、朝向、日照、温度等，还包括社会、民族、文化环境等特征。

建筑平面组合设计不仅仅是单体建筑的设计，还应包括环境设计的内容。好的建筑设计作品往往是与基地环境有机结合的产物，如在公共建筑设计中更应该把对建筑的人流分析、背景、色彩、绿化、文化、朝向等条件作为设计时重要考虑的外界因素。

4) 建筑美观

建筑造型、立面设计与平面组合设计互相影响、互相制约。建筑造型立面设计本身离不开功能要求、结构特点等，它一般是内部空间的直接反映，即功能决定形式。

在平面组合设计时，要为建筑体型和立面设计打下良好的基础，创造有利的条件，实现建筑形象的美观、大方。

走廊式组合.ppt

2. 建筑平面组合的方式

1) 走廊式组合

走廊式组合是最常见的一种平面组合方式，是用走廊把各类房间连接起来，房间沿走廊布置。其特点是使用房间与交通部分明确分开，房间之间相对独立，不相互穿越。其常用于宿舍、旅馆、办公楼、医院、教学楼等建筑中。根据房间与走廊布置关系的不同，分为内走廊和外走廊。外走廊又有单外侧布置和双外侧布置两种方式，这种布置可保证房间有良好的朝向、采光及通风条件，但由于走廊较长，交通面积过大，不够经济。内走廊也有单内廊和双内廊两种布置，如图 9-17 所示。

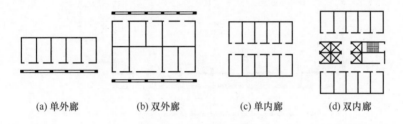

(a) 单外廊　　　(b) 双外廊　　　(c) 单内廊　　　(d) 双内廊

图 9-17　走廊式组合

2) 套间式组合

套间式组合是房间与房间之间相互穿套，按一定的序列组合空间。其特点是将房间使用面积和交通面积结合到一起，使房间之间的连系快捷方便，同时平面布局紧凑，利用率高。其适用于陈列馆、展览馆等建筑中。套间式平面组合应重视内部人流路线的组织，提高导向性，避免人流的交叉，如图 9-18 所示。

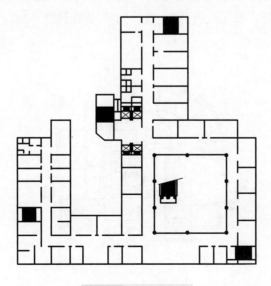

图 9-18　套间式组合

3) 大厅式组合

大厅式组合是以公共活动的大厅为核心，周围布置辅助房间的建筑。其特点是主体大厅使用人数多，空间高大，而辅助房间的尺寸与之悬殊，两者保持一定的连系。这种组合方式适用于体育馆、火车站、影剧院等建筑。大厅式组合平面需重点解决好交通路线的组织及结构选型的问题，如图 9-19 所示。

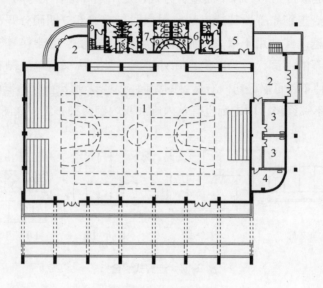

图 9-19　大厅式组合

4) 单元式组合

将功能关系比较密切的房间组合在一起，成为一个相对独立的整体，称为单元。再将几个单元按地形及环境等情况进行重复组合形成一幢建筑物，这种组合方式称为单元式组合。其特点是建筑标准化程度高，施工简便，平面布局紧凑，单元间互不干扰，并适应不同的地形。单元式组合广泛应用于大量性建筑，如住宅、学校、医院等，如图 9-20 所示。

图 9-20　单元式组合

9.3　建筑剖面设计

建筑剖面设计主要解决建筑竖向的空间处理问题。其主要内容为: 确定房间的形状、房间各部分的高度、房间的层数、剖面空间的组合及建筑空间的处理和利用等, 如图 9-21 所示。

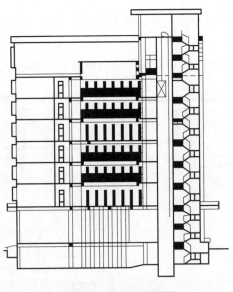

图 9-21　建筑剖面设计

9.3.1　房间的剖面形状

房间的剖面形状分为矩形和非矩形两类。大多数民用建筑采用矩形, 因为矩形剖面简单、规整、便于竖向空间的组合, 容易获得简洁而完整的体型, 并且结构简单, 施工方便; 非矩形剖面常用于有特殊要求的房间, 或是由于不同结构形式的要求形成的房间。

房间的剖面形状主要根据其使用要求和特点来确定, 同时也要结合具体的物质、技术、经济条件, 以及特定的艺术构思, 使之既满足使用要求又能获得较好的艺术效果。

(1) 使用要求。对民用建筑绝大多数仅需要满足一般功能要求, 如住宅、学校、办公楼、旅馆等, 这类建筑房间的剖面形状多采用矩形, 因为矩形剖面不仅能满足这类建筑的使用要求, 还具有上面所述的优点。而对于某些有特殊功能要求 (如视线、音质等) 的房间, 则应根据其使用功能选择适合的剖面形状, 图 9-22 为音质要求与剖面形状的关系。

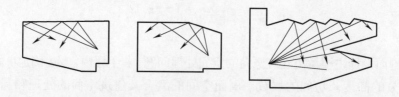

图 9-22　音质要求与剖面形状的关系

　　有视听要求的房间主要指影剧院的观众厅、教学楼的阶梯教室、体育馆的比赛大厅等。这类房间除在平面形状和大小方面应满足一定的视距、视角要求外，地面还应有一定的坡度，以保证满足良好的视觉效果，如图 9-23 所示。

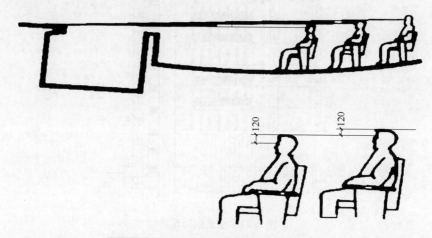

图 9-23　视线要求和剖面形状的关系 /mm

　　(2) 结构、材料和施工的影响。房间的剖面形状除应满足使用要求以外，还应考虑结构类型、材料及施工的影响，矩形的剖面形状规整、简洁，有利于梁板式结构布置，同时施工也较简单。即使有特殊要求的房间，在满足使用要求的前提下，也宜优先考虑采用矩形剖面。但有些大跨度建筑的剖面形状常受到结构形式的影响，形成特有的剖面形状。

　　(3) 采光、通风的要求。对进深不大的房间，采用侧窗采光和通风就能满足室内卫生的要求，房间的剖面也较简单。当房间进深较大时，仅靠侧窗不能满足采光通风的要求，此时可通过设置天窗满足要求，从而形成了各种不同的剖面形状，如图 9-24 所示为单层房屋中进深较大的房间，常以设置天窗的形式来提高室内采光质量。

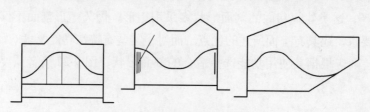

图 9-24　采光要求和剖面形状的关系

9.3.2　房间各部分高度的确定

房间各部分高度主要指房间净高、房间层高、窗台高度和室内外高差等。

1. 房间的净高和层高

房间的净高是指楼地面到结构层底面或吊顶棚下表面之间的距离。层高是指上下层楼板面层之间的垂直距离，如图 9-25 所示。在剖面设计中应根据房间的最小净高推算出房间的层高。

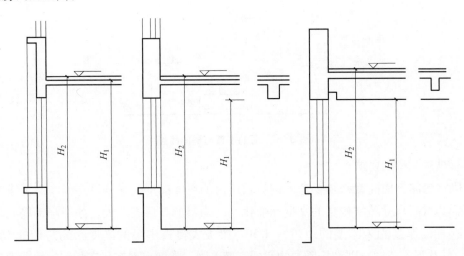

图 9-25　房间净高 (H_1) 与层高 (H_2)

影响房间净高的因素较多，主要有人体活动、室内家具设备、采光通风、结构类型、室内空间比例、物质技术条件等。

1) 人体活动及家具设备的要求

人体活动尺度影响房间的净高设计。一般情况下，为保证人们的正常活动，室内最小净高应使人举手不碰到顶棚为宜，即不低于 2.2m。

对于不同类型的房间，由于其使用人数不同、房间面积不同，净高要求也不同。例如住宅中的房间，因使用人数少、房间面积小，因而净高可低一些，常取 2.8 ～ 3.0m，但不低于 2.4m；学生宿舍楼由于内设双层床，净高较一般住宅适当提高，一般不低于 3.3m；学校教室由于使用人数多，面积较大，净高取 3.4m 左右。

2) 采光通风的要求

绝大多数民用建筑的房间有天然采光的要求，而室内光线的强弱与照度分布是否均匀，不仅与开窗的水平位置和宽度有关，还与开窗的竖向位置和高度有直接关系。当层高较大，开窗高度也大时，光线射入室内的深度就大，反之光线射入室内的深度较小。通常情况下，单侧采光的房间，地面到窗上口的距离不应小于房间进深的 1/2；双侧采光的房间，地面到窗上口的距离不应小于房间进深的 1/4。为防止房间顶部出现暗角，窗上口至顶棚底面的距离不应过大，一般不应大于 0.5m。

窗的设置以能阻止穿堂风为宜，穿堂风主要靠风压及热压的原理实现。在房间的两侧开窗或在门上设亮子都可以有效地改善房间的通风条件，这对炎热地区或容易产生气体及不良气味的房间比较适宜，如图9-26所示。

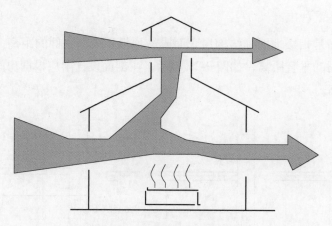

图9-26　窗的设置与房间高度

3) 结构类型的要求

确定房间剖面高度必须要考虑结构层所占的空间高度，在满足房间净高要求的前提下，其层高尺寸随结构层的高度而变化。结构层愈高层高愈大。如现浇钢筋混凝土板式楼梯的厚度约为跨度的1/35～1/50，梁板式楼板主梁的高度约为跨度的1/8～1/12。结构形式不同，则结构所占的空间高度不同，从而出现在层高相同的情况下房间的净高不同，而且房间的空间效果也不一样，图9-27所示为矩形梁搭接和花篮梁搭接的房间净高。

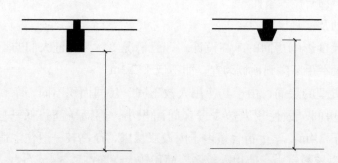

图9-27　矩形梁搭接和花篮梁搭接的房间净高

4) 室内空间比例的要求

室内空间带给人的感受随房间的长、宽、高比例的不同而变化。通常情况下，宽而低的房间会使人们感到压抑，宽而高的房间会使人们感到空旷，窄而高的房间会使人们感到拘束。因而室内空间比例应根据房间的使用功能做适当的控制，以达到人们感觉愉悦、舒适的目的。不同的建筑物，由于功能各异，对空间要求的比例不一样，因而，在设计时要采用不同的设计方法。例如在房间顶棚设计上，如运用以低衬高的对比手法，将次要房间的顶棚降低，那么主要空间就显得高大，而次要空间带给人们的是亲切宜人。

2. 窗台高度

窗台高度与室内的使用要求、人体尺度和靠窗家具的高度有关，主要考虑方便人们工作、学习，保证书桌上有充足的光线。窗台高度一般为 0.9～1.0m，窗台过高会在工作面上形成阴影区。其他有特殊要求的房间，如厕所、浴室考虑遮挡视线作用，窗台常做到 1.8m，幼儿建筑结合儿童身高尺度，窗台高度宜采用 0.7m。

3. 室内外高差

为防止室外雨水倒流进室内，并防止墙身受潮，一般民用建筑常把底层室内地坪适当提高，形成室内外高差。室内外的高差不得少于 150mm，常取 300～600mm。室内外高差不宜过大，否则影响室内外连系。有特殊要求的建筑物，室内外高差应根据建筑物的使用性质和要求来确定。例如，工业建筑往往有车辆出入，要求室内外连系方便，高差应做得小一些，往往做成坡道而不做成台阶；纪念性建筑物，采取加大室内外高差的手法体现建筑的庄严与肃穆。

9.3.3　建筑层数的确定和剖面空间的结合

1. 建筑层数的确定

影响确定房间层数的因素很多，概括起来有以下几方面。

1) 使用功能的要求

为了确保建筑功能的充分发挥，给使用者带来更大便利，我国对部分建筑的层数作了限制。例如，托儿所、幼儿园等，为使用安全和便于儿童与室外场地的连系，其层数不宜超过 3 层；对于医院门诊大楼，为方便病人就医，层数以 3 或 4 层为宜；体育馆、电影院、车站等大型公共建筑，其面积较大，集聚人数多，为便于安全迅速地疏散，设计应以单层或低层为主等。

2) 建筑防火的要求

建筑防火对建筑的层数也有一定的要求。设计时应参考《建筑设计防火规范》规定。

3) 基地环境和城市规划的要求

确定房屋层数还应从城市整体规划和街区景观的角度考虑。特别是对位于城市主干道两侧、广场周围、风景区及历史保护区等位置处，必须重视与环境的关系，使之与环境协调，且符合城市规划总的要求。

4) 建筑经济要求

建筑物的层数直接影响建筑造价。大量性民用建筑如住宅，在一定范围内适当增加层数，可降低造价。但当达到一定层数后，由于结构受力、材料及设备等的变化，建筑物单价会显著增加。另外，在建筑群体组合设计时，建筑层数与造价的关系也应是考虑的重点。

2. 建筑剖面的组合方式

建筑剖面的组合设计是在平面组合设计的基础上进行的，其组合主要考虑房间的形状和高度、建筑功能和使用性质及建筑结构等方面的要求。建筑剖面空间组合的方式主要有以下几种形式。

(1) 单层建筑。单层建筑便于建立与室外空间的连系，适于人流、货流进出较多的建筑物，如体育馆、影剧院等。对于有顶部采光或通风等特殊要求的建筑，也可用单层组合来解决，如展览大厅、单层工业厂房等，图 9-28 为单层剖面组合示意。

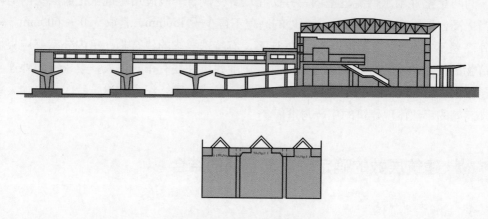

图 9-28 单层剖面组合示意

(2) 多层和高层建筑。多层剖面组合形式的建筑内部，其室内交通连系便捷紧凑，在垂直方向可用楼梯或电梯将各层连系在一起，如单元式住宅、办公楼、教学楼等。有些建筑也可采用高层组合，如高层住宅、旅馆、写字楼等，图 9-29 为多层和高层剖面组合示意。

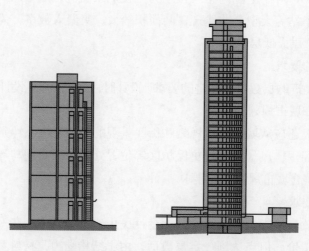

图 9-29 多层和高层剖面组合示意

(3) 错层和跃层。错层剖面是在建筑的纵向或横向剖面中，把房屋同层的楼地面高低错开布置，主要适用于坡地建筑或地形变化较大的建筑。跃层剖面主要在住宅建筑的户内采用，目的为更好地解决大面积户型的内部功能分区的问题，同时丰富主体空间。

3. 建筑空间的组合和利用

(1) 建筑空间的组合。建筑空间组合即根据建筑物内部功能要求，结合基地环境，将各种不同形状、大小、高低的空间组合起来，使之成为使用方便、结构合理、体型完美的整体。平面空间反映建筑平面功能关系，而建筑剖面空间组合则反映结构关系、空间艺术构思，同时反映一定的平面关系。对于不同空间类型的建筑应采取不同的组合方式。

① 高度相同或相近的房间组合。在进行空间组合时，对剖面高度相同或相近的房间应尽量组合，可通过调整房间的层高使它们组合在一起。有的建筑由于功能分区的要求，功能不同的房间在平面组合时就分区布置，且对房间剖面高度要求不同的建筑，可以通过在走廊设置踏步的方法解决两个功能区的高差问题。某综合办公楼，商业用房的最小净高取为 3.40m，办公室最小净高为 2.8m，为解决同层的高差问题，在办公区走廊内设置若干踏步，使交通联系得以实现。

② 高度相差较大房间的组合。当建筑为单层时，可以采用不同高度的屋顶来解决空间组合的问题。例如，体育馆建筑，由于观众厅的剖面高度与休息厅、办公室、厕所等辅助房间相比差异较大，可利用看台起坡以下的空间布置附属房间或利用座席通道设置多层休息厅的方式解决空间组合的问题。当基地条件允许时，可以把剖面高度和平面尺度较大的房间布置在主体建筑的周边，形成裙楼。这种组合方式在宾馆和综合楼中较多见。

③ 门厅的组合。在许多建筑中，门厅空间的尺度往往较大，为了使门厅的空间比例合适，需要加大门厅的层高，但当首层其他房间层高较低时，门厅的空间比例就会失调，此时需要降低门厅地坪标高，便门厅净高增加；也可将门厅的高度扩展到二层；另外，将门厅贴建在主体建筑之外也不失为一种方法。

(2) 建筑空间的利用。建筑空间的利用涉及建筑平面及剖面设计，充分利用建筑的内部有效空间，不仅可达到建筑使用面积增加、节约投资的目的，且可获得改善室内空间比例、丰富室内空间艺术的效果。建筑空间的利用通常可采用在坡屋顶设置阁楼、房间局部设置吊柜、墙的转角处设置壁龛、楼梯间顶部设置储藏间、走道吊顶内布置设备管线等设计方法，如图 9-30 所示。

图 9-30 室内空间的利用

9.4 建筑体型和立面设计

建筑体型和立面设计是整个建筑设计的重要组成部分，它研究建筑物的体量大小、体型组合、立面及细部处理等问题，在满足使用功能、物质技术条件和经济合理的前提下，运用不同的材料、结构形式、细部装饰及构图手法创作出完美的建筑形象。

9.4.1 建筑体型和立面设计的原则

1．满足建筑功能要求

建筑是为了满足人们生产和生活需要而创造出的物质空间环境。对不同使用功能的建筑，由于内部空间组合方式的不同，其外部特征大相径庭，如图9-31所示。

图9-31　使用功能对建筑形象的影响

2．符合建筑技术条件要求

建筑不同于艺术品，它必须运用大量的材料并通过一定的结构施工技术手段才能建成。其体型及立面设计在很大程度上受到物质技术条件的制约，反映着结构、材料和施工的特点。例如，在砖混结构建筑中，墙为主要承重构件，对开窗就有限制，因而其立面相对封闭、稳重；而框架结构建筑，墙体无承重功能，对开窗限制较少，因而其立面相对轻巧、明快。另外，施工方法的不同也对建筑体型和立面设计产生较大的影响。

3．适应规划和环境的要求

任何单体建筑或建筑群都是自然景观的一部分，应当在满足规划要求的前提下，使建筑成为周围环境的有机组成部分，并充分体现建筑的地域性，反映出建筑文化和历史的沉淀背景，图9-32为流水别墅，建于山泉峡谷之中。

4．符合建筑美学原则

建筑是凝固的艺术，优秀的建筑外部形体带给人们美的视觉享受，这是建筑的形象语言符号向人们传达情感而引起观看者情感共鸣的结果。因而在建筑的外观形象设计时，应当符合美学的基本规律，通过运用比例、尺度、对比、均衡、色彩等美学手法，使建筑的形象更加完美。

图 9-32　流水别墅

5．考虑建筑经济要求

建筑从总体规划、空间组合、材料选择、结构形式、施工组织各个环节都包含着经济因素。在进行设计时，应根据项目的规模、重要程度和地区特点区别对待，避免滥用高档材料造成不必要的浪费。外部形象的塑造不仅仅由投资大小决定，只要设计者发挥主观能动性，在一定的经济条件下，巧妙运用物质技术手段和构图规律，完全可以设计出适用、经济、美观的建筑物。

9.4.2　建筑体型的组合方法

建筑体型组合方法有简单几何体型组合法、单元式组合法和复杂体型组合法。

1．简单几何体型组合法

其平面一般是简单的几何形状，如正方形、圆形、椭圆形及矩形等。这种建筑体型的特点是外部造型简洁、轮廓分明，令人产生强烈的印象。

2．单元式组合法

它是将功能相同或相近的独立体量单元按一定的方式进行组合的方法。这种处理方法使得建筑体型重复，易产生韵律感，且组合方法灵活多变，对基地适应性较强。

3．复杂体型组合法

当建筑体型各组成部分的体量、形状、高低等变化较大时，体量间的组合可依据建筑功能的不同按主要部分、次要部分、交通连系部分等区别对待，然后进行组合，达到内外统一、主次分明、均衡稳定、变化丰富的造型效果。

9.4.3 建筑立面设计

建筑立面是由许多部件组成的,包括门窗、墙面、勒脚、雨篷、檐口、台阶及装饰线脚等。立面设计的任务就是要合理地确定它们的形状、尺寸大小、材料色彩、排列方式、比例关系等。

人们观赏建筑时不仅是观赏一个立面,而且要求的是一种透视效果,因而在进行建筑立面设计时,除单独确定各个立面的处理之外,还需考虑实际空间效果,使每个立面之间相互协调,形成统一的整体。

1. 立面的比例与尺度

立面的比例与尺度的处理与建筑功能、结构类型、材料性能及施工组织分不开,由于使用性质、人数、空间大小及层数等的不同,可形成全然不同的比例和尺度关系,因而在设计时必须仔细推敲,创作出与建筑特征相符合的立面效果,图 9-33 为建筑立面比例与尺度的关系。

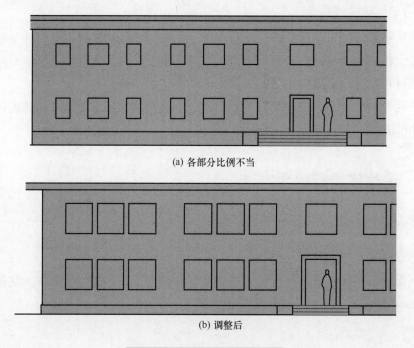

(a) 各部分比例不当

(b) 调整后

图 9-33 建筑立面比例与尺度

2. 立面的虚实与凹凸

建筑立面中,"虚"指立面上的空虚部分,主要有玻璃、门窗洞口、门廊、凹廊等,给人轻巧、通透、开敞的感觉;"实"指立面上的实体部分,主要有墙面、柱、檐口、阳台、拦板等,给人以厚重、坚实、封闭的感觉。"凹"的部分有凹廊、门窗洞等,"凸"的部分有阳台、雨篷、凸柱等。巧妙地处理建筑外观的虚实、凹凸关系,可获得不同的外观形象。

　　以虚为主、虚多实少的处理手法常用于剧院门厅、车站、大型商场等大量人流聚集的建筑，以获得轻巧、开朗的效果，图 9-34 是以虚为主的实例。

　　以实为主、实多虚少的处理手法常用于纪念性建筑及重要的公共建筑，获得庄严、稳重、雄伟的效果。建筑的体积感丰富立面效果。在住宅建筑中常常利用阳台形成虚实、凹凸变化。

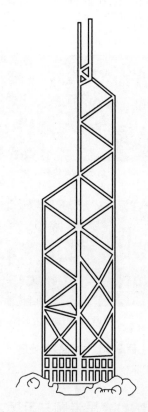

图 9-34　以虚为主的实例——香港中银大厦

3. 材料质感和色彩搭配

　　材料的质感会对建筑立面产生相当的影响。通常情况下，光滑的表面令人感到富贵、轻巧，粗糙的表面令人感到朴实、厚重。

　　在建筑立面设计中，色彩的选择和搭配也是非常重要的一个环节。它可以反映建筑的地域性和文化特征。浅色调明快、清新，深色调稳重、端庄，冷色调宁静、凉爽，暖色调热烈、温暖。

4. 立面线条处理

　　线条本身具有特殊的表现力。水平线令人感到连续和舒展，垂直线产生挺拔、向上的高耸感，斜线往往产生动感，网格线给人以生动有序的感觉。在建筑立面设计时，可通过窗台、墙垛、遮阳板、檐口、分格线等存在的线条在位置、粗细、长短、方向、凹凸、疏密等方面的变化，创作出优美的建筑造型，如图9-35所示。

5．立面重点及细部处理

建筑重点部位和细部刻画的处理对立面效果影响较大。此处重点部位是指檐口、门窗洞口、阳台、勒脚、雨篷、台阶、楼梯等，它们往往位于建筑立面的醒目位置，且在人们活动区域的附近，这些部位的形象刻画，会对建筑整体外观效果产生重要影响，同时也体现着建筑的文化及符号特征。

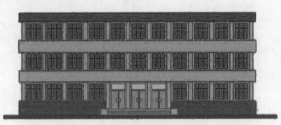

(a) 以横向线条为主

(b) 以竖向线条为主

图 9-35　立面线条处理

习题库

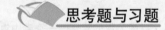 **思考题与习题**

一、单选题

1．一间容纳50人的教室，第一排桌前沿距黑板距离不应小于（　　）。

　　A．2m　　　　　　B．3m　　　　　　　C．2.5m　　　　　　D．1.5m

2．当房建面积≥60m²，人数≥50人时，需设计（　　）门。

　　A．1个　　　　　　B．2个　　　　　　　C．3个　　　　　　　D．4个

3．根据建筑功能要求，（　　）的立面适合采用以虚为主的处理手法。

　　A．电影院　　　　B．体育馆　　　　　C．博物馆　　　　　　D．纪念馆

4．套间式组合一般适用于（　　）建筑类型。

　　A．住宅、学校　　　　　　　　　　　B．火车站、体育馆
　　C．展览馆、陈列馆　　　　　　　　　D．幼儿园、住宅

5. 民用建筑的主要楼梯一般布置在 (　　)。

    A. 建筑物次要入口附近 　　　　　B. 门厅中位置明显的部位

    C. 一定要在房屋的中间部位 　　　D. 一定要在房屋的端部

6. 建筑立面的重点处理常采用 (　　) 手法。

    A. 对比 　　　　B. 均衡 　　　　C. 统一 　　　　D. 韵律

7. 教室净高常取 (　　) 米。

    A. 2.2 ~ 2.4 　　B. 2.8 ~ 3.0 　　C. 3.0 ~ 3.6 　　D. 4.2 ~ 6.0

二、多选题

1. 建筑物之间的距离主要依据 (　　) 的要求确定。

    A. 防火安全 　　　　　　　　　　B. 地区降雨量

    C. 地区日照条件 　　　　　　　　D. 水文地质条件

2. 建筑立面的虚实对比,通常是由 (　　) 来体现的。

    A. 建筑色彩的深浅变化 　　　　　B. 门窗的排列组合

    C. 装饰材料的粗糙与细腻 　　　　D. 形体凹凸的光影变化

3. 建筑平面组合的方式有 (　　)。

    A. 走廊式组合 　　　　　　　　　B. 套间式组合

    C. 大厅式组合 　　　　　　　　　D. 单元式组合

三、简答题

1. 建筑设计包括哪些内容?

2. 建筑平面由哪几部分组成,各部分包括哪些内容?

3. 什么是窗地面积比?

4. 如何确定楼梯的宽度、数量和选择楼梯形式?

5. 平面组合有哪几种形式,各有什么特点?

6. 什么是层高和净高? 确定房间层高和净高应考虑哪些因素?

7. 建筑空间的组合有哪几种方式?

8. 建筑体型组合的方法有哪些?

9. 建筑立面设计有哪些处理方法?

习题答案

第 10 章　工业建筑构造

10

【学习目标】

- 了解工业建筑的分类。
- 了解常用的起重运输设备及其适用范围。
- 熟悉单层工业厂房结构类型。
- 了解定位轴线的确定方法。
- 熟悉单层工业厂房的外墙、屋面、天窗、侧窗、大门和地面等构件的构造。

【核心概念】

单层工业厂房、天窗、山墙、屋面排水。

【引子】

　　用于进行工业生产的建筑叫作工业建筑，如工厂中各个车间所在的房屋就是典型的工业建筑。工业建筑具有建筑的共性，在设计、施工、工业生产方面是按照生产工艺进行的。不同工业生产在产品、规模、条件等方面存在着差异，它们所依据的生产工艺也是不同的。为了保证生产的顺利进行，生产工艺对工业建筑有许多特殊要求，从而使工业建筑具有许多独特之处。

10.1 工业厂房建筑概述

工业建筑指各类工厂为工业生产的需要建造的各种不同用途的建筑物和构筑物的总称。从事工业生产的房屋主要包括生产厂房、辅助生产用房以及为生产提供动力的房屋，这些房屋往往称为"厂房"或"车间"。它承载着国民经济各部门需要的基础装备，为社会生产提供原料、燃料、动力及其他工业品，成为农业、科学技术、国防及其本身的物质技术基础，是工业建筑必不可少的物质基础。

10.1.1 工业建筑的特点

工业建筑与民用建筑一样，要体现适用、安全、经济、美观的方针；在设计、建筑用材、施工技术等方面，两者有着许多共同之处。但由于生产工艺复杂多样，在设计配合、使用要求、建筑构造等方面，工业建筑又具有如下特点。

(1) 设计满足生产工艺的要求。与民用建筑不同，工业建筑主要是为了工业生产的需要，因此在厂房的设计时，满足生产工艺的要求是第一位的，只有这样才能为工人创造良好的工作环境。

(2) 厂房内部有较大的面积和空间。由于厂房内部生产设备多，体量大，各部生产联系密切，并有多种起重设备和运输设备通行，因此厂房内部需要有较大的畅通空间，来保证设备和运输机械的使用。

(3) 当厂房的内部空间较大时，特别是多跨厂房，为满足室内采光、通风的需要，屋顶往往设有天窗，并且在屋面排水、防水的要求下，一般厂房的顶部结构较为复杂；且由于部分厂房需要架设吊车梁等，因此与民用建筑相比，工业建筑结构、构造更复杂，技术要求也高。

知识拓展

工业建筑与民用建筑相比，其基建投资多，占地面积大，而且受生产工艺条件限制。所以工业建筑在设计方面既要满足生产工艺的要求，又要为工人创造良好的工作环境。

10.1.2 工业建筑的分类

工业生产的类别繁多，生产工艺不同，分类也随之而异，在建筑设计中常按照厂房的用途、内部生产状况及层数进行分类。

1. 按厂房的用途分类

(1) 主要生产厂房：指进行生产加工的主要工序的厂房。这类厂房的建筑面积大，职工人数较多。它在工厂中占主要地位，是工厂的主要厂房，如机械制造厂中的机械加工车间及装配车间等。

(2) 辅助生产厂房：指为主要生产厂房服务的厂房。它为主要厂房的生产提供服务，为厂房提供的工业产品提供了必要的基础和准备，如机械制造厂中的机修车间、工具车间等。

(3) 动力用厂房：指为全厂提供能源的厂房。动力设备的正常运行对全厂生产是特别重要的，因此此类厂房必须有足够的坚固耐久性、妥善的安全措施等，如锅炉房、变电站、煤气发生站等。

(4) 储藏用房屋：指用于储存各种原材料、成品、半成品的仓库。对于不同的存储物质，在防火、防潮、防腐蚀等方面也有不同的要求。因此，此类厂房在设计、建造时应根据不同的要求按照不同的规范、标准采取妥善措施，如金属材料库、油料库、成品库等。

(5) 运输用房屋：指管理、停放、检修交通运输工具的房屋，如汽车库、机车库等。

(6) 后勤管理用房：指工厂中办公、科研及生活设施等用房。此类建筑类似于一般的同类型民用建筑，如办公室、实验室、宿舍、食堂等。

(7) 其他用房：如污水处理站等。

2. 按车间内部生产状况分类

(1) 热加工车间：指生产中会产生大量热量及烟尘等有害气体的车间，如炼钢、铸造、锻压车间。

(2) 冷加工车间：指在正常温度、湿度条件下进行生产的车间，如机械加工车间、装配车间等。

(3) 有侵蚀性介质作用的车间：指在生产过程中会受到化学侵蚀性介质作用，对厂房的耐久性有影响的车间，如冶金厂的酸洗车间、化肥厂的调和车间等。

(4) 恒温、恒湿车间：指在生产过程中相对温度、湿度变化较小或稳定的车间。此类车间除安装空调外还需一些特殊的保湿隔热措施，如精密机械车间、纺织车间等。

(5) 洁净车间：指在产品的生产中对室内空气的洁净程度要求很高，防止大气中的灰尘和细菌污染的车间，如食品加工车间、集成电路车间、制药车间等。

(6) 其他特殊状况的车间：有爆炸可能、有大量腐蚀物、放射性散发物等特殊状况的车间，如核生产车间、化学试剂生产车间。

3. 按厂房层数分类

(1) 单层工业厂房：此类厂房主要用于一些生产设备或振动比较大、原材料或产品比较重的机械、冶金等重工业厂房。它便于沿地面水平方向组织生产工艺流程，生产设备和重型加工件荷载直接传给地基。其优点是内外设备布置及联系方便，缺点是占地面积大、

按厂房层数分类.ppt

土地利用率低、围护结构面积多、各种工程技术管道较长、维护管理费用高。单层工业厂房按跨数的多少有单跨（见图10-1）、高低跨（见图10-2）和多跨（见图10-3）三种形式。其中，多跨厂房实践中使用较多。

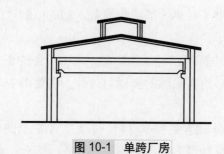

图 10-1 单跨厂房

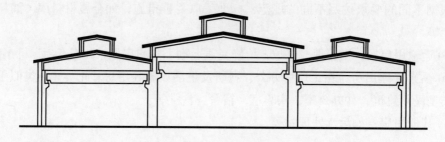

图 10-2 高低跨厂房

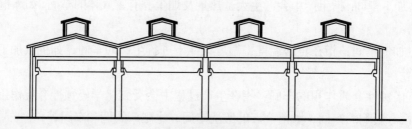

图 10-3 多跨厂房

(2) 多层厂房：此类厂房主要用于垂直方向组织生产及工艺流程的生产企业，以及设备和产品较轻的车间。多层厂房占地面积小、建筑面积大、造型美观，适用于用地紧张的城市，也易适应城市规划和建设布局的要求，多层厂房如图10-4所示。

(3) 混合层次的厂房：又称组合式厂房，即既有单跨又有多跨的厂房。

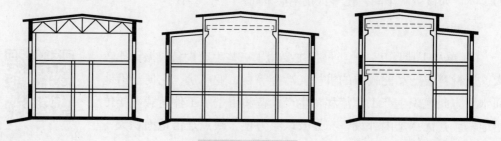

图 10-4 多层厂房

单层工业厂房，其主要的结构构件有：基础、基础梁、柱、吊车梁、屋面板、屋面梁（屋架）等，如图 10-5 所示。目前国家已将工业厂房的所有构件及配件编成标准图集，简称"国标"。设计时可根据厂房的具体情况（跨度、高度及吊车起重量等），并考虑当地材料供应、施工条件及技术经济条件等因素合理使用。

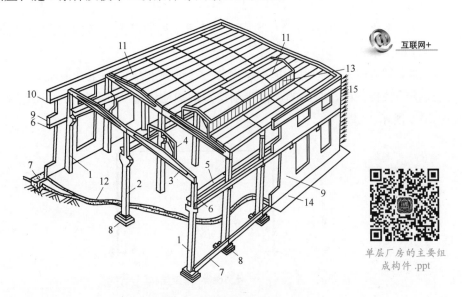

@ 互联网+

单层厂房的主要组成构件.ppt

图 10-5　单层工业厂房构件组成

1—边柱；2—中柱；3—屋面大梁；4—天窗架；5—吊车梁；6—联系梁；7—基础梁；8—基础
9—外墙；10—压顶板；11—屋面板；12—地面；13—天窗扇；14—散水；15—山墙

1. 单层厂房的主要组成构件

1) 屋盖结构

屋盖结构分有檩体系和无檩体系两种，前者由小型屋面板、檩条和屋架等组成，后者由大型屋面板、屋面梁或屋架等组成。一般屋盖的组成有屋面板、屋架（屋面梁）、屋架支撑、天窗架、檐沟板等。

单层工业厂房.ppt

2) 柱

柱是厂房的主要承重构件，它承受屋盖、吊车梁、墙体上的荷载，以及山墙传来的风荷载，并把这些荷载传给基础。

3) 基础

基础承担作用在柱上的全部荷载，以及基础梁传来的荷载，并将这些荷载传给地基。

4) 吊车梁

吊车梁安装在柱伸出的牛腿上，它承受吊车自重和吊车荷载，并把这些荷载传递给柱。

5) 围护结构

围护结构由外墙、抗风柱、墙梁、基础梁等构件组成，这些构件所承受的荷载主要是墙体和构件的自重，以及作用在墙上的风荷载。

6) 支撑系统

支撑系统包括柱间支撑和屋盖支撑两部分。

2. 单层工业厂房的结构类型

单层工业厂房的结构类型，按照主要承重结构的形式，一般来说可以分为以下两种。

1) 排架结构

排架结构的基本特点是把屋架看作一个刚度很大的横梁，屋架（或屋面梁）与柱的连接为铰接，柱与基础的连接为刚接。排架结构施工安装较方便，适用范围广，如图10-6所示。

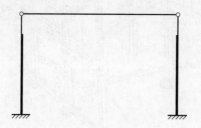

图 10-6　排架结构

2) 刚架结构

刚架结构是将屋架（或屋面梁）与柱合并为一个构件，柱与屋架（或屋面梁）的连接处为刚性节点，柱与基础一般做成铰接。刚架结构梁、柱合一，构件种类减少，制作简单，结构轻巧，建筑空间宽敞，如图10-7所示。

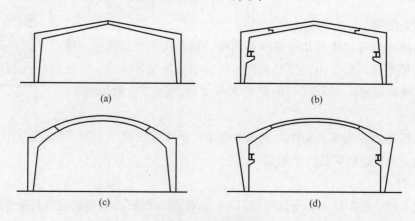

(a)　　　　　　　　　(b)

(c)　　　　　　　　　(d)

图 10-7　刚架结构

单层工业厂房大多采用装配式钢筋混凝土排架结构（重型厂房采用钢结构）。厂房的承重结构由横向骨架和纵向连系构件组成。横向骨架包括屋面大梁（或屋架）、柱及柱基础，它承受屋顶、天窗、外墙及吊车等荷载。纵向连系构件包括屋盖结构、连系梁、吊车梁等。它们能保证横向骨架的稳定性，并将作用在山墙上的风力或吊车纵向制动力传给柱。此外，为保证厂房的整体性和稳定性，还需要设置一些支撑系统。

10.1.4　柱网及定位轴线

1. 柱网选择

在厂房中，承重结构柱在平面上排列时所形成的网格称为柱网。柱网尺寸是由跨度和柱距两部分组成的。

1) 柱网尺寸的确定

(1) 跨度尺寸的确定。

首先是生产工艺中生产设备的大小及布置方式。设备面积大，所占面积也大，设备布置成横向或纵向，布置成单排或多排，都直接影响跨度的尺寸。其次是生产流程中运输通道、生产操作及检修所需的空间。

(2) 柱距尺寸的确定。

我国单层工业厂房主要采用装配式钢筋混凝土结构体系，其基本柱距是 6m，相应的结构构件如基础梁、吊车梁、连系梁、屋面板、横向墙板等，均已配套成型。柱距尺寸还受到材料的影响，当采用砖混结构的砖柱时，其柱距宜小于 4m，可为 3.9m、3.6m、3.3m。

根据 (1)、(2) 项所得的尺寸，调整为符合《厂房建筑模数协调标准》的要求。当屋架跨度 ≤ 18m 时，采用扩大模数 30M 的数列，即跨度尺寸是 18m、15m、12m、9m 及 6m；当屋架跨度 >18m 时，采用扩大模数 60M 的数列，即跨度尺寸是 18m、24m、30m、36m、42m 等。当工艺布置有明显优越性时，跨度尺寸也可采用 21m、27m、33m。厂房横、纵跨图如图 10-8 所示。

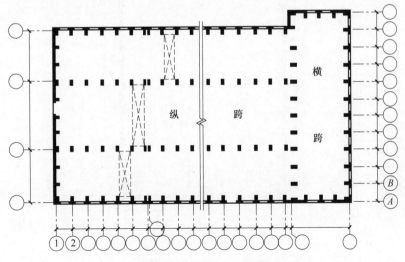

图 10-8　厂房横、纵跨图

2) 扩大柱网尺寸

常用的扩大柱网（跨度×柱距）为 12m×12m、15m×12m、18m×12m、24m×12m、18m×18m、24m×24m 等。

2. 定位轴线

对于单层工业厂房，与民用建筑相一致，定位轴线可以分为横向定位轴线和纵向定位轴线两种。单层工业厂房定位轴线是确定厂房主要承重构件位置及其标志尺寸的基准线，同时也是厂房施工放线和设备定位的依据。其设计应执行《厂房建筑模数协调标准》(GB J6—86) 的有关规定。定位轴线的划分是在柱网布置的基础上进行的。厂房定位轴线图如图 10-9 所示。

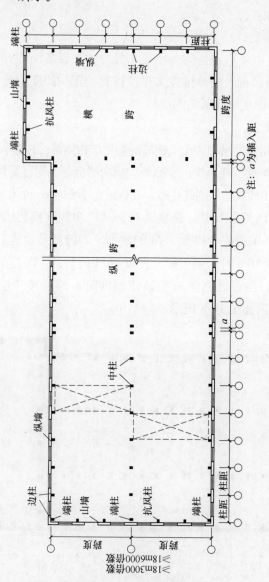

定位轴线 .ppt

图 10-9　厂房定位轴线图

1) 横向定位轴线

横向定位轴线是垂直于厂房长度方向（即平行于屋架）的定位轴线。厂房横向定位轴线之间的距离是柱距。它标注了厂房纵向构件如屋面板、吊车梁长度的标志尺寸及其与屋架（或屋面梁）之间的相互关系。

(1) 中间柱与横向定位轴线的连系。

除横向变形缝处及山墙端部柱外，中间柱的中心线应与柱的横向定位轴线相重合。在一般情况下，横向定位轴线之间的距离也就是屋面板、吊车梁长度方向的标志尺寸，如图 10-10 所示。

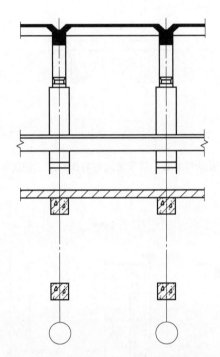

横向定位轴线.ppt

图 10-10　中间柱与横向定位轴线的连系

(2) 变形缝处柱与横向定位轴线的连系。

在单层工业厂房中，横向伸缩缝、防震缝处采用双柱双轴线的定位方法，柱的中心线从定位轴线向缝的两侧各移 600mm，双轴线间设插入距 a_i 等于伸缩缝或防震缝的宽度 a_e，这种方法可使该处两条横向定位轴线之间的距离与其他轴线间柱距保持一致，不增加构件类型，有利于建筑工业化，如图 10-11 所示。

(3) 山墙与横向定位轴线的连系。

① 山墙为非承重墙时，墙内缘与横向定位轴线重合，端部柱的中心线从横向定位轴线内移 600mm，如图 10-12 所示。

② 山墙为承重墙时，墙内缘与横向定位轴线的距离 λ 为砌体材料的半块或半块的倍数或墙厚的一半，如图 10-13 所示。

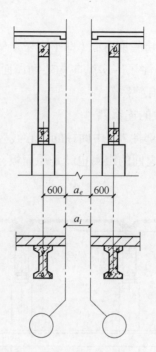

图 10-11 横向伸缩缝、防震缝处柱与横向定位轴线的连系 /mm

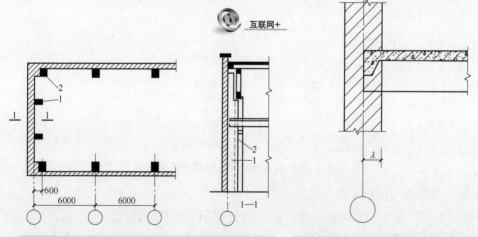

图 10-12 非承重山墙与横向定位轴线的连系 /mm　　**图 10-13 承重山墙与横向定位轴线的连系**

2) 纵向定位轴线

纵向定位轴线是平行于厂房长度方向（即垂直于屋架）的定位轴线。厂房纵向定位轴线之间的距离是跨度。它主要用来标注厂房横向构件如屋架（或屋面梁）长度的标志尺寸和确定屋架（或屋面梁）、排架柱等构件间的相互关系。纵向定位轴线的布置应使厂房结构和吊车的规格协调，保证吊车与柱之间留有足够的安全距离。在支承式梁式吊车或桥式吊车的厂房设计中，由于屋架（或屋面梁）和吊车的设计生产制作都是标准化的，建筑设计应满足安全要求。

(1) 外墙、边柱与纵向定位轴线的连系。

① 封闭结合。

当纵向定位轴线与柱外缘和墙内缘相重合，屋架和屋面板紧靠外墙内缘时，称为封闭结合。

② 非封闭结合。

当纵向定位轴线与柱外缘有一定距离，此时屋面板与墙内缘之间有一段空隙时称为非封闭结合。

(2) 中柱与纵向定位轴线的连系。

① 平行等高跨中柱。

当厂房为平行等高跨时，通常设置单柱和一条定位轴线，柱的中心线一般与纵向定位轴线相重合。当等高跨中柱需采用非封闭结合时，仍可采用单柱，但需设两条定位轴线，在两轴线间设插入距 a_i，并使插入距中心与柱中心相重合，等高跨的中柱与定向轴线的连系如图 10-14 所示，高低跨处中柱与纵向定位轴线的连系如图 10-15 所示。

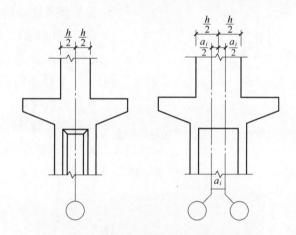

图 10-14　等高跨的中柱与定向轴线的连系

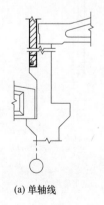 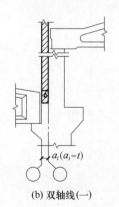 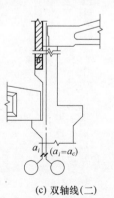 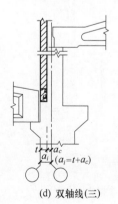

(a) 单轴线　　　　　(b) 双轴线(一)　　　　　(c) 双轴线(二)　　　　　(d) 双轴线(三)

图 10-15　高低跨处中柱与纵向定位轴线的连系

a_c—连系尺寸；a_e—变形缝宽度；t—封墙厚度

② 平行不等高跨中柱。

单轴线封闭结合：高跨上柱外缘与纵向定位轴线重合，纵向定位轴线按封闭结合设计，不需设连系尺寸。

双轴线封闭结合：高低跨都采用封闭结合，但低跨屋面板上表面与高跨柱顶之间的高度不能满足设置封闭墙的要求，此时需增设插入距 a_i，其大小为封闭墙厚度 t。

双轴线非封闭结合：当高跨为非封闭结合，且高跨上柱外缘与低跨屋架端部之间不设封闭墙时，两轴线增设插入距 a_i 等于轴线与上柱外缘之间的连系尺寸 a_c；当高跨为非封闭结合，且高跨柱外缘与低跨屋架端部之间设封闭墙时，则两轴线之间的插入距 a_i 等于墙厚 t 与连系尺寸 a_c 之和。

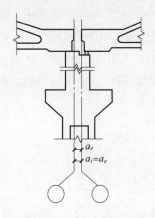

图 10-16　等高厂房纵向伸缩缝处单柱与双轴线的处理

③ 纵向伸缩缝处中柱。

当等高厂房须设纵向伸缩缝时，可采用单柱双轴线处理，缝一侧的屋架支承在柱头上，另一侧的屋架搁置在活动支座上，采用一根纵向定位轴线，定位轴线与上柱中心重合，如图 10-16 所示。

不等高跨的纵向伸缩缝一般设在高低跨处，若采用单柱，应设两条定位轴线，两轴线间设插入距 a_i。当高低跨都为封闭结合时，插入距 a_i 等于伸缩缝宽 a_e；当高跨为非封闭结合时，插入距 $a_i=a_e+a_c$，a_c 为连系尺寸，如图 10-17 所示。

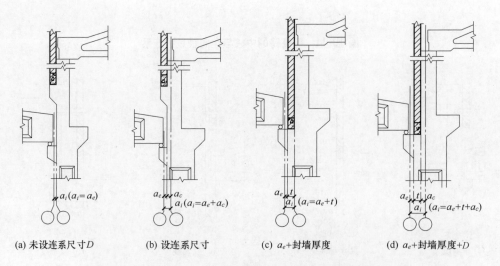

(a) 未设连系尺寸D　　(b) 设连系尺寸　　(c) a_e+封墙厚度　　(d) a_e+封墙厚度+D

图 10-17　不等高厂房纵向伸缩缝处单柱与纵向定位轴线的连系

a_c—连系尺寸；a_e—变形缝宽度；t—封墙厚度

当不等高跨高差悬殊或者吊车起重量差异较大时，或须设防震缝时，常在不等高跨处采用双柱双轴处理，两轴线间设插入距 a_i。当高低跨都为封闭结合时，$a_i=a_c+a_e$；当高跨为非封闭结合时，$a_i=t+a_e+a_c$，t 为封墙厚度，如图 10-18 所示。

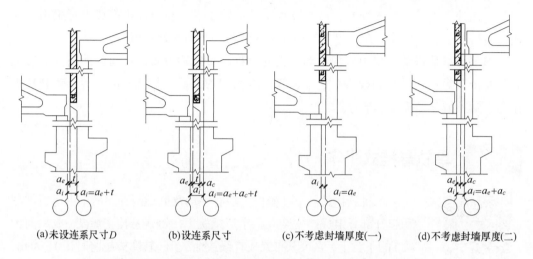

(a)未设连系尺寸D　　(b)设连系尺寸　　(c)不考虑封墙厚度(一)　　(d)不考虑封墙厚度(二)

图 10-18　不等高厂房纵向变形缝处双柱与纵向定位轴线的连系

a_c—连系尺寸；a_e—变形缝宽度；t—封墙厚度；a_i—插入距

(3) 纵、横跨相交处柱与定位轴线的连系。

在厂房的纵、横跨相交时，常在相交处设有变形缝，使纵、横跨在结构上各自独立。纵、横跨应有各自的柱列和定位轴线，两轴线间设插入距 a_i。当横跨为封闭结合时，$a_i=t+a_e$；当横跨为非封闭结合时，$a_i=t+a_e+a_c$，如图 10-19 所示。

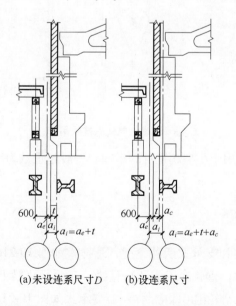

(a)未设连系尺寸D　　(b)设连系尺寸

图 10-19　纵、横跨相交处柱与定位轴线的连系

a_c—连系尺寸；a_e—变形缝宽度；t—封墙厚度；a_i—插入距

10.2　厂房内部的起重运输设备

工业厂房在生产过程中，为装卸、搬运各种原材料和产品以及进行生产、设备检修等，在地面上可采用电瓶车、汽车及火车等运输工具，在自动生产线上可采用悬挂式运输吊车或输送带等，在厂房上部空间可安装各种类型的起重吊车。

起重吊车是目前厂房中应用最为广泛的一种起重运输设备。厂房剖面高度的确定和结构计算等，与吊车的规格、起重量等有着密切的关系。常见的吊车有单轨悬挂式吊车、梁式吊车和桥式吊车等。

10.2.1　单轨悬挂式吊车

单轨悬挂式吊车.ppt

单轨悬挂式吊车按操作方法有手动及电动两种。吊车由运行部分和起升部分组成，安装在工字形钢轨上，钢轨悬挂在屋架（或屋面大梁）的下弦上，它可以布置成直线或曲线形（转弯或越跨时用）。为此，厂房屋顶应有较大的刚度，以适应吊车荷载的作用，如图10-20所示。

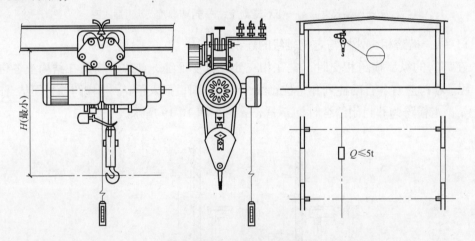

图10-20　单轨悬挂式吊车

单轨悬挂式吊车适用于小型起重量的车间，一般起重量为1～2t。

10.2.2　梁式吊车

梁式吊车有悬挂式和支承式两种类型。悬挂式如图10-21(a)所示，是在屋架或屋面梁下弦悬挂梁式钢轨，钢轨布置成两行直线，在两行轨梁上设有滑行的单梁，在单梁上设有可横向移动的滑轮组（即电葫芦）；支承式如图10-21(b)所示，是在排架柱上设牛腿，牛腿设吊车梁，吊车梁上安装钢轨，钢轨上设有可滑行的单梁。在滑行的单梁上设可滑行的滑轮组,在单梁与滑轮组行走范围内均可起重。梁式吊车起重量一般不超过 5t。

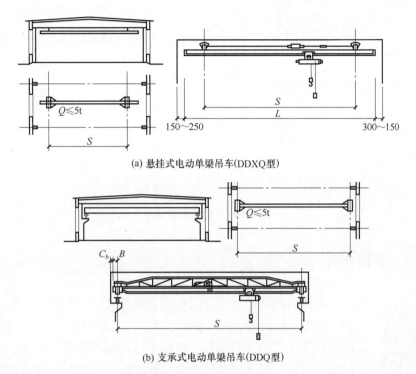

(a) 悬挂式电动单梁吊车(DDXQ型)

(b) 支承式电动单梁吊车(DDQ型)

图 10-21　梁式吊车 /mm

10.2.3　桥式吊车

桥式吊车由起重行车及桥架组成,桥架上铺有起重行车运行的轨道(沿厂房横向运行),桥架两端借助车轮可在吊车轨道上运行(沿厂房纵向),吊车轨道铺设在柱子支承的吊车梁上。桥式吊车的驾驶室一般设在吊车端部,有的也可设在中部或做成可移动的,电动桥式吊车如图 10-22 所示。

桥式吊车 .ppt

根据工作班时间内的工作时间,桥式吊车的工作制分重级工作制(工作时间 >40%)、中级工作制(工作时间为 25% ~ 40%)、轻级工作制(工作时间为 15% ~ 25%)三种情况。

当同一跨度内需要的吊车数量较多,且吊车起重量悬殊时,可沿高度方向设置双层吊车,以减少吊车运行中的相互干扰。

设有桥式吊车时,应注意厂房跨度和吊车跨度的关系,使厂房的宽度和高度满足吊车运行的需要,并应在柱间适当位置设置通向吊车驾驶室的钢梯及平台。当吊车为重级工作制或其他需要时,尚应沿吊车梁侧设置安全走道板,以保证检修和人员行走的安全。

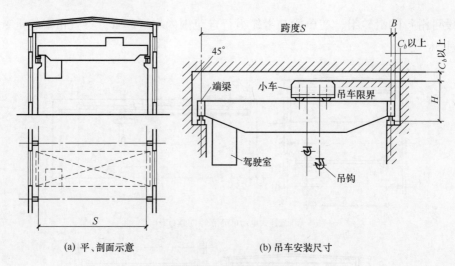

(a) 平、剖面示意　　　　(b) 吊车安装尺寸

图 10-22　电动桥式吊车

10.2.4　悬臂吊车

悬臂吊车 .ppt

常用的悬臂吊车，有固定式旋转悬臂吊车和壁行式悬臂吊车两种。前者一般是固定在厂房的柱子上，可旋转 180°，其服务范围为以臂长为半径的半圆面积，适用于固定地点及某一固定生产设备的起重、运输。后者可沿厂房纵向往返行走，服务范围限定在一条狭长范围内。

悬臂吊车布置方便，使用灵活，一般起重量可达 8～10t，悬臂长可达 8～10m，在实际工程中有一定的应用。

除上述几种吊车形式外，厂房内部根据生产特点的不同，还有各式各样的运输设备，如火车、汽车、电瓶车，冶金工厂轧钢车间采用的辊道，铸工车间所用的传送带，此外还有气垫等较新的运输工具。

10.3　单层工业厂房构造

10.3.1　外墙的构造

厂房外墙主要是根据生产工艺、结构条件和气候条件等要求来设计。单层工业厂房的外墙高度和长度都比较大，要承受较大的风荷载，同时还要受到机器设备与运输工具振动的影响，因此，墙身的刚度和稳定性应有可靠的保证。单层工业厂房的外墙按其材料类别可分为砖砌块墙、板材墙、轻型板材墙等，按承重情况则可分为承重墙、承自重墙、填充墙和幕墙等。外墙的组成形式如图 10-23 所示。

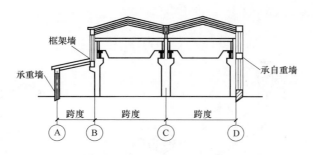

图 10-23 外墙的组成形式

当厂房的跨度和高度不大，没有或只有较小的起重运输设备时，一般可采用承重墙直接承受屋盖与起重运输设备等荷载。

当厂房跨度和高度较大，起重运输设备吨位较大时，通常由钢筋混凝土排架柱来承受屋盖与起重运输等荷载，而外墙只承受自重，仅起围护作用，这种墙称为承自重墙。

某些高大厂房的上部墙体及厂房高低跨交接处的墙体，往往采用架空支承在排架柱上的墙梁来承担，这种墙称为框架墙。

下面根据外墙的材料类别，对外墙的构造进行了解和学习。

1. 砖墙及砌块墙

单层工业厂房通常为装配式钢筋混凝土结构，因此，外墙一般采用填充墙，而作为填充墙的常用墙体材料有普通砖和各种预制砌块。当然，对于这种砖砌外墙，存在承重和非承重的划分，如图 10-23 所示。

承重墙体一般采用带壁柱的承重墙，墙下设条形基础，并在适当位置设圈梁。承重砖墙只适用于跨度小于 15m、吊车吨位不超过 5t、柱高不大于 9m 以及柱距不大于 6m 的厂房。

当吊车吨位大，厂房较高大时，若再采用带壁柱的承重砖墙，则墙体结构面积会增大，使用面积相应减少，工程量也将增加。砖墙对重吊车等引起的振动抵抗能力也差。因此，一般采用强度较高的材料(钢筋混凝土或钢)做骨架来承重，使外墙的承重和围护功能分开，外墙只起围护作用和承受自重及风荷载。

2. 墙体的细部构造

单层工业厂房非承重的围护墙通常不做墙身基础，下部墙身通过基础梁将荷载传至柱下基础；上部墙身支撑在连系梁上，连系梁将荷载通过柱传至基础。墙体的细部构造包括基础梁与基础的连接构造，基础梁防冻胀与保温构造，连系梁与柱的连接构造，墙体与柱的连接构造，墙体与屋架的连接构造，墙体与屋面板的连接构造，如图 10-24 所示。

(1) 基础梁与基础的连接构造：由于基础梁支撑在柱基础上，柱下基础的埋深直接影响到基础梁与柱下基础的连接方式。基础梁的顶面标高应低于室内 50mm，以便在该处设置墙身防潮层，或用门洞口处的地面做面层保护基础梁。基础梁与基础的连接方式如图 10-25 所示。

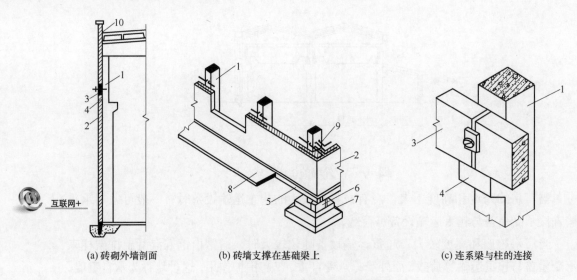

互联网+

(a) 砖砌外墙剖面   (b) 砖墙支撑在基础梁上   (c) 连系梁与柱的连接

图 10-24　较高的砖墙结构

1—柱；2—砖外墙；3—连系梁；4—牛腿；5—基础梁；6—垫块；
7—柱杯形基础；8—散水；9—墙柱连接筋

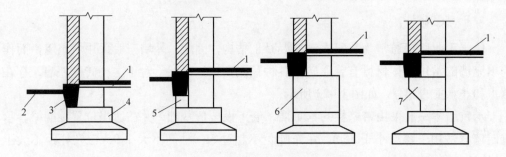

图 10-25　基础梁与基础的连接

1—室内地面；2—散水；3—基础梁；4—柱杯形基础；5—垫块；6—高杯形基础；7—牛腿

（2）基础梁防冻胀与保温构造：冬季，北方地区非采暖厂房回填土为冻胀土时，基础梁下部宜用炉渣等松散材料填充以防土壤冻胀时对基础梁及墙身产生不利的反拱影响，冻胀严重时还可在基础梁下预设空隙。这种措施对湿陷性土壤、冻胀性土壤也同样适用，可避免不均匀沉陷或不均匀膨胀引起的不利影响。

冬季，室温对基础梁附近土壤温度影响较大，有时足以使其冻结。地面温度越靠近外墙越低，因此，采暖厂房基础梁底部可用松散材料填充，如图 10-26 所示。

（3）连系梁与柱的连接构造：连系梁可以提高厂房结构及墙身的刚度和稳定性。用来承担墙身重的连系梁是承重连系梁或非承重连系梁。在确定连系梁标高时，应考虑其与窗过梁的统一，以连系梁代替窗过梁。连系梁多为预制连系梁，现浇连系梁由于施工速度慢、现场湿作业多，使用较少。连系梁的横断面一般为矩形，当墙厚为370mm 时，可做成 L 形。

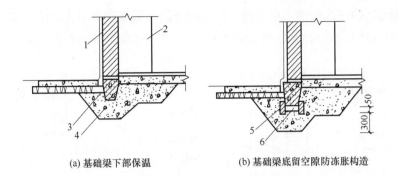

(a) 基础梁下部保温　　　　(b) 基础梁底留空隙防冻胀构造

图 10-26　基础梁下部防冻胀保温措施 /mm

1—外墙；2—柱；3—基础梁；4—炉渣保温材料；5—立砌普通砖；6—空隙

现浇非承重连系梁是将柱中的预留钢筋与连系梁整体浇筑在一起，预制非承重连系梁与柱可用螺栓连接。承重连系梁与柱的连接方式是将连系梁搁置在支托连系梁的牛腿上，用螺栓或焊接的方法连接牢固，如图 10-27 所示。

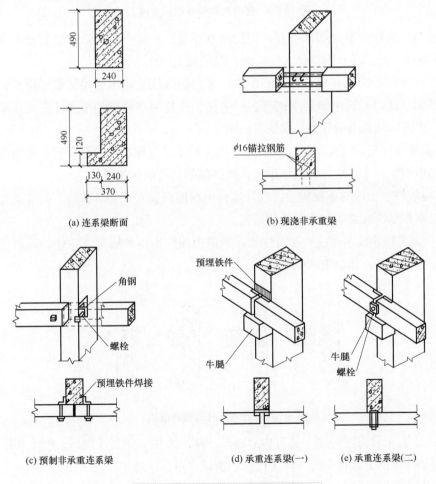

(a) 连系梁断面　　　　　　(b) 现浇非承重梁

(c) 预制非承重连系梁　　　(d) 承重连系梁(一)　　(e) 承重连系梁(二)

图 10-27　连系梁与柱子的连接 /mm

(4) 墙体与柱的连接构造：单层工业厂房的外墙主要受到水平方向的风压力和吸力作用，为了保证墙体的整体稳定性，外墙应与厂房柱及屋架端部有良好的连接，如图10-28 所示。

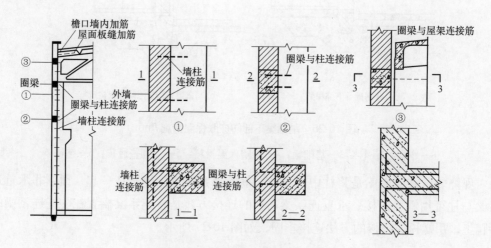

图 10-28 砖墙与柱和屋架的连接

外墙与厂房柱及屋架端部一般采用拉结筋连接。由柱、屋架端部沿高度方向每隔 500 ~ 600mm 伸出 2φ6 钢筋砌入砖缝内，以起到锚拉作用。

由于厂房山墙端部与柱有一定的距离，常用的做法是使山墙局部厚度增大，使山墙与柱挤紧。嵌砖砌筑是将砖墙砌筑在柱之间，将柱两侧伸出的拉结筋嵌入砖缝内进行锚固，嵌砖砌筑能有效提高厂房的纵向刚度。

(5) 墙体与屋架的连接构造：一般在屋架上、下弦预埋拉结钢筋，若在屋架的腹杆上不便预埋钢筋，可在腹杆上预埋钢板，再焊接钢筋与墙体连接。

(6) 墙体与屋面板的连接构造：当外墙伸出屋面形成女儿墙时，为了保证女儿墙的稳定性，墙和屋面板之间应采取拉结措施。

(7) 砖墙（砌块墙）和柱的相对位置：单层工业厂房围护墙与厂房柱的相对位置一般有两种布置方案，如图10-29 所示。

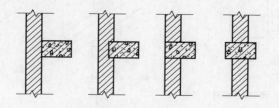

图 10-29 砖墙与柱的相对位置

① 将外墙布置在柱外侧，具有构造简单、施工方便、热工性能好，便于基础梁与连系梁等构配件的定型化和统一化等优点，所以在单层厂房中广泛采用。

② 将外墙嵌在柱列之间，具有节省建筑占地面积，增加柱列刚度，代替柱间支撑

的优点，但要增加砌砖量，施工麻烦，不利于基础梁、连系梁等构配件统一化，且柱直接暴露在外，不利于保护，热工性能也较差。

3. 板材墙

应用板材墙是墙体改革的重要内容，也是建筑工业化发展的方向。与民用建筑一样，厂房多利用轻质材料制成块材或用普通混凝土制成空心块材砌墙，可参阅民用建筑中墙体这部分内容。

板材墙 .ppt

板材墙连接与砖墙相似，即块材之间应横平竖直灰浆饱满错缝搭接，块材与柱之间由柱伸出钢筋砌入水平缝内实现锚拉。它可以充分利用工业废料，不占农田，加快施工进度，减小劳动强度，同时板材墙较砖墙质量小、抗震好、整体性强；但用钢量大、造价偏高，接缝不易保证质量，有时易渗水、透风、保温隔热效果不理想。

1) 板材的类型和尺寸

板材墙的分类，可根据不同需要作不同划分。

板材按规格尺寸分为基本板、异形板和补充构件。基本板是指形状规整、量大面广的基本形式的墙板；异形板是指量少、形状特殊的板型，如窗框板、加长板、山尖板等；补充构件是指与基本板和异形板共同组成厂房墙体围护结构的其他构件，如转角构件、窗台板等。

板材按其所在墙面位置不同可分为檐口板、窗上板、窗框板、窗下板、一般板、山尖板、勒脚板、女儿墙板等。

板材按其构造和材料可分为如下几种。

(1) 单一材料板。

钢筋混凝土槽形板、空心板：这类板的优点是耐久性好、制造简单、可施加预应力。槽形板也称为肋形板，其钢材、水泥用量较省，但保温隔热性能差，故只适用于某些热车间和保温隔热要求不高的车间、仓库等。空心板材料用量较多，但双面平整，并有一定的保温隔热能力。

配筋轻混凝土墙板：这种板种类较多，如粉煤灰硅酸盐混凝土墙板、加气混凝土墙板等，它们的共同特点是比普通混凝土墙和砖墙质量小，保温隔热性能好；缺点是吸湿性较大，故必须加水泥砂浆等防水面层。

(2) 复合材料板。

这种板是用钢筋混凝土、塑料板、薄钢板等材料做成骨架，其内填以矿毡棉、泡沫塑料、膨胀珍珠岩板等轻质保温材料加工而成。其优点是，材料各尽所长，性能优良；主要缺点是制造工艺较复杂。

墙板的长和高采用 3M 为扩大模数，板长有 4500mm、6000mm、7500mm(用于山墙) 和 12 000mm 四种，可适用于 6m 或 12m 柱距及 3m 整倍数的跨距。板高 (宽) 有 900m、1200m、1500m、1800mm 四种。板厚以分模数 1/5M(20mm) 为模数进级，常用厚度为 160 ~ 240mm。

2) 墙板的布置

墙板排列的原则为尽量减少所用墙板的规格类型。墙板可从基础顶面开始向上排列至檐口，最上一块为异形板；也可从檐口向下排，多余尺寸埋入地下；还可以柱顶为起点，由此向上和向下排列。具体可分为横向布置、竖向布置、混合向布置三种类型，如图 10-30 所示。

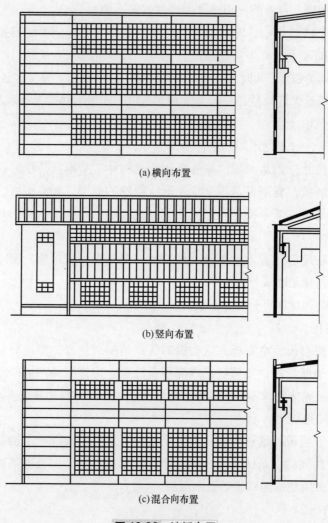

(a) 横向布置

(b) 竖向布置

(c) 混合向布置

图 10-30　墙板布置

3) 墙板与柱的连接

墙板与柱的连接有柔性连接和刚性连接两种。

(1) 柔性连接：包括螺栓连接、压条连接和角钢连接。

柔性连接适用于地基不均匀、沉降较大或有较大震动影响的厂房；多用于承自重墙，是目前采用较多的方式。柔性连接是通过设置预埋铁件和其他辅助构件使墙板和排架柱相连接。柱只承受由墙板传来的水平荷载，墙板重并不加给柱而由基础梁或勒脚板来承担，如图 10-31 所示。

螺栓连接：墙板在垂直方向每隔 3 或 4 块板由钢支托（焊于柱上）支撑，水平方向用螺栓挂钩拉结固定。这种连接可使墙板和柱在一定范围内相对独立位移，维修方便、不用焊接，能较好地适应震动引起的变形；但厂房的纵向刚度较差，连接件易受腐蚀，安装固定要求准确，费工、费钢材，如图 10-31(a) 所示。

压条连接：是在墙板外加压条，再用螺栓（焊于柱上）将墙板与柱压紧拉牢。压条连接适用于对预埋件有锈蚀作用或握裹力较差的墙板（如粉煤灰硅酸盐混凝土、加气混凝土等）。其优点是墙板中不需另设预埋铁件，构造简单，省钢材，压条封盖后的竖缝密封性好；缺点是螺栓的焊接或膨胀螺栓质量要求较高，施工较复杂，安装时墙板要求在一个水平面上，预留孔要求准确，如图 10-31(b) 所示。

角钢连接：是利用焊在墙板和柱上的角钢相互搭挂固定，这种方法施工速度快，用钢量较少，但对连接构件位置的精度要求较高。角钢连接适应板柱相对位移的程度较螺栓连接差，如图 10-31(c) 所示。

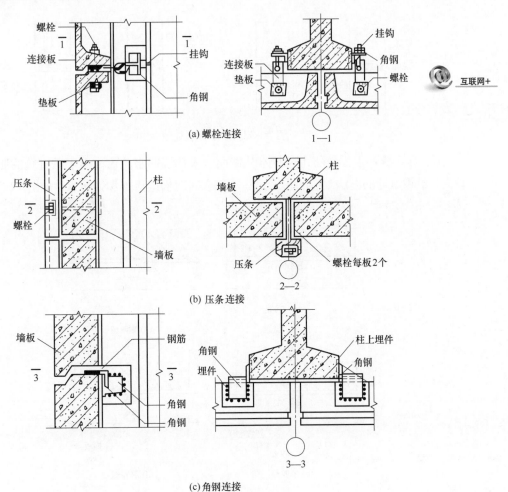

(a) 螺栓连接

(b) 压条连接

(c) 角钢连接

图 10-31 墙板与柱柔性连接

（2）刚性连接：是在柱和墙板中先分别设置预埋铁件，安装时用角钢或ϕ 16 的钢筋段把它们焊接连牢。其优点是施工方便，构造简单，厂房的纵向刚度好；缺点是对不均匀沉降及震动较敏感，墙板板面要求平整，预埋件要求准确。刚性连接宜用于地震设防烈度为 7 度或 7 度以下的地区，如图 10-32 所示。

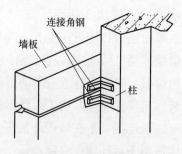

图 10-32 刚性连接构造示例

4）板缝防水构造

优先采用"构造防水"用砂浆勾缝，其次可选用"材料防水"。防水要求较高时，可采用"构造防水"和"材料防水"相结合的形式。

（1）水平缝：主要是防止沿墙面下淌的雨水渗入内侧。其做法是用憎水材料（油膏、聚氯乙烯胶泥等）填缝，将混凝土等亲水材料表面刷防水涂料，并将外侧缝口敞开使其不能形成毛细管作用，如图 10-33 所示。

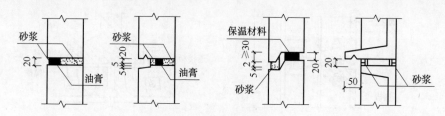

图 10-33 水平板缝处理 /mm

（2）垂直缝：主要是防止风将水从侧面吹入和墙面水流入。由于垂直缝的胀缩变形较大，单用填缝的办法难以防止渗透，常配合其他构造措施加强防水，如图 10-34 所示。

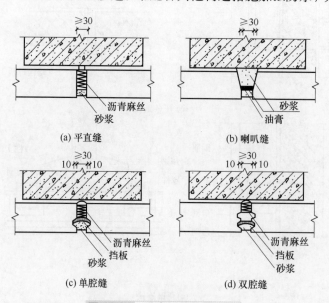

图 10-34 垂直板缝处理 /mm

4. 轻质板材墙

对于一些不要求保温、隔热的热加工车间、防爆车间和仓库建筑的外墙，可采用轻质板材墙。这种墙板仅起围护结构作用，墙板除传递水平风荷载外，不承受其他荷载，墙板本身重也由厂房骨架来承受。

常用的轻质板材墙板有石棉水泥波形瓦、镀锌铁皮波形瓦、压型钢板、塑料或玻璃钢瓦等。

1) 压型钢板外墙

压型钢板是将薄钢板压制成波形断面而成。经压制后，其力学性能大为改善，抗弯强度和刚度大幅提高，轻质、高强，防火抗震等，通过金属墙梁固定在柱上；要注意合理搭接、尽量减少板缝。

2) 石棉水泥波瓦墙板

石棉水泥波瓦用于厂房外墙时，一般采用大波瓦。为加强力学与抗裂性能，可在瓦内加配网状高强玻璃丝。石棉水泥瓦与厂房骨架的连接通常是通过连接件悬挂在连系梁上，瓦缝上、下搭接不少于 100mm。为防止风吹雨水经板缝侵入室内，瓦板应顺主导风向铺设，左、右搭接为一个瓦垅，如图 10-35 所示为石棉水泥波瓦与横梁的连接。

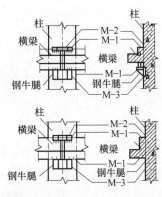

图 10-35　石棉水泥波瓦与横梁的连接

5. 开敞式外墙

在我国南方地区，为了使厂房获得良好的自然通风和散热效果，一些热加工车间常采用开敞式外墙。开敞式外墙通常是在下部设矮墙，上部的开敞口设置挡雨遮阳板，如图 10-36 所示。

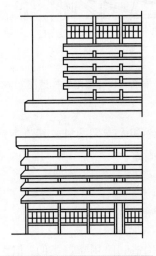

图 10-36　开敞式外墙立面图

每排挡雨遮阳板之间的距离，与当地的飘雨角度、日照及通风等因素有关，设计时应结合车间对防雨的要求来确定。一般飘雨角可按45度设计，风雨较大地区可酌情减少角度，垂直挡雨板间距与设计飘雨角关系如图10-37所示。

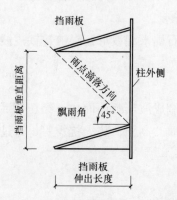

图 10-37　垂直挡雨板间距与设计飘雨角关系图

挡雨板的构造形式通常有以下两种，但在室外气温很高、风沙大的干热地区不应采用开敞式外墙。

1) 石棉水泥瓦挡雨板

石棉水泥瓦挡雨板的特点是质量小，它由型钢支架（或钢筋支架）、型钢檩条、石棉水泥瓦挡雨板及防溅板构成。型钢支架焊接在柱的预埋件上，石棉水泥瓦用弯钩螺栓钩在角钢檩条上。挡雨板垂直间距视车间挡雨要求和飘雨角而定，如图10-38所示。

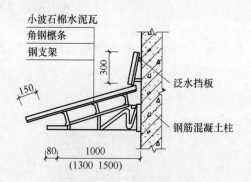

图 10-38　挡雨板构造图 /mm

2) 钢筋混凝土挡雨板

钢筋混凝土挡雨板分为支架和无支架两种，其基本构件有支架、挡雨板和防溅板。各种构件通过预埋件焊接予以固定。

10.3.2　屋顶的构造

单层工业厂房屋顶的基本构造同民用建筑类似，但由于单层工业厂房屋面面积大，经常受日晒、雨淋、冷热气候等自然条件和振动、高温、腐蚀、积灰等内部生产工艺条件的影响，又有其特殊性。其不同之处主要表现在以下方面。

(1) 厂房屋面面积较大，构造复杂，多跨成片的厂房各跨间有的还有高差，屋面上常设有天窗，以便于采光和通风，为排除雨雪水，需设天沟、檐沟、水斗及水落管，使屋面构造复杂。

(2) 有吊车的厂房，屋面必须有一定的强度和足够的刚度。

(3) 厂房屋面的保温、隔热要满足不同生产条件的要求，如恒温车间保温、隔热要求比一般民用建筑高。

(4) 热车间只要求防雨，有爆炸危险的厂房要求屋面防爆、泄压，有腐蚀介质的车间应防腐蚀等。

(5) 减少厂房屋面面积和减小屋面自重对降低厂房造价有较大影响。

1. 屋面基层类型及组成

屋面基层分有檩体系与无檩体系两种。屋面基层结构类型如图 10-39 所示。

(1) 有檩体系是在屋架(或屋面梁)上弦搁置檩条，在檩条上铺小型屋面板(或瓦材)。此体系采用的构件小、质量小，吊装容易，但构件数量多，施工烦琐，施工期长，故多用在施工机械起吊能力较小的施工现场。

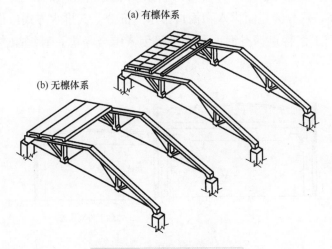

图 10-39　屋面基层结构类型

(2) 无檩体系是在屋架(或屋面梁)上弦直接铺设大型屋面板。此体系所用构件大、类型少，便于工业化施工，但要求施工吊装能力强。目前无檩体系在工程实践中应用较为广泛。

其按制作材料分为钢筋混凝土屋架，或屋面梁、钢屋架、木屋架和钢木屋架。钢筋混凝土屋架如图 10-40 所示。

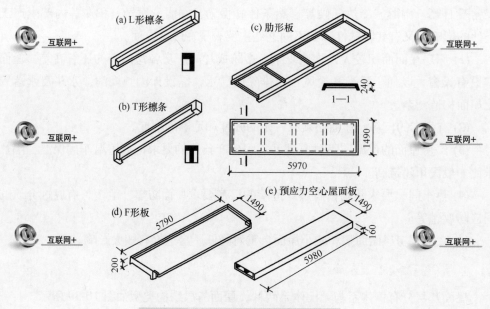

图 10-40　钢筋混凝土屋面板类型 /mm

2. 屋面排水方式与排水坡度

　　厂房屋面排水和民用建筑一样可以分为有组织排水和无组织排水(自由落水)两种；按屋面部位不同，可分为屋面排水和檐口排水两部分。其排水方式应根据气候条件、厂房高度、生产工艺特点、屋面面积大小等因素综合考虑。有组织内排水示意图如图10-41所示。

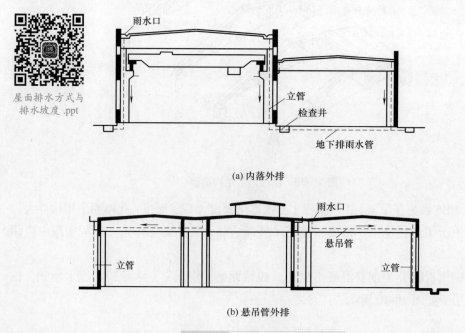

图 10-41　有组织内排水示意图

(1) 厂房檐口排水方式，如无特殊需要，应尽量采用无组织排水。

(2) 积灰尘多的屋面应采用无组织排水。例如，铸工车间、炼钢车间等在生产中散发的大量粉尘积于屋面，下雨时被冲进天沟易造成管道堵塞，故这类厂房不宜采用有组织排水。

(3) 有腐蚀性介质的厂房也不宜采用有组织排水。例如，铜冶炼车间、某些化工厂房，因生产中散发大量腐蚀性介质，会使铸铁雨水装置遭受侵蚀。

(4) 如立面处理需做女儿墙的厂房可做有组织内排水。在寒冷地区采暖厂房及在生产中有热量散发的车间，厂房也宜采用有组织内排水。

(5) 冬季室外气温低的地区可采用有组织外排水。

(6) 降雨量大的地区或厂房较高的情况下，宜采用有组织排水。

屋面排水坡度与防水材料、屋盖构造、屋架形式、地区降雨量等都有密切关系。我国厂房常用屋面防水方式有卷材防水、构件自防水和刚性防水等数种。各种不同防水材料的屋面排水坡度如表 10-1 所示。

表 10-1　屋面坡度选择参考表

防水类型	卷材防水	构件自防水			
		嵌缝式	F 板	槽 瓦	石棉瓦等
选择范围	1：4～1：50	1：4～1：10	1：3～1：8	1：2.5～1：5	1：2～1：5
常用坡度	1：5～1：10	1：5～1：8	1：4～1：5	1：3～1：4	1：2.5～1：4

3. 屋面防水

通常情况下，屋面的排水和防水问题是工业厂房屋面的关键所在。排水组织得好，会减少渗漏的可能性，从而有助于防水；而高质量的防水又有助于屋面排水。

单层工业厂房屋面防水有卷材防水、刚性防水、构件自防水和波形瓦屋面防水、压型钢板屋面防水等几种。

1) 卷材防水

卷材屋面在单层工业厂房中的做法与民用房屋类似。卷材防水屋面坡度要求较平缓，一般以 1/3 ～ 1/5 为宜，如图 10-42 所示。

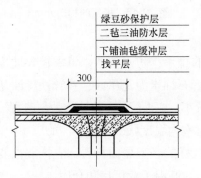

绿豆砂保护层
二毡三油防水层
下铺油毡缓冲层
找平层

300

图 10-42　卷材防水构造图 /mm

对于卷材防水，在施工时，对于横缝处的卷材开裂要引起重视。防止其发生的措施有：

(1) 增强屋面基层的刚度和整体性，以减小屋面变形。例如，选择刚度大的板型，保证屋面板与屋架的焊接质量，填缝要密实，合理设置支撑系统等。

(2) 选用性能优良的卷材。选用卷材时，应首先考虑其耐久性和延展性，要优先选用改性沥青油毡等新型防水材料。

(3) 改进油毡的接缝构造。在无保温层的大型屋面板上铺贴油毡防水层时，先将找平层沿横缝处做出分格缝，缝中用油膏填充，缝上先铺宽为300mm左右的油毡条作为缓冲层，然后再铺油毡防水层。

2) 刚性防水

在工业厂房中如做刚性防水屋面，由于生产中的不利因素，往往容易引起刚性防水层开裂，加之刚性防水的钢材、水泥用量较大，质量也较大，因而一般情况下不使用。

3) 构件自防水

构件自防水屋面，是利用屋面板本身的密实性和平整度（或者再加涂防水涂料）、大坡度，再配合油膏嵌缝及油毡贴缝或者靠板与板相互搭接来盖缝等措施，以达到防水的目的。这种防水施工程序简单，省材料，造价低。但不宜用于振动较大的厂房，多用于南方地区。构件自防水屋面，按照板缝的构造方式可分为嵌缝（脊带）式和搭盖式两种基本类型，如图10-43所示。

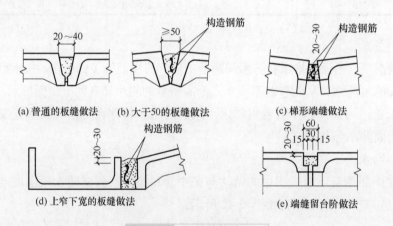

(a) 普通的板缝做法　(b) 大于50的板缝做法　(c) 梯形端缝做法

(d) 上窄下宽的板缝做法　(e) 端缝留台阶做法

图 10-43　板缝的构造 /mm

4) 波形瓦屋面防水

波形瓦屋面具有较好的排水、防水条件，但需较大坡度，占用结构空间偏大。在厂房中运用的最多的是波形石棉水泥瓦屋面、镀锌铁皮波瓦屋面和压型钢板。波形石棉水泥瓦屋面的优点是质量小、施工简便，其缺点是易脆裂，耐久性和保温、隔热性差，所以主要用于一些仓库及对室内温度状况要求不高的厂房中。

镀锌铁皮波瓦屋面是较好的轻型屋面材料，它抗震性能好，在高烈度地震区应用比大型屋面板优越，适合一般高温工业厂房和仓库。

5) 压型钢板屋面防水

压型钢板屋面是一种新型的屋面材料。20 世纪 60 年代以来，国内外对压型钢板的轧制工艺和镀锌防腐喷涂工艺进行了不断改进和革新，从单纯镀锌和涂层发展为多层复合钢板及金属夹心板，产品规格也由短板发展为长板。用压型钢板做屋面防水层，施工速度快，质量小，防锈、耐腐、美观，可根据需要设置保温、隔热及防露层，适应性较强。

4. 屋面保温、隔热

1) 屋面保温

屋面板上铺保温层的构造做法与民用建筑平屋顶相同，在厂房屋面中也广为采用。屋面板下设保温层主要用于构件自防水屋面，其做法可分为直接喷涂和吊挂两种。

直接喷涂时将散状材料拌和一定量水泥而成的保温材料，如水泥膨胀蛭石 (配合比按体积，水泥：白灰：蛭石粉 =1 ： 1 ： (5 ～ 8)) 等用喷浆机喷涂在屋面板下，喷涂厚度一般为 20 ～ 30mm。吊挂固定是将质量很小的保温材料，如聚苯乙烯泡沫塑料、玻璃棉毡、铝箔等固定吊挂在屋面板下面。

夹心保温屋面板具有承重、保温、防水三种功能。其优点是能叠层生产、减少高空作业、施工进度快，部分地区已有使用；缺点是不同程度地存在板面、板底裂缝，板较重和温度变化引起板的起伏变形，以及有冷桥等问题。图 10-44 是几种夹心保温屋面板。

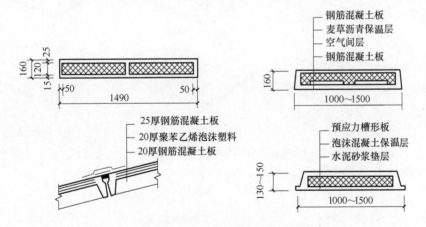

图 10-44　夹心保温屋面板 /mm

2) 屋面隔热

厂房的屋面隔热措施与民用建筑相同。当厂房高度大于 8m，且采用钢筋混凝土屋面时，屋面对工作区的辐射热有影响，屋面应考虑隔热措施。通风屋面隔热效果较好，构造简单，施工方便，在一些地区采用较广。也可在屋面的外表面涂刷反射性能好的浅色材料，以达到降低屋面温度的效果。

对于单层工业厂房屋面的保温和隔热，相对于民用建筑，还应注意以下问题。

(1) 保温。一般保温只在采暖厂房和空调厂房中设置。保温层大多数设在屋面板上，如民用房屋中平屋顶所述。也有设在屋面板下的情况，还可采用带保温层的夹心板材。

(2) 隔热。除有空调的厂房外，一般只在炎热地区较低矮的厂房才作隔热处理。如厂房屋面高度大于 9m，可不隔热，主要靠通风解决屋面散热问题；如厂房屋面高度小于或等于 9m，但大于 6m，且高度大于跨度的 1/2 时不需隔热；若高度小于或等于跨度的 1/2 时可隔热；如厂房屋面高度小于或等于 6m，则需隔热。厂房屋面隔热原理与构造做法均同民用房屋。

10.3.3 天窗的构造

大跨度或多跨的单层工业厂房中，为满足天然采光与自然通风的要求，在屋面上常设置各种形式的天窗。这些天窗按功能可分为采光天窗与通风天窗两大类型，但实际上大部分天窗都同时兼有采光和通风双重作用。

单层工业厂房采用的天窗类型较多，目前我国常见的天窗形式中，主要用作采光的有矩形天窗、平天窗、锯齿形天窗、三角形天窗、横向下沉式天窗等，主要用作通风的有矩形通风天窗、纵向或横向下沉式天窗、井式天窗，如图 10-45 所示。

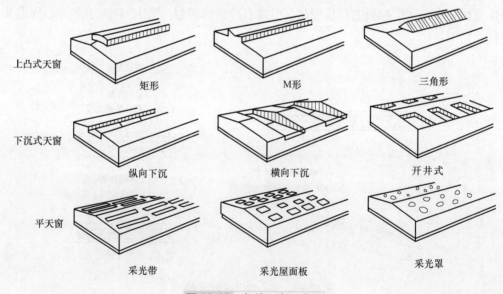

图 10-45　各种天窗示意图

1. 矩形天窗构造

矩形天窗是单层工业厂房常用的天窗形式。它一般沿厂房纵向布置，为了简化构造并留出屋面检修和消防通道，在厂房的两端和横向变形缝的第一个柱间通常不设天窗。在每段天窗的端壁应设置上天窗屋面的消防梯。它主要由天窗架、天窗扇、天窗屋面板、天窗侧板及天窗端壁等构件组成，如图 10-46 所示。

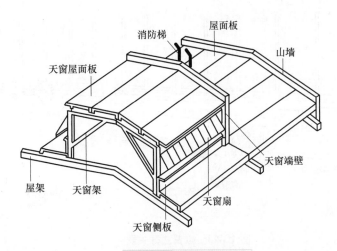

图 10-46　矩形天窗构造

1) 天窗架

天窗架是天窗的承重结构，它直接支承在屋架上。天窗架的材料与屋架相同，常用钢筋混凝土天窗架和钢天窗架两种。天窗架形式如图 10-47 所示。

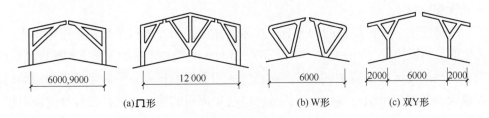

(a) ∏形　6000,9000　　12 000　　(b) W形　6000　　(c) 双Y形　2000　6000　2000

图 10-47　天窗架形式 /mm

天窗架的跨度根据采风和通风要求一般为厂房跨度的 1/3 ~ 1/2，且应尽可能将天窗架支承在屋架的节点上，目前常采用的为钢筋混凝土天窗架。天窗架一般由两榀或三榀预制构件拼接而成，各榀之间采用螺栓连接，其支脚与屋架采用焊接。天窗架的高度应根据采光和通风的要求，并结合所选用的天窗扇尺寸确定，一般高度为宽度的 30% ~ 50%。

2) 天窗扇

天窗扇有钢制和木制两种。钢天窗扇具有耐久、耐高温、质量小、挡光少、不易变形、关闭严密等优点，因此工业建筑中多采用钢天窗扇。

通长天窗扇是由两个端部固定窗扇和一个可整体开启的中部通长窗扇利用垫板和螺栓连接而成。开启扇可长达数十米，其长度应根据厂房长度、采光通风的需要以及天窗开关器的启动能力等因素决定。撑臂式开关器如图 10-48 所示。

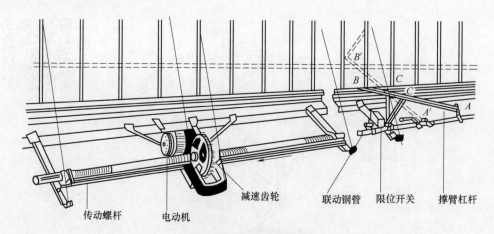

传动螺杆　电动机　减速齿轮　联动钢管　限位开关　撑臂杠杆

图 10-48　撑臂式开关器

分段天窗扇是在每个柱距内设单独开启的窗扇，一般不用开关器。

无论是通长窗扇还是分段窗扇，在开启扇之间以及开启扇与天窗端壁之间，均需设置固定扇，起竖框作用。防雨要求较高的厂房可在上述固定扇的后侧加600mm宽的固定挡雨板，以防止雨水从窗扇两端开口处飘入车间。

3) 天窗檐口

一般情况下，天窗屋面的构造与厂房屋面相同。天窗檐口常采用无组织排水，由带挑檐的屋面板构成，挑出长度一般为300～500mm。檐口下部的屋面上需铺设滴水板。雨量多的地区或天窗高度和宽度较大时，宜采用有组织排水。一般可采用带檐沟的屋面板或天窗架的钢牛腿上铺槽形天沟板，以及屋面板的挑檐下悬挂镀锌铁皮或石棉水泥檐沟三种做法，如图 10-49 所示。

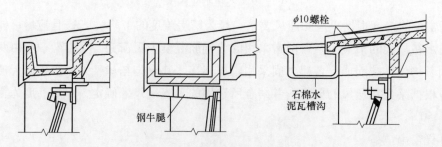

φ10螺栓　　钢牛腿　　石棉水泥瓦槽沟

图 10-49　钢筋混凝土天窗檐口

4) 天窗侧板

天窗侧板是天窗窗口下部的围护构件，其主要作用是防止屋面上的雨水流入或溅入室内或屋面积雪影响天窗扇的开启。天窗侧板应高出屋面不小于300mm；常有大风雨或多雪地区应增高到400～600mm。

天窗侧板的形式有两种：当屋面为无檩体系时，采用钢筋混凝土侧板，侧板长度与屋面板长度一致；当屋面为有檩体系时，侧板可采用石棉水泥波瓦等轻质材料，侧板安装时向外稍倾斜，以便排水。侧板与屋面交接处应做好泛水处理，如图 10-50 所示。

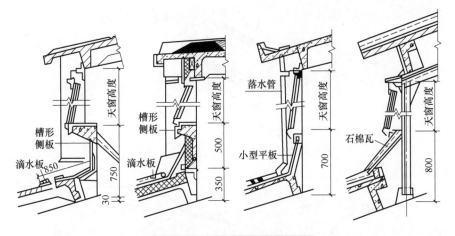

图 10-50　钢筋混凝土侧板 /mm

5) 天窗端壁

天窗端壁有预制钢筋混凝土端壁和石棉水泥瓦端壁，主要起支撑和围护作用，一般采用钢筋混凝土端壁板。钢筋混凝土端壁板可以代替端部的天窗架支承天窗屋面板。焊接在屋架上弦的一侧，屋架上弦的另一侧用于铺放与天窗相邻的屋面板。端壁下部与屋面板相交处应做好泛水，需要时可在端壁板内侧设置保温层，如图 10-51 所示。天窗屋顶的构造通常与厂房屋顶构造相同。

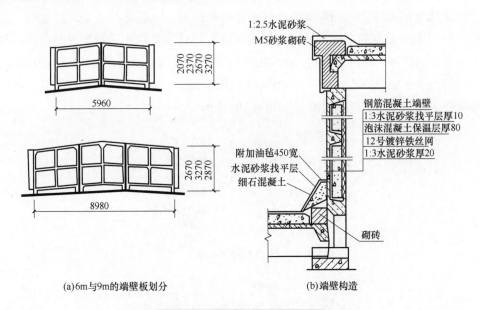

(a)6m与9m的端壁板划分　　　　(b)端壁构造

图 10-51　钢筋混凝土端壁 /mm

2. 矩形通风（避风）天窗

矩形通风（避风）天窗由矩形天窗及其两侧的挡风板所构成，如图 10-52、图 10-53 所示。

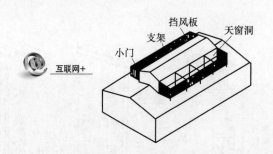

图 10-52　矩形通风（避风）天窗外观图

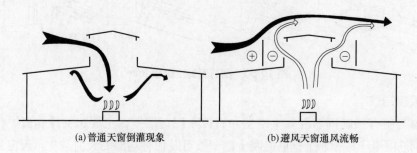

(a)普通天窗倒灌现象　　　　　　(b)避风天窗通风流畅

图 10-53　矩形通风（避风）天窗通风示意图

（1）挡风板的形式：挡风板的形式有立柱式（直或斜立柱式）和悬挑式（直或斜悬挑式）。立柱式是将立柱支承在屋架上弦的柱墩上，用支架与天窗架相连，结构受力合理，但挡风板与天窗之间的距离受屋面板排列的限制，立柱处防水处理较复杂。悬挑式的支架固定在天窗架上，挡风板与屋面板脱开，处理灵活，适用于各类屋面，但增加了天窗架的荷载，对抗震不利。挡风板可向外倾斜或垂直设置，向外倾斜的挡风板，倾角一般与水平面呈 $50°\sim70°$，当风吹向挡风板时，可使气流大幅度飞跃，从而增加抽风能力，通风效果比垂直的好，如图 10-54 所示。

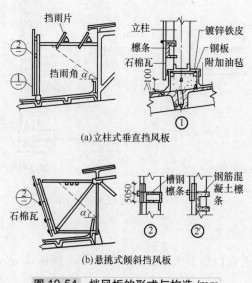

(a)立柱式垂直挡风板

(b)悬挑式倾斜挡风板

图 10-54　挡风板的形式与构造 /mm

(2) 挡雨设施：设大挑檐方式，使水平口的通风面积减小。垂直口设挡雨板时，挡雨板与水平夹角越小通风越好，但不宜小于 15°。水平口设挡雨片时，通风阻力较小，是较常用的方式，挡雨片与水平面的夹角多采用 60°。挡雨片高度一般为 200 ～ 300mm。在大风多雨地区和对挡雨要求较高时，可将第一个挡雨片适当加长，如图 10-55 所示。

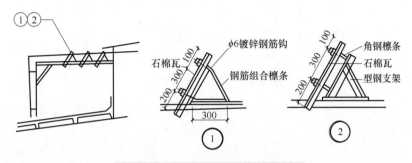

图 10-55　水平口挡雨片的构造 /mm

挡风板常用石棉波形瓦、钢丝网水泥瓦、瓦楞铁等轻型材料，用螺栓将瓦材固定在檩条上。檩条有型钢和钢筋混凝土两种，其间距视瓦材的规格而定。檩条焊接在立柱或支架上，立柱与天窗架之间设置支撑使其保持稳定。当用石棉水泥波瓦做挡雨片时，常用型钢或钢三脚架做檩条，两端置于支撑上，水泥波形瓦挡雨片固定在檩条上。

3. 井式天窗

井式天窗是下沉式天窗的一种类型。下沉式天窗是在拟设置天窗的部位，把屋面板下移铺在屋架的下弦上，从而利用屋架上弦、下弦之间的空间构成天窗，如图 10-56 和图 10-57 所示。

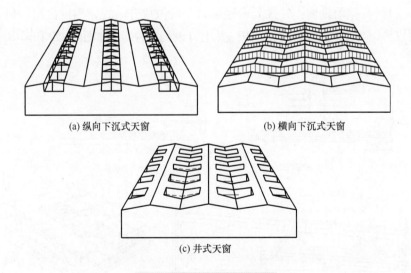

(a) 纵向下沉式天窗　　　　　(b) 横向下沉式天窗

(c) 井式天窗

图 10-56　下沉式天窗类型

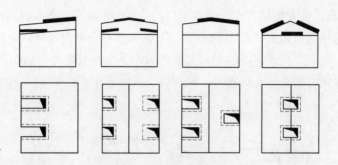

图 10-57　井式天窗布置形式

(1) 井底板：井底板位于屋架下弦，搁置的方法有两种，即横向铺板和纵向铺板，如图 10-58 所示。

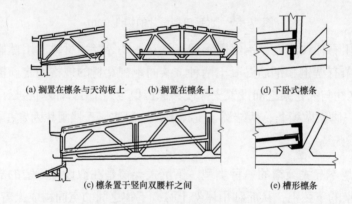

(a) 搁置在檩条与天沟板上　　(b) 搁置在檩条上　　　　(d) 下卧式檩条

(c) 檩条置于竖向双腰杆之间　　　　　　(e) 槽形檩条

图 10-58　横向铺板类型

(2) 井口板及挡雨设施：井式天窗通风口一般做成开敞式，不设窗扇，但井口必须设置挡雨设施。做法有垂直口设挡雨板、井上口设挡雨片等，如图 10-59 和图 10-60 所示。

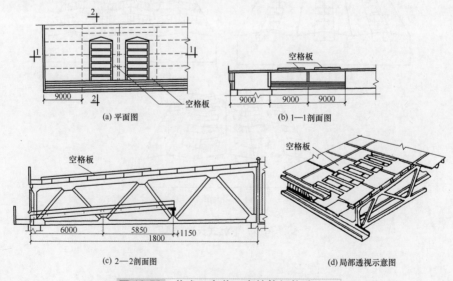

(a) 平面图　　　　　　　　(b) 1—1剖面图

(c) 2—2剖面图　　　　　　　(d) 局部透视示意图

图 10-59　井式天窗井口窗的格板构造 /mm

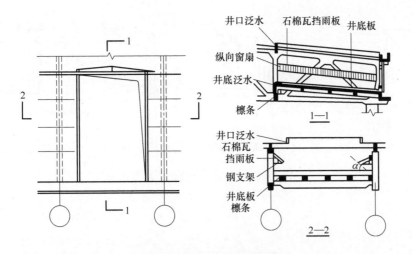

图 10-60 垂直口设挡雨板构造

井上口挑檐，影响通风效果，因此多采用井上口设挡雨片的方法，如图 10-61 所示。

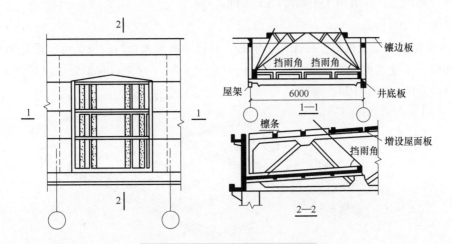

图 10-61 井上口设挡雨片的构造

(3) 窗扇设置：如果厂房有保暖要求，可在垂直井口设置窗扇。沿厂房纵向的垂直口，可以安设上悬或中悬窗扇。

(4) 排水措施，如图 10-62 所示。

① 无组织排水：上、下层屋面均做无组织排水，井底板的雨水经挡风板与井底板的空隙流出，构造简单，施工方便，适用于降雨量不大的地区。

② 单层天沟排水：一种是上层屋檐做通长天沟，下层井底板做自由落水，适用于降雨量较大的地区。另一种是下层设置通长天沟，上层自由落水，适用于烟尘量大的热车间及降雨量大的地区。天沟兼做清灰走道时，外侧应加设栏杆。

③ 双层天沟排水：在雨量较大的地区，灰尘较多的车间，采用上、下两层通长天沟有组织排水。这种形式构造复杂，用料较多。

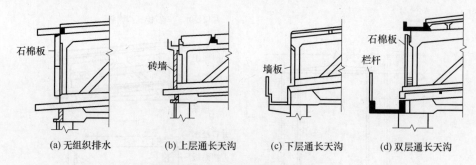

(a) 无组织排水　(b) 上层通长天沟　(c) 下层通长天沟　(d) 双层通长天沟

图 10-62　下沉式天窗的排水方式

4. 平天窗

1) 平天窗的特点与类型

平天窗的类型有采光板、采光罩和采光带三种。这三种平天窗的共同特点是：采光效率比矩形天窗高 2 ~ 3 倍，布置灵活，采光也较均匀，构造简单，施工方便，但造价高，易积尘。其适用于一般冷加工车间。

2) 平天窗的构造

(1) 采光板：采光板是在屋面板上留孔，装设平板透光材料。板上可开设几个小孔，也可开设一个通长的大孔。固定的采光板只做采光用，可开启的采光板以采光为主，兼做少量通风，如图 10-63 所示。

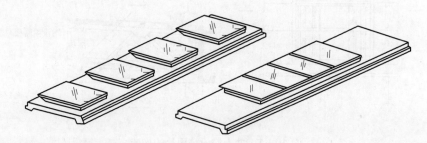

图 10-63　采光板

(2) 采光罩：采光罩是在屋面板上留孔装弧形透光材料，如弧形玻璃钢罩、弧形玻璃罩等。采光罩有固定和可开启两种，如图 10-64 所示。

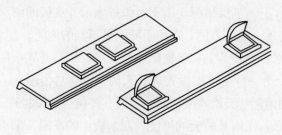

图 10-64　采光罩

(3) 采光带：是指采光口长度在 6m 以上的采光口。采光带根据屋面结构的不同形式，可布置成横向采光带和纵向采光带，如图 10-65 所示。

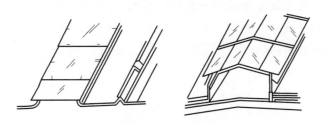

图 10-65 采光带

平天窗在采光口周围做井壁泛水，井壁上安放透光材料。泛水高度一般为 150～200mm。井壁有垂直和倾斜两种。井壁可用钢筋混凝土、薄钢板、塑料等材料制成。预制井壁现场安装，工业化程度高，施工快；但应处理好与屋面板之间的缝隙，以防漏水，如图 10-66 所示。

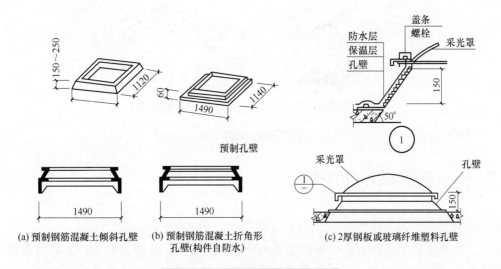

(a) 预制钢筋混凝土倾斜孔壁   (b) 预制钢筋混凝土折角形孔壁(构件自防水)   (c) 2 厚钢板或玻璃纤维塑料孔壁

图 10-66 采光口的井壁构造 /mm

3) 平天窗的几个问题

(1) 防水：玻璃与井壁之间的缝隙是防水的薄弱环节，可用聚氯乙烯胶泥或建筑油膏等弹性较好的材料垫缝，不宜用油灰等易干裂材料。

(2) 防太阳辐射和眩光：平天窗受直射阳光强度大，时间长，如果采用一般的平板玻璃和钢化玻璃透光材料，会使车间内过热和产生眩光，有损视力，影响安全生产和产品质量。因此，应优先选用扩散性能好的透光材料，如磨砂玻璃、乳白玻璃、夹丝压花玻璃、玻璃钢等。

(3) 安全防护措施：防止冰雹或其他原因破坏玻璃，保证生产安全，可采用夹丝玻璃。若采用非安全玻璃(如普通平板玻璃、磨砂玻璃、压花玻璃等)，须在玻璃下加设一层金属安全网。

(4) 通风问题：南方地区采用平天窗时，必须考虑通风散热措施，使滞留在屋盖下表面的热气及时排至室外。目前采用的通风方式有两类，一是采光和通风结合处理，采用可开启的采光板、采光罩或带开启扇的采光板，既可采光又可通风，但使用不够灵活；二是采光和通风分开处理，平天窗只考虑采光，另外利用通风屋脊解决通风，构造较复杂，如图 10-67 所示。

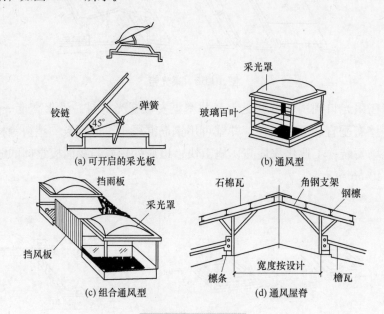

(a) 可开启的采光板   (b) 通风型

(c) 组合通风型   (d) 通风屋脊

图 10-67 通风措施

10.3.4 侧窗和大门的构造

1. 侧窗的要求及特点

在工业厂房中，侧窗不仅要满足采光和通风的要求，还要根据生产工艺的需要，满足其他一些特殊要求。例如，有爆炸危险的车间，侧窗应便于泄压；要求恒温恒湿的车间，侧窗应有足够的保温、隔热性能；洁净车间要求侧窗防尘和密闭等。由于工业建筑侧窗面积较大，在进行构造设计时，应在坚固耐久、开关方便的前提下，节省材料，降低造价。

对侧窗的要求是：①洞口尺寸的数列应符合建筑模数协调标准的规定，以利于窗的标准化和定型化；②构造要求坚固耐久、接缝严密、开关灵活、节省材料、降低造价。

侧窗的特点如下。

(1) 侧窗的面积大：一般以吊车梁为界，其上部的小窗为高侧窗，下部的大窗为低侧窗，如图 10-68 所示。

(2) 大面积的侧窗因通风的需要多采用组合式：一般平开窗位于下部、接近工作面；中悬窗位于上部；固定窗位于中部。在同一横向高度内，应采用相同的开关方式。

(3) 侧窗的尺寸应符合模数。

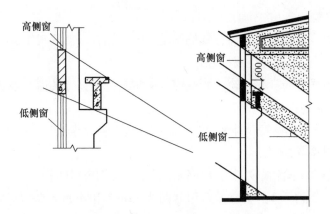

图 10-68　高低侧窗示意图 /mm

2. 侧窗的布置与类型

1) 侧窗的布置

侧窗分单面侧窗和双面侧窗。当厂房跨度不大时，可采用单面侧窗采光；单跨厂房多为双侧采光，可以提高厂房采光照明的均匀程度。

窗洞高度和窗洞位置的高低对采光效果影响很大，侧窗位置越低近墙处的照度越强，而厂房深处的照度越弱。因此，侧窗窗台的高度，从通风和采光要求来看，一般以低些为好，但考虑到工作面的高度、工作面与侧窗的距离等因素，可按以下几种情况来确定窗台的高度。

(1) 当工作面位于外墙处，工人坐着操作时，或对通风有特殊要求时，窗台高度可取 800 ~ 900mm。

(2) 大多数厂房中，工人是站着操作，其工作面一般离地面 1m 以上，因此应使窗台高度大于 1m。

(3) 当工人靠墙操作时，为了防止工作用的工件击碎玻璃，应使窗台至少高出工作面 250 ~ 300mm。

(4) 当作业地点离开外墙 1.5m 以内时，窗台到地面的距离应不大于 1.5m。

(5) 外墙附近没有固定作业地点的车间以及侧窗主要供厂房深处作业地带采光的车间，或沿外墙铺设有铁路线的车间，窗台高度可以增加到 2 ~ 4m。

(6) 在有吊车梁的厂房中，如靠吊车梁位置布置侧窗，因吊车梁会遮挡一部分光线，使该段的窗不能发挥作用。因此，在该段范围内通常不设侧窗，而做成实墙面，这也是单层工业厂房侧窗一般至少分为两排的原因之一。

窗间墙的宽度大小也会影响厂房内部采光效果，通常窗口宽度不宜小于窗间墙的宽度。

工业建筑侧窗一般采用单层窗，只有严寒地区的采暖车间在 4m 以下高度范围，或生产有特殊要求的车间（恒温、恒湿、洁净），才部分或全部采用双层窗。

2) 侧窗的类型

(1) 按材料分有：钢窗、木窗、钢筋混凝土窗、铝合金窗及塑钢窗等。

(2) 按层数分有：单层窗和双层窗。

(3) 按开启方式分有：平开窗、中悬窗、固定窗、垂直旋转窗（立旋窗）等。

3) 钢侧窗的构造

钢侧窗具有坚固、耐久、耐火、挡光少、关闭严密、易于工厂机械化生产等优点。

(1) 钢侧窗料型及构造。

目前我国生产的钢侧窗窗料有实腹钢窗料和空腹钢窗料两种。

实腹钢窗：工业厂房钢侧窗多采用截面为 32mm 和 40mm 高的标准钢窗型钢，它适用于中悬窗、固定窗和平开窗，窗口尺寸以 300mm 为模数。

空腹钢窗：空腹钢窗是用冷轧低碳带钢经高频焊接轧制成型。它具有质量小、刚度大等优点，与实腹钢窗相比可节约钢材 40%～50%，提高抗扭强度 2.5～3.0 倍；但因其壁薄，易受到锈蚀破坏，故不宜用于有酸碱介质腐蚀的车间。

为便于制作和安装，基本钢窗的尺寸一般不宜大于 1800mm×2400mm(宽 × 高)。

钢窗与砖墙连接固定时，组合窗中所有竖梃和横档两端必须插入窗洞四周墙体的预留洞内，并用细石混凝土填实。

钢窗与钢筋混凝土构件连接时，在钢筋混凝土构件中相应位置预埋铁件，用连接件将钢窗与预埋铁件焊接固定。

(2) 侧窗开关器。

工业厂房侧窗面积较大，上部侧窗一般用开关器进行开关。开关器分电动、气动和手动等几种，电动开关器使用方便，但制作复杂，要经常维护。

3. 大门

1) 洞口尺寸与大门类型

(1) 大门洞口的尺寸。

厂房大门主要是供生产运输车辆及人通行、疏散之用。门的尺寸应根据所需运输工具、运输货物的外形并考虑通行方便等因素而定。

一般门的宽度应比满载货物的车辆宽 600～1000mm，高度应高出 400～600mm。大门的尺寸以 300mm 为扩大模数进级，如图 10-69 所示。

(2) 大门的类型。

① 按用途分：有一般大门和特殊大门（保温门、防火门、冷藏门、射线防护门、隔声门、烘干室门等）。

② 按门的材料分：有钢木大门、木大门、钢板门、空腹薄壁钢门、铝合金门等。

③ 按门的开启方式分：有平开门、推拉门、折叠门、升降门、卷帘门及上翻门等。

2) 大门的构造

(1) 平开钢木大门组成：门扇、门框、五金零件。

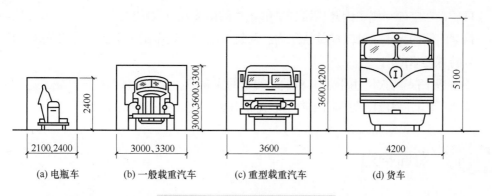

(a) 电瓶车　(b) 一般载重汽车　(c) 重型载重汽车　(d) 货车

图 10-69　运输工具通行尺寸 /mm

平开钢木大门的洞口尺寸一般不宜大于 3.6m×3.6m。

门扇由骨架和门芯板构成，当门扇的面积大于 5m² 时，宜采用角钢或槽钢骨架。门芯板采用 15～25mm 厚的木板，用螺栓将其与骨架固定。寒冷地区有保温要求的厂房大门可采用双层门芯板，中间填充保温材料，并在门扇边缘加钉橡皮条等密封材料封闭缝隙。

大门门框有钢筋混凝土和砖砌两种。门洞宽度大于 3m 时，采用钢筋混凝土门框，在安装铰链处预埋铁件。洞口较小时可采用砖砌门框，墙内砌入有预埋铁件的混凝土块，砌块的数量和位置应与门扇上铰链的位置相适应。一般每个门扇设两个铰链。

(2) 推拉门：推拉门由门扇、导轨、地槽、滑轮及门框组成，如图 10-70 所示。

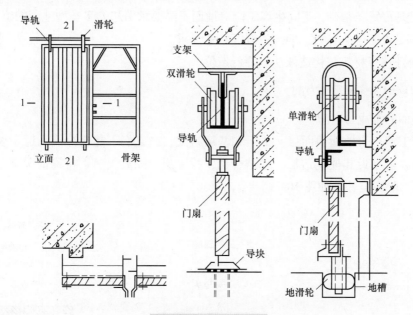

图 10-70　推拉门构造

门扇可采用钢板门、钢木门、空腹薄壁钢门等。每个门扇的宽度不大于 1.8m。当门洞宽度较大时可设多个门扇，分别在各自的轨道上推行。门扇因受室内柱的影响，一般只能设在室外一侧，因此应设置足够宽度的雨篷加以保护。

根据门洞的大小，可做成单轨双扇、双轨双扇、多轨多扇等形式，常用单轨双扇。

3) 特殊要求的门

(1) 防火门：防火门用于加工易燃品的车间或仓库。

(2) 保温门：保温门要求门扇具有较好的保温性能，且门缝密闭性好。

10.3.5 地面构造

1. 厂房地面的特点与要求

单层工业厂房地面面积大、荷重大、材料用料多。据统计，一般机械类厂房混凝土地面的混凝土用量占主体结构的 25%～50%。所以正确而合理地选择地面材料和相应的构造，不仅有利于生产，而且对节约材料和基建投资都有重要意义。

工业厂房的地面，首先要满足使用要求。同时，厂房地面面积大，承受荷载大，还应具有抵抗各种破坏作用的能力。

(1) 具有足够的强度和刚度，满足大型生产和运输设备的使用要求，有良好的抗冲击、耐震、耐磨、耐碾压性能。

(2) 满足不同生产工艺的要求，如生产精密仪器仪表的车间应防尘，生产中有爆炸危险的车间应防爆，有化学侵蚀的车间应防腐等。

(3) 处理好设备基础、不同生产工段对地面不同要求引起的多类型地面的组合拼接。

(4) 满足设备管线铺设、地沟设置等特殊要求。

(5) 合理选择材料与构造做法，降低造价。

2. 常用地面的类型与构造

1) 地面的组成与类型

单层工业厂房地面由面层、垫层和基层组成。当它们不能充分满足适用要求或构造要求时，可增设其他构造层，如结合层、找平层、隔离层等；特殊情况下，还需设置保温层、隔声层等，如图 10-71 所示。

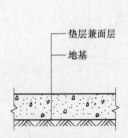
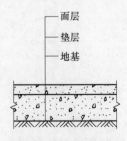
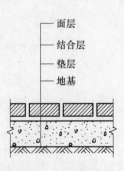

图 10-71　地面组成

(1) 面层：有整体面层和块料面层两大类。由于面层是直接承受各种物理、化学作用的表面层，因此应根据生产特征、使用要求和技术经济条件来选择面层。

(2) 垫层：垫层是承受并传递地面荷载至地基的构造层。按材料性质不同，垫层可分为刚性垫层、半刚性垫层和柔性垫层三种。

① 刚性垫层：是指用混凝土、沥青混凝土和钢筋混凝土等材料做成的垫层。

② 半刚性垫层：是指用灰土、三合土、四合土等材料做成的垫层。其受力后有一定的塑性变形，它可以利用工业废料和建筑废料制作，因而造价低。

③ 柔性垫层：是用砂、碎（卵）石、矿渣、碎煤渣、沥青碎石等材料做成的垫层。它受力后产生塑性变形，但造价低，施工方便，适用于有较大冲击、剧烈震动作用或堆放笨重材料的地面。

垫层的选择还应与面层材料相适应，同时应考虑生产特征和使用要求等因素。例如，现浇整体式面层、卷材及塑料面层以及用砂浆或胶泥做结合层的板块状面层，其下部的垫层宜采用混凝土垫层；用砂、炉渣做结合层的块材面层，宜采用柔性垫层或半刚性垫层。

垫层的厚度主要依据作用在地面上的荷载情况来定，其所需厚度应按《建筑地面设计规范》(GB 50037—1996) 的有关规定计算确定。

(3) 基层：基层是承受上部荷载的土壤层，是经过处理的基土层，最常见的是素土夯实。地基处理的质量直接影响地面承载力，地基土不应用过湿土、淤泥、腐殖土、冻土以及有机物含量大于 8% 的土做填料。若地基土松软，可加入碎石、碎砖或铺设灰土夯实，以提高强度，用单纯加厚混凝土垫层和提高其强度等级的办法来提高承载力是不经济的。

2) 常见地面的构造做法

(1) 单层整体地面：是将面层和垫层合为一层直接铺在基层上。

常用的地面如下所述。

① 灰土地面：素土夯实后，用 3 : 7 灰土夯实到 100 ~ 150mm 厚。

② 矿渣或碎石地面：素土夯实后用矿渣或碎石压实至不小于 60mm 厚。

③ 三合土夯实地面：100 ~ 150mm 厚素土夯实以后，再用 1 : 3 : 5 或 1 : 2 : 4 石灰、砂（细炉渣）、碎石（碎砖）配制三合土夯实。

这类地面可承受高温及巨大的冲击作用，适用于平整度和清洁度要求不高的车间，如铸造车间、炼钢车间、钢坯库等。

(2) 多层整体地面。

此地面垫层厚度较大，面层厚度小。不同的面层材料可以满足不同的生产要求。

① 水泥砂浆地面：与民用建筑构造做法相同。为满足耐磨要求，可在水泥砂浆中加入适量铁粉。此地面不耐磨，易起尘，适用于有水、中性液体及油类作用的车间。

② 水磨石地面：同民用建筑构造，若对地面有不起火要求，可采用与金属或石料

撞击不起火花的石子材料，如大理石、石灰石等。此地面强度高、耐磨、不渗水、不起灰，适用于对清洁要求较高的车间，如计量室、仪器仪表装配车间、食品加工车间等。

③ 混凝土地面：有60mm厚C15混凝土地面和C20细石混凝土地面等。为防止地面开裂，可在面层设纵、横向的分仓缝，缝距一般为12m，缝内用沥青等防水材料灌实。如采用密实的石灰石、碱性的矿渣等做混凝土的骨料，可做成耐碱混凝土地面。此地面在单层工业厂房中应用较多，适用于金工车间、热处理车间、机械装配车间、油漆车间、油料库等。

④ 水玻璃混凝土地面：水玻璃混凝土由耐酸粉料、耐酸砂子、耐酸石子配以水玻璃胶结剂和氟硅酸钠硬化剂调制而成。此地面机械强度高、整体性好，具有较高的耐酸性、耐热性，但抗渗性差，须在地面中加设防水隔离层。水玻璃混凝土地面多用于有酸腐蚀作用的车间或仓库。

⑤ 菱苦土地面：菱苦土地面是在混凝土垫层上铺设20mm厚的菱苦土面层。菱苦土面层由苛性菱镁矿、砂子、锯末和氯化镁水溶液组成，它具有良好的弹性、保温性能，不产生火花，不起灰。其适用于精密生产装配车间、计量室和纺纱、织布车间。

(3) 块材地面。

块材地面是在垫层上铺设块料或板料的地面，如砖块、石块、预制混凝土地面砖、瓷砖、铸铁板等。块材地面承载力强，便于维修。

① 砖石地面：砖地面面层由普通砖侧砌而成，若先将砖用沥青浸渍，可做成耐腐蚀地面。石材地面有块石地面和石板地面，这种地面较粗糙、耐磨损。

② 预制混凝土板地面：采用C20预制细石混凝土板做面层。其主要用于预留设备位置或人行道处。

③ 铸铁板地面：有较好的抗冲击和耐高温性能，板面可直接浇注成凸纹或穿孔防滑。

习题库

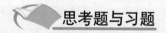 思考题与习题

一、单选题

1．关于工业建筑的特点下列选项不正确的是（　　）。

　　A．设计应满足生产工艺的要求

　　B．厂房内部有较大的面积和空间

　　C．与民用建筑相比，工业建筑结构、构造比较简单，技术要求不高

　　D．为满足室内采光、通风的需要，屋顶往往设有天窗

2．在一些不要求保温、隔热的热加工车间、防爆车间和仓库建筑的外墙，可采用轻质板材墙。下列选项不是轻质板材墙板的是（　　）。

A．石棉水泥波形瓦 　　　　　B．镀锌铁皮波形瓦

C．压型钢板 　　　　　　　　D．加气混凝土墙板

3．一些热加工车间常采用（　　）。

A．复合材料板 　　　　　　　B．单一材料板

C．轻质板材墙 　　　　　　　D．开敞式外墙

4．厂房大门主要是供生产运输车辆及人通行、疏散之用。下列选项不是按门的开启方式分类的是（　　）。

A．升降门　　　　B．空腹薄壁钢门　　　　C．推拉门　　　　　　D．折叠门

5．矩形天窗是单层工业厂房常用的天窗形式。下列说法不正确的是（　　）。

A．它主要由天窗架、天窗扇、天窗屋面板、天窗侧板及天窗端壁等构件组成

B．天窗架的宽度根据采风和通风要求一般为厂房跨度的 $1/3 \sim 1/2$

C．防雨要求较高的厂房可在上述固定扇的后侧加 500mm 宽的固定挡雨板，以防止雨水从窗扇两端开口处飘入车间

D．天窗檐口常采用无组织排水，由带挑檐的屋面板构成，挑出长度一般为 $300 \sim 500$mm

二、多选题

1．工业建筑与民用建筑一样，要体现（　　）的方针。

A．适用　　　　B．经济　　　　　　C．安全　　　　　D．美观

2．厂房的承重结构由（　　）和（　　）组成。

A．纵向骨架 　　　　　　　　B．横向连系构件

C．横向骨架 　　　　　　　　D．纵向连系构件

3．按开启方式分类，侧窗分为（　　）。

A．立旋窗　　　　B．平开窗　　　　C．中悬窗　　　　　D．上悬窗

三、简答题

1．什么叫工业建筑？

2．单层工业厂房的主要结构构件有哪些？

3．单层工业厂房为什么要设置天窗，天窗有哪些类型？试分析它们的优点和缺点。

4．天窗侧板有哪些类型，天窗侧板在构造上有什么要求？

5．厂房地面有什么特点和要求，地面由哪些构造层次组成，它们有什么作用？

四、实训题

单层工业厂房屋面排水有几种方式，各适用哪些范围，屋面排水如何组织？试画出屋顶平面图并表达排水方式。

习题答案

附　　录

【学习目标】

● 熟悉建筑设计方法和原理。
● 会运用建筑设计的方法和原理。
● 掌握建筑构造方法。
● 了解现行的建筑设计规范并会查用。

【核心概念】

平面图设计，立面图设计，剖面图设计，节点详图。

附录 1　建筑构造实务任务书

任务一：中学教学楼设计

1. 设计题目

教学办公楼设计。

2. 设计目的和要求

在老师的指导下，每个学生独立完成一项民用建筑工程的设计任务，熟悉建筑设计的基本过程及建筑构造的原理和构造方法，研究确定建筑方案，完成建筑设计的平面、立面、剖面及细部构造图的绘制，并编写设计说明。在课程设计的过程中，综合运用和加深理解所学专业课的基本理论、基本知识和基本技巧，培养和锻炼学生设计、绘图、编写说明和表达设计总图的能力，为学生更好地学习其他课程，毕业后更好地适应社会发展打下良好的基础。

3. 工程概况

(1) 教学楼位于某校区新建校园内，建筑立面造型及外装修力求朴素大方、活泼开朗，明快而富有生机。

(2) 教学楼的建筑面积为 $1000m^2$，为三层，采取外廊式布置，层高为 3.3m，框架结构。

(3) 教学楼主要房间为教室，具体其他房间种类设置由学生自定。房间的采光要均匀，通风要好，教室与教室间、教室与走廊间要有良好的隔声条件，能较好地满足各房间的使用要求。

(4) 采用平屋顶有组织排水方案，屋顶有保温或隔热要求，檐口形式及屋面防水方案由学生自定，屋面为上人屋面。

(5) 防火等级 Ⅱ 级，采光等级 Ⅱ 级。

4. 设计资料

(1) 水文资料：常年地下水位在自然地面以下 8m 处，水质对混凝土无侵蚀作用。

(2) 地质条件：

① 建筑场地平坦，地质构造简单，属亚黏土，地耐力可按 $15t/m^2$ 考虑。

② 属 6 度地震区，但要求按 7 度抗震设防烈度构造设防。

(3) 气象资料：

① 冬季取暖、室外计算温度 –9℃；夏季通风，室外计算温度 31℃，最高月平均气温 27℃，最低月平均气温 –2℃。

② 全年主导风向为东南风，夏季为北风，冬季平均风速为 3.5m/s，夏季为 2.8m/s，

风荷载为 350N/m²。

③ 年降雨量为 631.8mm，日最大降雨量为 109.6mm，小时最大降雨量为 79mm。

④ 室外相对温度，冬季为 49%，夏季为 56%。

⑤ 土壤最大冻结深度为 180mm，最大积雪厚度为 200mm，雪荷载为 250N/m²。

5. 设计内容及图纸要求

用铅笔绘制 A2 图纸，完成下列内容。

1) 标准层单元平面图 (比例 1 ： 100)

(1) 确定各房间的形状、尺寸及位置，表示固定设备及主要家具布置，标注房间面积。

(2) 确定门窗的大小、位置，标识门的开启方式和方向。

(3) 标识出楼梯、阳台、储藏空间等。

(4) 标注三道外部尺寸 (总尺寸、轴线尺寸与门窗尺寸) 和必要的内部尺寸。

(5) 标注剖切符号，注写图名和比例。

2) 剖面图 (剖过主要楼梯间、门窗洞口)(比例 1 ： 200)

(1) 确定各主要部分的高度和分层情况，以及主要构件的相互关系。

(2) 标识出楼梯的踏步、平台以及固定设备。

(3) 标注室内外地面标高、屋面标高，标注两道外部尺寸 (即建筑总高度及层高)。

(4) 注写图名和比例。

3) 立面图 (主要立面及侧立面图)(比例 1 ： 100)

(1) 标识出门窗、阳台、雨篷等构配件的形式和位置。

(2) 注写图名和比例。

4) 各部节点详图 (比例 1 ： 20 或 1 ： 10)

5) 方案说明

(1) 情况说明。

① 简要说明工程性质、用途。

② 经济指标：总建筑面积、总使用面积，使用面积系数 K 值。

③ 建筑物的设计特点、设计构思、疏散组织、平面组合、建筑造型。

(2) 主要技术指标。

$$平均每套建筑面积\,(m^2/\,套\,) = \frac{总建筑面积\,(m^2)}{总套数\,(\,套\,)}$$

$$使用面积系数 = \frac{总套内使用面积\,(m^2)}{总建筑面积\,(m^2)}$$

6. 参考资料

(1) 《房屋建筑构造》(教材)。

(2) 《建筑设计资料集》。

(3)《民用建筑防火规范及设计规范》。

(4)《建筑制图标准》。

(5)《建筑设计标准图集》。

(6)《教学楼建筑设计规范》。

(7)《民用建筑设计通则》。

(8) 其他有关法规、条例等。

任务二： 单元式多层住宅楼设计

1. 设计题目

单元式多层住宅楼设计。

2. 设计目的

《建筑构造实务》是对学生在房屋建筑学课程学习后的综合训练，巩固和运用建筑构造课程所学的原理与知识，了解国家现有的设计方针及建筑设计的有关规范，掌握建筑设计的基本原理和设计的程序，培养学生独立创新能力。

3. 设计条件

(1) 基地：本设计为城市住宅，位于城市某居住小区，具体地点自定。

(2) 技术条件：结构按框架结构考虑，承重方向的开间或进深应符合模数，墙厚度结合各地区情况确定，夏季主导风向为东南风，冬季主导风向为北风。耐火等级为二级，抗震设防烈度为 7 度。北方地区日照间距按 1 ∶ 1.5 考虑。建筑的水、暖、电均由城市集中供应。

(3) 面积指标：二室二厅一卫面积 80 ~ 100m²，三室二厅一卫面积 90 ~ 120m²，三室二厅二卫面积 110 ~ 130m²，要求设计两种户型以上，一个单元可布置同一种户型或两种户型。

(4) 层数及层高：建筑层数按 6 层设计，层高一般可选用 2.8m 或 2.9m、3m。

4. 设计要求、内容及深度

要求铅笔绘图，图幅为 A2，具体内容如下。

1) 标准层单元平面图 (1 ∶ 100)

(1) 确定房间的形状、尺寸、位置及其组合。房间内应布置活动家具及固定设备，并且标注居室净面积及每套住宅户内使用面积。

(2) 确定门窗位置、大小 (按比例画，不标尺寸) 及门的开启方式和方向，墙画双线，剖切部分以粗实线表示，窗洞以细实线表示。

(3) 楼梯应画出踏步、平台及上下行方向线，平面图还应标识储藏设施和阳台位置、

深度尺寸。

(4) 标注各定位轴线编号和总尺寸、轴线尺寸及必要的尺寸。

(5) 标出房间名称、剖切线、图名及比例。

2) 剖面图 (1 或 2 个，1 ： 100 或 1 ： 150)

(1) 着重标识住宅内部空间的尺度，如总高、层高、屋面、室内与室外的关系等。

(2) 剖切部分的墙体轮廓画双粗实线，钢筋混凝土部分涂黑表示，门窗洞口用双细实线表示，未剖切部分的投影画细实线。

(3) 活动的家具不画，只画固定设备。

(4) 尽可能标识出结构构件的相互关系。

(5) 标出各层标高、屋面标高和室外地坪标高。

(6) 标注剖面图的起止定位轴线编号。

(7) 标注图名及比例。

3) 立面图 (1 ： 100)

(1) 外轮廓线画中粗实线，地坪线画粗实线，其余均为细实线。

(2) 窗应分扇，以单线表示。

(3) 阳台、楼梯间花格形式可以简化，但应全部画出。

(4) 立面图标注尺寸。

(5) 标注单元组合体两端轴线号，轴线号以整幢住宅为准。

(6) 标注图名及比例，图名以起止轴线号表示，即○~○立面图表示。

4) 各部节点详图

比例 1 ： 20 或 1 ： 10。

5) 方案说明

(1) 情况说明。

① 简要说明工程性质、用途。

② 经济指标：总建筑面积、总使用面积，使用面积系数 K 值。

③ 建筑物的设计特点、设计构思、疏散组织、平面组合、建筑造型。

(2) 主要技术指标。

$$平均每套建筑面积 (m^2/ 套) = \frac{总建筑面积 (m^2)}{总套数 (套)}$$

$$使用面积系数 = \frac{总套内使用面积 (m^2)}{总建筑面积 (m^2)}$$

5. 设计方法与步骤

(1) 设计准备。

① 认真研究设计任务书和指导书，明确设计任务和有关要求。

② 搜集资料，并就近参观同类建筑，为做好设计打下基础。

(2) 方案构思。

① 对住宅进行功能分析，确定各房间的使用功能，分析之间的相互关系。

② 结合基地环境，并从功能分析入手，进行空间组合，从单一空间到套型组合，再由套组合成单元，最后将单元组合为整幢房屋，反复修改直至画出最满意的块体组合图。

(3) 在方案构思、块体组合的基础上，完成方案草图。

(4) 在教师指导下，修改方案草图，完成初步设计图。

6. 参考资料

(1)《房屋建筑构造》（教材）。

(2)《建筑设计资料集》。

(3)《民用建筑防火规范及设计规范》。

(4)《建筑制图标准》。

(5)《建筑设计标准图集》。

(6)《教学楼建筑设计规范》。

(7)《民用建筑设计通则》。

(8) 其他有关法规、条例等。

任务三： 小别墅楼设计

1. 设计目的

在学习"房屋建筑学"课程基本原理的基础上，通过本次"小别墅课程设计"题目的训练，使学生进一步熟悉和了解建筑平面图、立面图、剖面图的表达深度及施工图设计的有关内容，并为下一阶段进入专业课程学习打下良好的基础。

住宅建筑面广量大，涉及千家万户，建筑设计应紧扣以人为本的设计主体思想，做到精心设计，平面布局力求功能合理，立面造型富有新意，努力为住户创造一个温馨舒适健康的居住环境。

2. 设计条件

(1) 建筑材料。

① 承重墙体均采用 240mm 厚承重多孔砖砌筑，按照 7 度抗震设防烈度设置圈梁、构造柱。非承重分隔墙均为 120mm 厚多孔砖砌筑。

② 楼板、屋面板均为钢筋混凝土整体现浇。底层除厨房、卫生间及楼梯间为实铺地面外，其余均采用架空多孔板。室内外高差 600mm。

③ 内墙面除厨房、卫生间需粘贴面砖外，其余均采用砂浆粉刷。外墙饰面材料（涂料或面砖）自定。楼地面面层做法除厨房、卫生间粘贴地砖外，其余均为木地板（

架空或实铺自定）。

④ 外窗采用塑钢窗，钢制高级防盗进户门。内门为夹板分室门。入口处设置信报箱。

(2) 楼梯可采用现浇钢筋混凝土楼梯或者钢楼梯。

(3) 分户门1400mm×2100mm，分室门900mm×2400mm，厨房、卫生间门800mm×2100mm；窗台高900mm；窗高自定。阳台栏板(杆)高度不低于1050mm。阳台、门宽度自定，高度2400mm。

(4) 保温屋面，做法及檐口构造由设计者自定（屋顶形式平屋顶或坡屋顶均可）。

3. 设计要求

(1) 在提供的多套住宅设计方案（供参考可略作调整）的基础上，要求自选一套完成住宅建筑平面图、立面图、剖面图及部分节点详图（至施工图深度）。每位学生需独立完成一套图纸（共9张），图纸内容及比例规定如下。

① 底层平面图，1：100。

② 二层平面图，1：100。

③ 屋顶平面图，1：100。

④ 东、西、南、北各立面图，1：100。

⑤ 剖面图，1：100。

⑥ 详图（自定），1：10。

(2) 要求学生每天到教室绘图，由任课教师辅导，在规定的时间内将完成的设计图纸及时交给任课教师。

4. 图纸内容与表达深度

1) 平面图

(1) 平面形状、各种房间布置及相互关系，墙身、构造柱、门窗、楼梯、台阶花台等；底层平面应有指北针，并绘出各层平面厨房和卫生间的设备布置。

(2) 各房间名称，各层平面标高，同一平面中存在的不同高度（如厨房、卫生间和楼梯半平台）的标高。

(3) 纵、横定位轴线及其编号。

(4) 平面尺寸标注：三道半尺寸。

(5) 楼地面标高；楼梯上下行箭头。

(6) 剖面图及详图所在的剖切位置及编号（在底层平面中绘出）。

(7) 门窗编号（自定）。

(8) 屋顶平面如为坡屋面，应绘出檐口、屋脊、排水方向、雨水管位置，并标注各屋脊标高。

2) 立面图（正立面、背立面、侧立面）

(1) 建筑物外形轮廓及墙面、门窗、阳台、台阶、检修口、雨篷等配件在立面图上的投影。

(2) 立面标高：包括屋脊、檐口、门窗上下口、勒脚、室外地面等标高。

3) 剖面图

(1) 剖面图主要表示建筑物的结构形式、高度和内部空间关系。

(2) 建筑物的剖切面投影及墙面、门窗的正投影。

(3) 二道尺寸，即各层层高及建筑物的总高。

(4) 屋面排水坡度。

(5) 防潮层位置表示。

(6) 标注内外墙、柱的轴线及其间距。

4) 各部节点详图

比例 1 ：20 或 1 ：10。

5) 方案说明

(1) 情况说明。

① 简要说明工程性质、用途。

② 经济指标：总建筑面积、总使用面积，使用面积系数 K 值。

③ 建筑物的设计特点、设计构思、疏散组织、平面组合、建筑造型。

(2) 主要技术指标。

$$平均每套建筑面积\,(\mathrm{m^2/\,套}) = \frac{总建筑面积\,(\mathrm{m^2})}{总套数\,(套)}$$

$$使用面积系数 = \frac{总套内使用面积\,(\mathrm{m^2})}{总建筑面积\,(\mathrm{m^2})}$$

5. 参考资料

(1) 《房屋建筑构造》（教材）。

(2) 《建筑设计资料集》。

(3) 《民用建筑防火规范及设计规范》。

(4) 《建筑制图标准》。

(5) 《建筑设计标准图集》。

(6) 《教学楼建筑设计规范》。

(7) 《民用建筑设计通则》。

(8) 其他有关法规、条例等。

附录 2　建筑构造实务指导书

本次课程设计是为了培养学生综合运用所学理论知识和专业知识，解决实际工程问题能力的最后一个重要教学环节，师生都应当充分重视。为了使大家进一步明确设计的具体内容及要求，特作如下指导。

1. 目的与要求

1) 目的

(1) 通过此次设计能达到系统巩固并扩大所学的理论知识与专业知识，使理论联系实际。

(2) 在指导教师的指导下能独立解决有关工程的建筑施工图设计问题，并能表现出有一定的科学性与创造性，从而提高设计、绘图、综合分析问题与解决问题的能力。

(3) 了解在建筑设计中，建筑、结构、水、暖、电各工种之间的责任及协调关系，为走上工作岗位，适应我国安居工程建设的需要打下良好基础。

2) 要求

学生应严格按照指导老师的安排有组织、有秩序地进行本次设计。先经过老师讲课辅导、答疑以后，学生自行进行设计，完成主要工作以后，在规定的时间内再进行答疑、审图后，每位学生必须将全部设计图纸加上封面装订成册。

2. 设计图纸内容及深度

在选定的住宅设计方案基础上，进行建筑施工图设计，要求 2 号图纸 3 张左右，具体内容如下。

1) 施工图首页

建筑施工图首页一般包括：图纸目录、设计总说明、总平面图、门窗表等。总说明主要是对图样上无法标明的和未能详细注写的用料和做法等的内容作具体的文字说明。

2) 建筑平面图

应标注如下内容。

(1) 外部尺寸。如果平面图的上下、左右是对称的，一般外部尺寸标注在平面图的下方及左侧；如果平面图不对称，则四周都要标注尺寸。外部尺寸一般分三道标注：最外面的一道是外包尺寸，表示房屋的总长度和总宽度；中间一道尺寸表示定位轴线间的距离；最里面一道尺寸，表示门窗洞口、门或窗间墙、墙端等细部尺寸。底层平面图还应标注室外台阶、花台、散水等尺寸。

(2) 内部尺寸。包括房间内的净尺寸、门窗洞、墙厚、柱、砖垛和固定设备（如厕所、盥洗、工作台、搁板等）的大小、位置及墙、柱与轴线的平面位置尺寸关系等。

(3) 纵、横定位轴线编号及门窗编号。门窗在平面图中，只能反映出它们的位置、数量和洞口宽度尺寸，窗的开启形式和构造等情况是无法表达的。每个工程的门窗规格、型号、数量都应有门窗表说明，门代号用M表示，窗代号用C表示，并加注编号以便区分。

(4) 标注房屋各组成部分的标高情况。如室内外地面、楼面、楼梯平台面、室外台阶面、阳台面等处都应当分别注明标高。对于楼地面有坡度时，通常用箭头加注坡度符号标明。

(5) 从平面图中可以看出楼梯的位置、楼梯间的尺寸，起步方向、楼梯段宽度、平台宽度、栏杆位置、踏步级数、楼梯走向等内容。

(6) 在底层平面图中，通常将建筑剖面图的剖切位置用剖切符号表达出来。

(7) 建筑平面图的下方标注图名及比例，底层平面图应附有指北针标明建筑的朝向。

(8) 建筑平面中应表示出各种设备的位置、尺寸、规格、型号等，它与专业设备施工图相配合供施工等用，有的局部详细构造做法用详图索引符号表示。

3) 建筑立面图

建筑立面图主要反映出房屋的外貌和高度方向的尺寸。

(1) 立面图上的门窗可在同一类型的门窗中较详细地各画出一个作为代表，其余用简单的图例表示。

(2) 立面图中应有三种不同的线形：整幢房屋的外形轮廓或较大的转折轮廓用粗实线表示；墙上较小的凹凸（如门窗洞口、窗台等）以及勒脚、台阶、花池、阳台等轮廓用中实线表示；门窗分格线、开启方向线、墙面装饰线等用细实（虚）线表示。室外地坪线可用比粗实线稍粗一些的实线表示，尺寸线与数字均用细实线表示。

(3) 立面图中外墙面的装饰做法应由引出线引出，并用文字简单说明。

(4) 立面图在下方中间位置标注图名及比例。左、右两端外墙均用定位轴线及编号表示，以便与平面图相对应。

(5) 标明房屋上面各部分的尺寸情况：如雨篷、檐口挑出部分的宽度、勒脚的高度等局部小尺寸，注写室外地坪、出入口地面、勒脚、窗台、门窗顶及檐口等处的标高。数字写在横线上的是标注构造部位顶面标高，数字写在横线下的是标注构造部位底面标高（如果两标高符号距离较小，也可不受此限制）。标高符号位置要整齐，三角形大小应该标准、一致。

(6) 立面图中有的部位要画详图索引符号，表示局部构造另有详图表示。

4) 建筑剖面图

要求用两个横剖面图或一个阶梯剖面图来表示房屋内部的结构形式、分层及高度、构造做法等情况。

(1) 外部尺寸有三道：第一道是窗（或门）、窗间墙、窗台、室内外高差等尺寸，第二道尺寸是各层的层高，第三道是总高度。承重墙要画定位轴线，并标注定位轴线的间距尺寸。

(2) 内部尺寸有两种：地坪、楼面、楼梯平台等标高，所能剖到部分的构造尺寸。

必要时需注写地面、楼面及屋面等的构造层次与做法。

(3) 表达清楚房屋内的墙面、顶棚、楼地面的面层,如踢脚线、墙裙的装饰和设备的配置情况。

(4) 剖面图的图名应与底层平面图上剖切符号的编号一致;和平面图相配合,也可以看清房屋的入口、屋顶、天棚、楼地面、墙、柱、池、坑、楼梯、门、窗各部分的位置、组成、构成、用料等情况。

3. 几项具体意见

(1) 图纸一律用铅笔绘制,图面表现中的线条、尺寸、材料符号、标高等均应符合建筑制图标准。

① 粗实线:墙身线、立面轮廓线、剖切部分外延线、地坪线等。

② 中粗线:次要轮廓线、门窗剖切部分,次要构配件剖切部分等。

③ 细实线:可见部分的投影线、平面图中的门窗、尺寸线、标高线、楼梯上下行箭头线、指引线、剖切折断线、详图中构造层次分层线等。

④ 中心线:定位轴线。

⑤ 字体:图内字体均用仿宋体,图标题用粗线体(黑体)。

(2) 要进行合理的图面布置(包括图样、图名、尺寸、文字说明及技术经济指标),做到图面布置均衡、主次分明、排列均匀紧凑、线形分明、线条粗细有致,表达清晰、投影关系正确,字体工整清晰,符合制图标准。

(3) 绘图顺序,一般是先平面,然后剖面、立面和详图;先用硬铅笔打底稿,再加深或上墨;同一方向或同一线形的线条相继绘出,先画水平线(从上到下),后画铅直线或斜线(从左到右);先画图,后注写尺寸和说明。一律采用工程字体书写,以增强图面效果。

(4) 自制标题栏(见表一)。

表一　标题栏

班　　级		工　程　名　称:		图纸号	
设 计 人		图　名		比　例	
指导教师		日　期		成　绩	

4. 评分标准（见表二）

表二　评分标准

评 分 标 准	所占比例
设计态度：平时出勤情况、认真程度、查阅资料情况	10%
设计方案：方案是否新颖，功能分区是否合理，使用是否方便，细部设计是否合理，结构是否合理	30%
绘制深度：是否达到建筑施工图标准，绘图表达是否符合制图规范，平面图、立面图、剖面图是否完整，图例、标注、线形是否正确	30%
图面质量：图面是否干净整洁，布图是否合理	10%
图纸数量：是否按照设计要求完成全部图纸，有无缺项	10%
设计说明：设计思想是否新颖，设计理论是否正确，能否叙述设计要点	10%

附录3 建筑设计说明

建筑设计说明

1 设计依据

1.1 规划管理部门批准的《××××省×××市×××区总体规划》。

1.2 规划管理部门批准的《建设用地规划许可证》。

1.3 规划管理部门批准的《建设项目选址意见书》。

1.4 土地管理部门批准的《土地使用证》。

1.5 现行的国家有关建筑设计规范、规程和规定。

1.5.1 民用建筑设计通则(GB 50352—2005)

1.5.2 建筑设计防火规范(GB 50016—2014)

1.5.3 办公建筑设计规范(JGJ 67—2016)

1.5.4 城市道路和建筑物无障碍设计规范(GB/T 50763—2012)

1.5.5 建筑工程设计防火规范(GB/T 50353—2013)

1.5.6 建筑工程设计防火规范(GB 50016—2014)

1.5.7 民用建筑工程室内环境污染控制规范(GB 50325—2010)

1.6 甲方提出的其他各种要求

2 项目概况

工程名称	×××省×××市×××区××公司办公楼
工程地址	×××省×××市×××路×××号
建设单位	×××省×××市×××公司
建筑面积	2594.79m²
用地面积	5473.1m²	基底面积	630m²
建筑高度	20.70m	使用年限	50年
建筑防火分类及耐火等级		抗震烈度	7度
结构形式	二级	屋面防水等级	Ⅱ级

3 设计标准

3.1 本工程±0.000相当于绝对标高56.83m。

3.2 各标高以米为单位,各标注以米为单位,标高以建筑面积为准。(屋面标高为结构面标高)

3.3 本工程标高以米为单位,总平面尺寸以米为单位,其他尺寸以毫米为单位。

4 墙体工程

4.1 墙体采用墙宽D为6级,强度35级袋装加气混凝土砌块,做法参见96J125。

100mm厚的加气砌块名称多孔混凝土砌块,现C15细石混凝土填实。

4.2 墙体设防潮层,墙身细部设墙渗漏管墙道参见本图集无索引者,做法见本省图03J129。

4.3 本工程采用240M气混凝土砌块,做法见《建筑混凝土墙设计规范》,01J202L填实。

4.4 不保墙的装置,附墙所用设备在墙内布置应设立管,均应在墙体装置工作前做好与安装图纸对接,设备在砌体内应正确设置管道实现,须设安装参数要求。L02J101℃:室内管道墙内安装做法参见小阴阳用;3:大泥砂砖填墙补,大阴阳墙面墙混凝土填实。

5 屋面工程

5.1 本工程的屋面防水等级为Ⅰ级,防水合理使用年限为5年。

5.2 屋面碳溶及屋面平点参见几见基准见屋面平面图、露台、雨落水见大样图。

5.3 屋面防水细部节点做法详见《屋面工程质量验收规范》,排水详见大样、雨水详见构造图集。

6 门窗工程

6.1 建筑外门窗选用符合全集断桥型铝合金型断桥型铝,玻璃为通明中空玻璃。

6.2 建筑外门窗抗风压性能分级为3级,气密性能分级、水密性能分级为安全。

3级,保温性能分级为3级,隔声性能分级为4级。

6.3 《建筑玻璃应用技术规范》JGJ 113和《建筑安全玻璃管理规定》发改运行(2003)2116号及现场方要求的相关规定。

6.4 门窗立面均为洞口尺寸,具体加工尺寸主要按现场实际为准。

7 外装修工程

7.1 外墙建筑构造及外墙各色详立面详图。

7.2 外装修选用料色详各种建筑材料、规格、颜色、并做此色卡。建筑和设计单位经共同定料,后方进行施工。

8 内装修工程

8.1 内装修工程执行《建筑内部装修设计防火规范》,楼地面部分为依地面不同做法的颜色《建筑地面。设计规范》GB 50037。

8.2 内装修选用料交接料种处理两次变化大,除墙中另为证明者外均位于齐平或载优一面墙平面或面为准。

8.3 有水房间均防地面向下相坡度约30mm,凡设有地漏四周向地漏坡约做防水层,且四周墙面翻卷,在坡度向做1/2%坡度墙向地漏。

8.4 内装修选用各种材料,均应在制作样板或样册,经共同认可后方进行验收。

8.5 内装修选用料均应符合《民用建筑工程室内环境污染控制规范》的要求。

9 油漆涂料工程

9.1 室内装修所用料材参见建筑构造做法表。

9.2 多层料种油漆均由选用施工单位依相同据2建议不得使用同料的相同部位的颜色。

9.3 各种料种油漆由施工单位制作样材料,经认可后进行验收。

10 室外工程(室外做法)

10.1 室外工程:散道、道路、室外台阶等。

11 无障碍设计

11.1 卫生间及无障碍设计由施工图参照。

11.2 卫生间的无障碍设施安全参考、无障碍设计。

12 无障碍设计

12.1 无障碍设计

13 其他施工注意事项

13.1 图中所选用标准图中各种构件的型号、编号等、位置、铁号等。门窗、建筑细部等、本图所注的各种加工每面加材金属构成或需在现场切割后,确认无误方可施工。

14 防火设计

14.1 本建筑属于办公建筑,建筑设为次一类。

14.2 本建筑地上五层,建筑高度20.70m。

14.3 建筑耐火等级为二级,共设疏散楼梯的设置见总平面图。

14.4.1 防火分区的划分

14.4.1 单个防火分区最大允许建筑面积2500m²。

14.4.2 每个防火分区设有不少于2个的安全出口。

14.5 经计算,各办公大分区四层人数最多,计算为100人。计算(10m(10人/100人)小于宽度宽0.3m;出口宽度为2个,满足人数疏散宽度要求。

14.6 防火建筑做法

14.6.1 240厚加气混凝土砌块墙。

14.6.2 现浇钢筋混凝土楼板100厚。

14.6.3 建筑墙为内楼梯、隔墙以墙厚度,耐火极限≥2.1h。

14.6.4 内装修层防火墙外设计,应采用符合建筑材料设计标准的规定。

14.7 最大疏散楼梯梯间净宽为113M,满足防火规范。

14.8 消防栓及天火设计见本专业。

12 无障碍设计

12.1 建筑入口处设坡道和残疾人专用扶手,行动不便,平台净宽,门宽均≥1.5m。

12.2 走道均有坡度要求。

12.2.1 一层公共卫生间均设无障碍设施。

12.2.2 电梯平为残疾人垂直交通工具。

12.2.3 入口门厅、走道等人垂直交通各一个。

13 其他施工注意事项

13.1 图中所选用标准图中构件的型号、编号等、位置、铁号等,门窗、建筑细部等、本图所注的各种加工每面加材金属成或需在现场切割后,确认无误方可施工。

13.2 两种材料的墙身交接处,应铺设宽度每面加固金属网或在墙工中加铁丝网处理,防止裂缝。墙明铁块等面层均做防锈处理。

13.3 预留墙本线及楼梯等体砖的位置详见立面总面图。

13.4 卫生间门下需内定平底。

13.5 墙上门所留洞1.5cm查地面图。

13.6 楼梯设间的地面平比基础边0.5m,其底坡约1.05m,半直杆件同高不大于0.11m;水平未有处能力满足及规范要求。

13.7 楼梯栏杆凡未于墙设者按大样,楼梯面部分为建地面。

13.8 建筑材料(见用建筑工程室内环境污染制规范)执行。

13.9 未尽事宜,详见本工程施工图《建筑工程施工质量验收规范》。

13.10 施工中应严格执行国家各项施工质量验收规范。

门窗表 表一

类型	设计编号	洞口尺寸(mm)	数量	备注
窗	C1	2280X3100	4	
	C2	2300X3100	4	
	C3	2900X3100	4	
	C4	4100X2100	1	
	C5	2180X3050	4	
	C6	2200X3050	4	
	C7	2700X3050	4	
	C8	1200X1200	8	
	C9	2500X3100	2	
	C10	4300X3100	2	
	C11	2400X3050	2	
	C12	1860X3050	2	
	C13	4400X3050	2	
	C14	2900X2600	4	
	C15	2600X2600	3	
	C16	2000X2600	2	
	C17	2000X3150	2	
	C18	4400X2600	1	
	C19	600X3150	4	
	C1A	2280X3000	4	
	C2A	2300X3000	4	
	C3A	2900X3000	4	
	C5A	2180X2950	4	
	C6A	2200X2950	4	
	C7A	2700X2950	4	
	MQ1	9000X10900	1	
	MQ2	2500X10000	2	
	MQ3	8800X10000	1	
	MQ4	2400X10000	2	
转角窗	ZJC1	(4500+1340)X3100	4	
	ZJC1A	(4500+1340)X3000	4	
	ZJC2	(5840+1340)X3100	2	
	ZJC2A	(5840+1340)X3100	4	
	ZJC2B	(5840+1340)X3000	2	
门	M0821	800X2100	12	
	M1021	1000X2100	39	
	M1524	1500X2100	6	
	M1821	1800X2100	6	
	MC1	2600X2600	2	

附注：1.外窗所采用的铝合金型材均为新型铝合金隔热断桥型材.

2.当门窗的底高小于900时，在窗内侧做高至1050（或至窗户上樘）的防护栏杆.栏杆做法参99SJ403 ㊄

3.门窗生产厂家应由甲乙方共同认可，厂家负责提供安装详图，并配套提供五金配件.

4.预埋件位置视产品而定，但每边不得少于二个.

5.厕所门应作防腐处理；厕所窗采用压花玻璃；其余窗均采用中空玻璃.

6.门窗安装应满足其强度、热工、声学及安全性等技术要求.

7.建筑幕墙与每层楼板、隔墙处的缝隙，应采用岩棉等防火封堵材料封堵.

8.门窗表所注尺寸均为洞口尺寸，内门窗洞边缝隙根据洞口装修面厚度而定.

装修构造做法表 表二

部位	装修名称	装修做法	办公大厅	办公室	候梯厅	接待室	会议室	活动室		走廊	楼梯间	厕所	管道井电梯井	机房	备注
地面	大理石地面	L96J002 地27	√		√					√	√				
	铺地砖防潮地面	L96J002 地26										√			
	彩色釉面地瓷砖地面	L96J002 地34		√		√									
	水泥地面	L96J002 地4													
楼面	大理石楼面	L96J002 楼29	√		√					√	√				面层大理石改为花岗岩
	陶瓷锦砖（马赛克）防水楼面	L96J002 楼27										√			防水涂料沿墙上翻1200
	彩色釉面地瓷砖楼面	L96J002 楼21		√		√	√	√							
	水泥楼面	L96J002 楼1											√	√	
内墙	混合砂浆抹面	L96J002 内墙8											√	√	
	混合砂浆抹面	L96J002 内墙8	√	√	√	√	√			√	√	√			表面刮瓷，楼梯间处加一层保温砂浆
墙裙	瓷砖墙裙	L96J002 裙14										√			卫生间墙裙到顶，其余部位墙裙高1200
顶棚	水泥砂浆顶棚	L96J002 棚5	√	√	√	√	√			√	√	√			表面刮瓷
	水泥砂浆顶棚	L96J002 棚5												√	
踢脚	地砖踢脚	L96J002 踢9	√	√	√	√	√			√	√	√	√	√	踢脚材质同相邻楼面材质
外墙	水泥砂浆墙面	L96J002 外墙10	外贴银灰色铝塑板												
油漆	木材面油漆	L96J002 油2	用于所有木门和楼梯木扶手												颜色为浅栗色
	金属面油漆	L96J002 油41	用于金属栏杆												颜色为浅蓝色
屋面	PFB保温板上人屋面	L05SPR001	用于四层屋面												
	PFB保温板不上人屋面	L05SPR001	用于五层屋面												

公共建筑节能设计表

工程名称		工号	建筑面积m^2		规定值	设计值	结构类型
山东潍坊滨海经济开发区土地储备中心办公楼			2636.8m^2	屋顶透明部分与屋顶总面积之比	‹0.20	—	□砌体 □框架 □剪力墙 □钢结构 □其它（ ）
建筑外表面积m^2	建筑体积m^3	体形系数		中庭屋顶透明部分与中庭屋顶总面积之比	规定值	设计值	
3002.50m^2	10034.00m^3	0.30			‹0.70	—	窗墙面积比：南0.58 东0.37 西0.40 北0.59

围护结构部位		传热系数K限值（W/（M2.K）） S‹0.30		0.3‹S‹0.40		选用做法传热系数K		做法说明
南向外墙（包括非透明幕墙）		‹0.60		‹0.50		‹0.53		加气混凝土砌块(PU保)
东向外墙（包括非透明幕墙）		‹0.60		‹0.50		‹0.53		加气混凝土砌块(PU保)
西向外墙（包括非透明幕墙）		‹0.60		‹0.50		‹0.53		加气混凝土砌块(PU保)
北向外墙（包括非透明幕墙）		‹0.60		‹0.50		‹0.53		加气混凝土砌块(PU保)
底面接触室外空气的架空或外挑楼板		‹0.60		‹0.50		—		—
非采暖空调房间与采暖空调房间的楼板		‹1.5		‹1.5		—		—
非采暖空调房间与采暖空调房间的隔墙		‹1.5		‹1.5		—		—
变形缝两侧墙体		‹1.5		‹1.5		‹0.52		加气混凝土砌块(PU保)
外窗（包括透明幕墙）		传热系数K	遮阳系数SC	传热系数K	遮阳系数SC	选用传热系数K	选用遮阳系数SC	
南向外窗	0.40‹窗墙面积比‹0.50	‹2.00	‹0.50	‹1.80	‹0.50	1.90	0.20	
东向外窗	0.30‹窗墙面积比‹0.40	‹2.70	‹0.70	‹2.30	‹0.70	1.90	0.20	
西向外窗	0.30‹窗墙面积比‹0.40	‹2.70	‹0.70	‹2.30	‹0.70	1.90	0.20	
北向外窗	0.40‹窗墙面积比‹0.50	‹2.00	‹0.50	‹1.80	‹0.50	1.90	0.20	
屋顶透明部分		‹2.70	‹0.50	‹2.70	‹0.50	—	—	—
地面		热阻 R(M2.K/W)	—		选用做法热阻R(M2.K/W)		—	—
采暖、空调地下室外墙（与土壤接触的墙）								
注：外墙传热系数是包括结构性热桥在内的平均传热系数.					设计单位（章）		审核	校对 设计

技术经济指标 表四

占地面积	1800m^2
总建筑面积	2594.79m^2
容积率	1.5
建筑高度	20.70 m
建筑耐火等级	二级

采用标准图集 表三

图集号	图集名称	图集性质
L96J002	建筑做法说明	山东省建筑设计标准
L03J609	装饰木门	〃
L03J602	铝合金门窗	〃
L92J606	防火门	〃
L02J101	墙身配件	〃
L96J401	楼梯配件	〃
L03J004	室外配件	〃
L01J202	屋面	〃
L96J003	卫生间配件及洗池	〃
L96J901	室内装修	〃
99SJ403	楼梯建筑构造	国家建筑标准设计

无机非金属材料放射性指标限量 附表一

类别	测定项目	限量
建筑材料	内照射指数(I_{Ra})	≤1.0
	外照射指数(I_{γ})	≤1.0
装修材料	内照射指数(I_{Ra})	≤1.0
	外照射指数(I_{γ})	≤1.3

人造木板及饰面人造木板游离甲醛限量 附表二

类别	E1
甲醛释放量限量环境试仓法测定(mg/m³)	≤0.12
甲醛含量分类限量穿孔法测定(mg/100g，干材料)	≤9.0
甲醛释放量分类限量干燥器法测定(mg/L)	≤1.5

挥发性有机化合物(TVOC、甲醛、苯)限量 附表三

类别	TVOC (g/L)	游离甲醛 (g/kg)	苯 (g/kg)
室内用水性涂料	≤200	≤0.1	
室内用酚醛清漆	≤500		≤5
室内用水性胶粘剂	≤50	≤1	
室内用溶剂性胶粘剂	≤750		≤5

表四：室内环境污染物浓度限量 附表四

氡	(Bq/m³)	≤400
游离甲醛	(mg/m³)	≤0.12
TVOC	(mg/m³)	≤0.6
苯	(mg/m³)	≤0.09
氨	(mg/m³)	≤0.5

XXX建筑设计研究院		XXX省XXX市XXX区XXX公司办公楼	审定		专业负责人		设计编号	
			院审		复核		专业	建施
资质证书编号		设计总说明（二）	室(所)审		设计		图号	J-1B
注册师印章编号			项目负责人		绘图		日期	

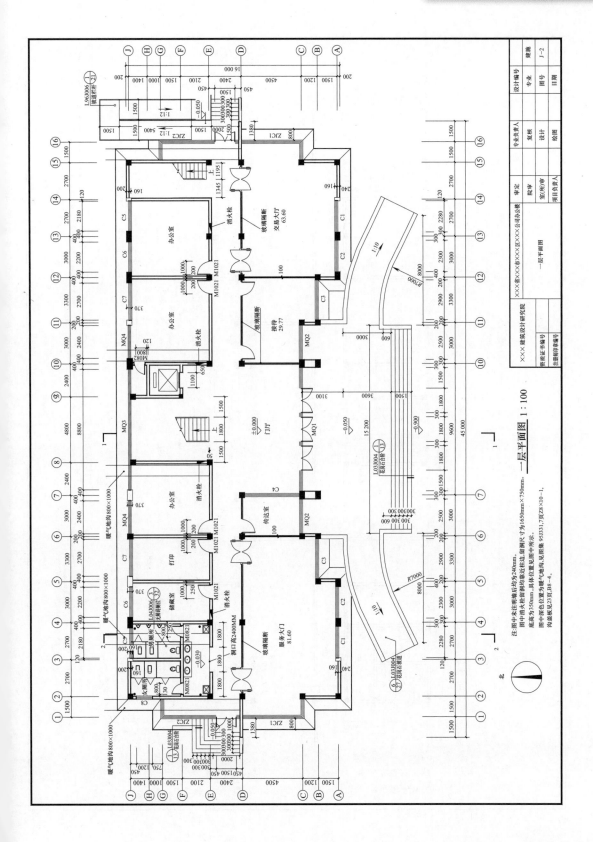

一层平面图　1：100

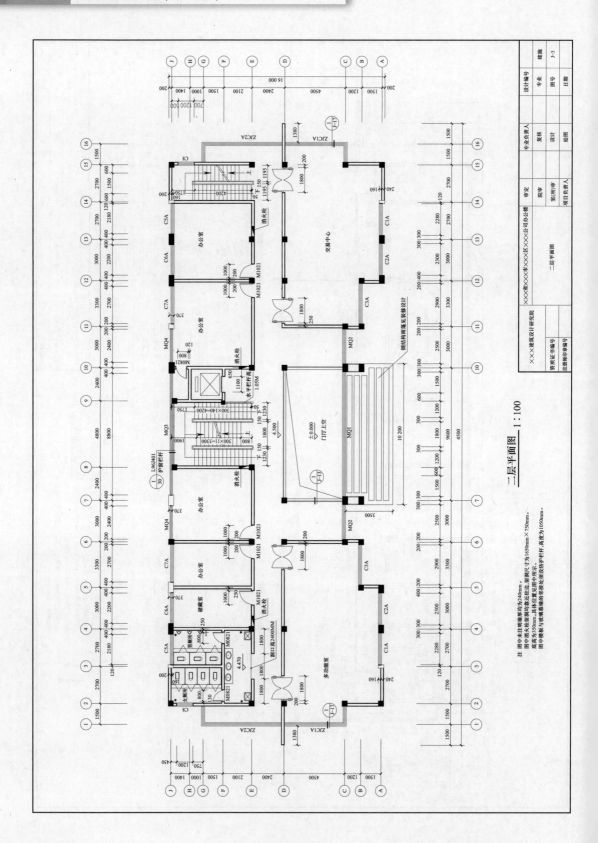

二层平面图 1:100

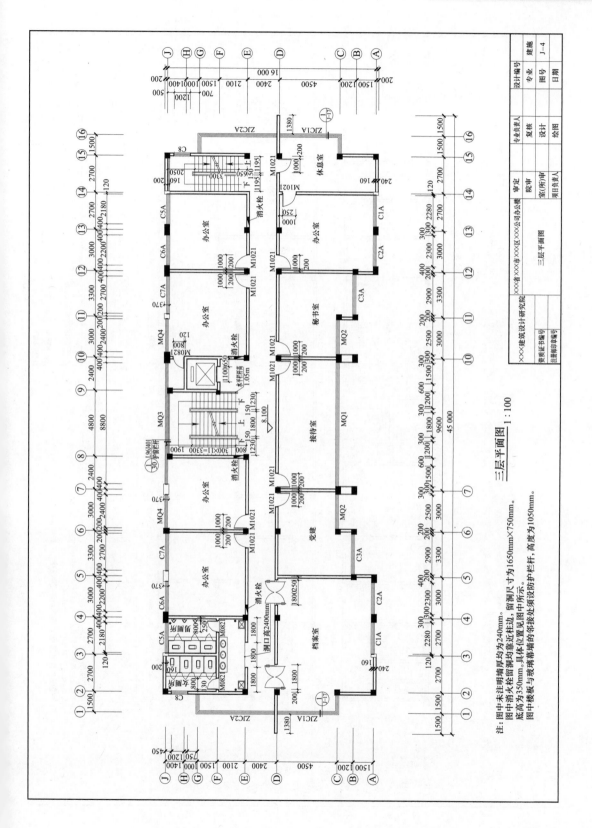

三层平面图 1:100

注：图中未注明墙厚均为240mm。
图中消火栓留洞均靠近柱边，留洞尺寸见图中所示。
底高为350mm。具体位置见图中所示。
图中楼板与玻璃幕墙的邻接处处须设设防护栏杆，高度为1050mm。

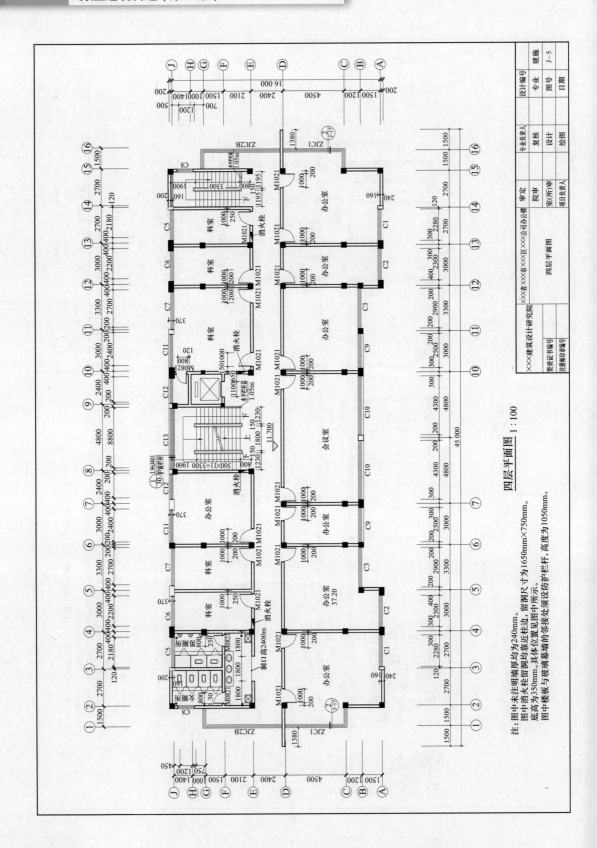

四层平面图 1:100

注：图中未注明墙厚均为240mm。
图中消火栓留洞均靠近柱边，留洞尺寸为1650mm×750mm。
底高为350mm。具体位置见图中所示。
图中楼板与玻璃幕墙的邻接处须设设防护栏杆，高度为1050mm。

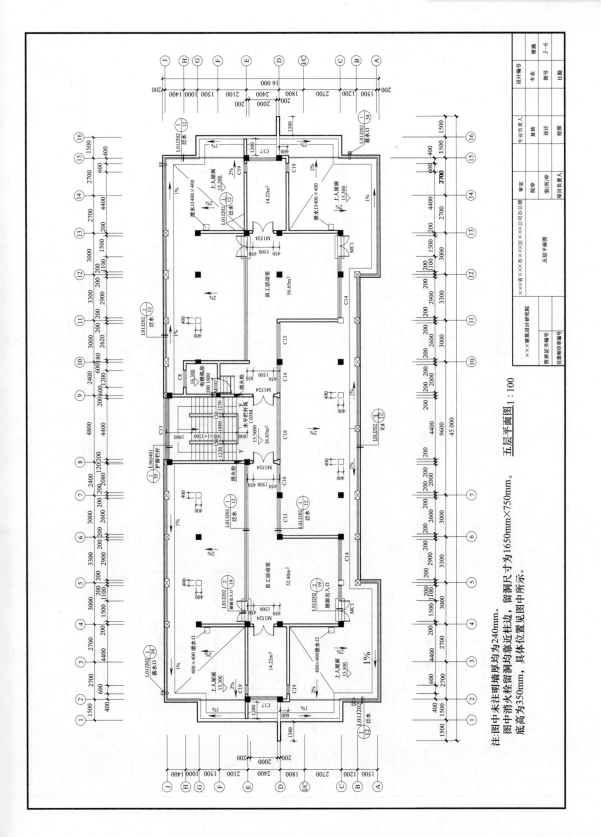

注：图中未注明墙厚均为240mm。
图中消火栓留洞均靠近柱边，留洞尺寸为1650mm×750mm，
底高为350mm，具体位置见图中所示。

五层平面图 1∶100

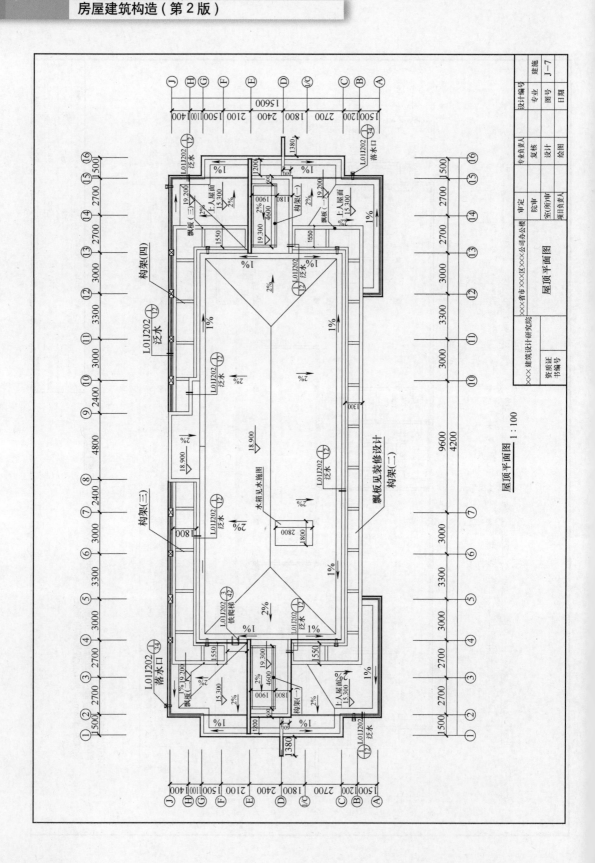

屋顶平面图 1：100

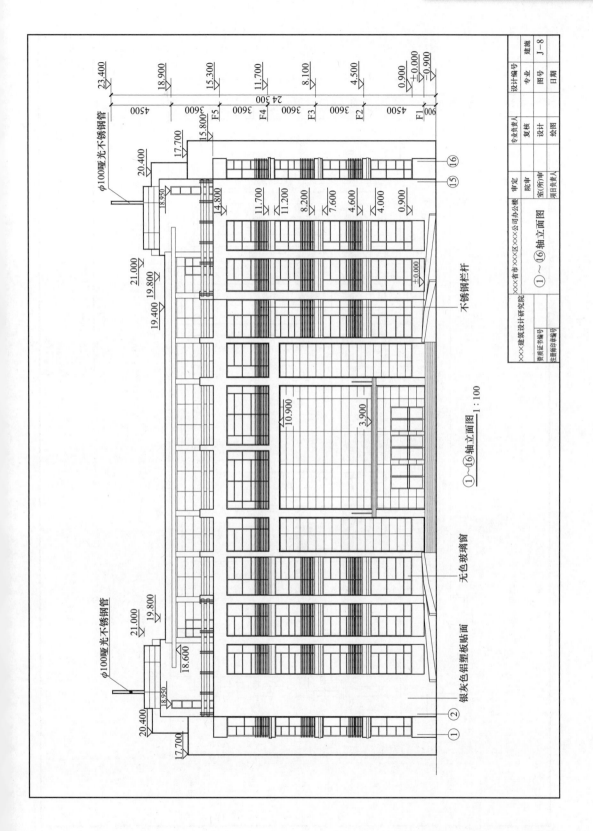

①～⑯轴立面图 1:100

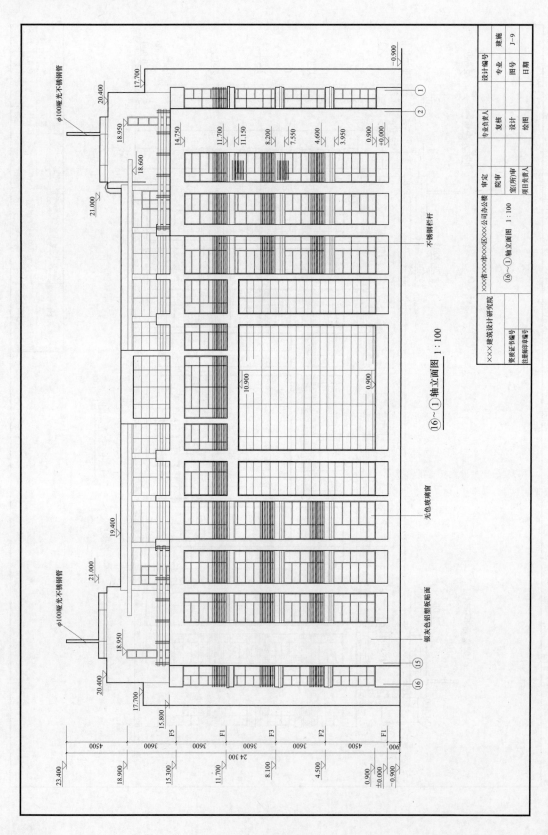

⑯～①轴立面图 1∶100

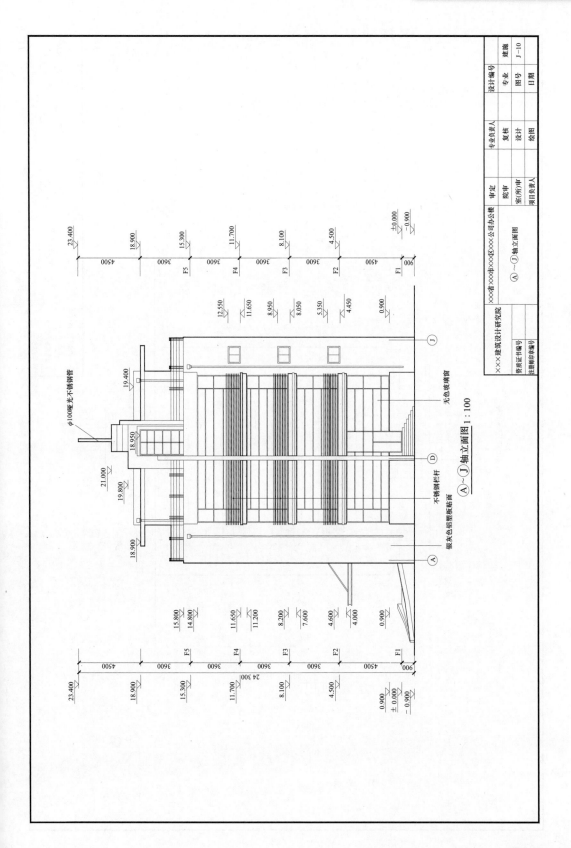

A~J轴立面图 1:100

J～A轴立面图 1：100

无色玻璃窗

不锈钢栏杆

银灰色铝塑板贴面

φ100哑光不锈钢管

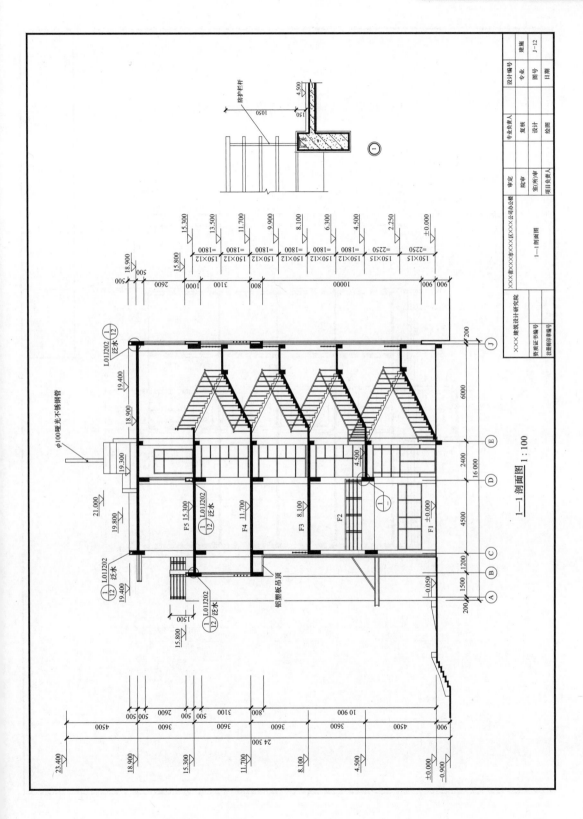

1—1剖面图 1:100

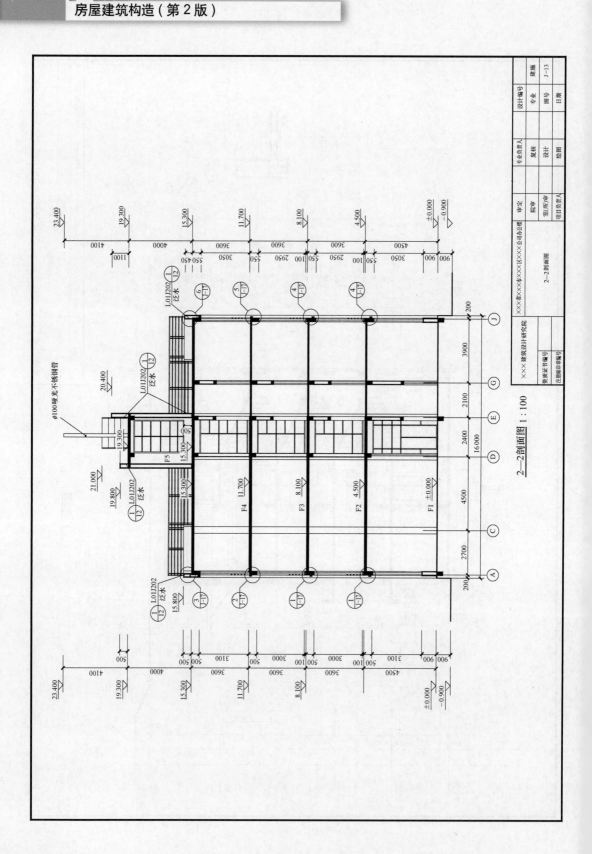

2—2剖面图 1:100

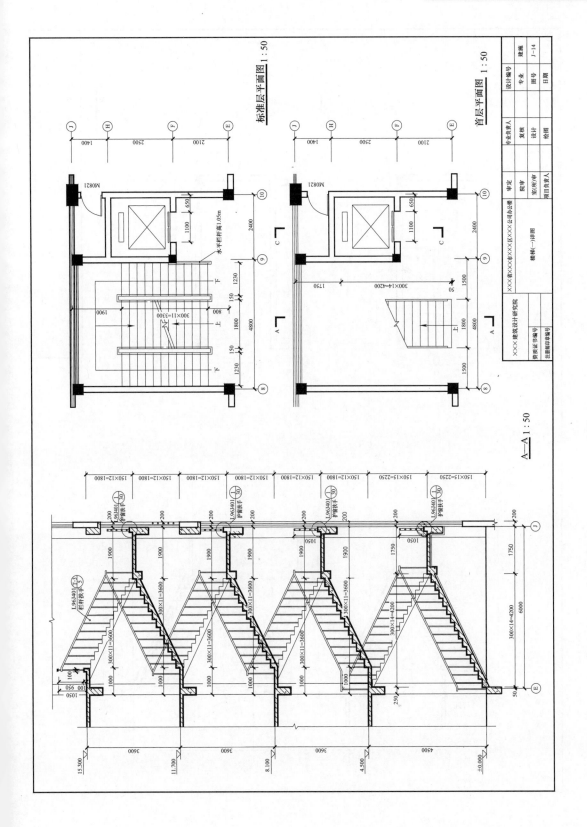

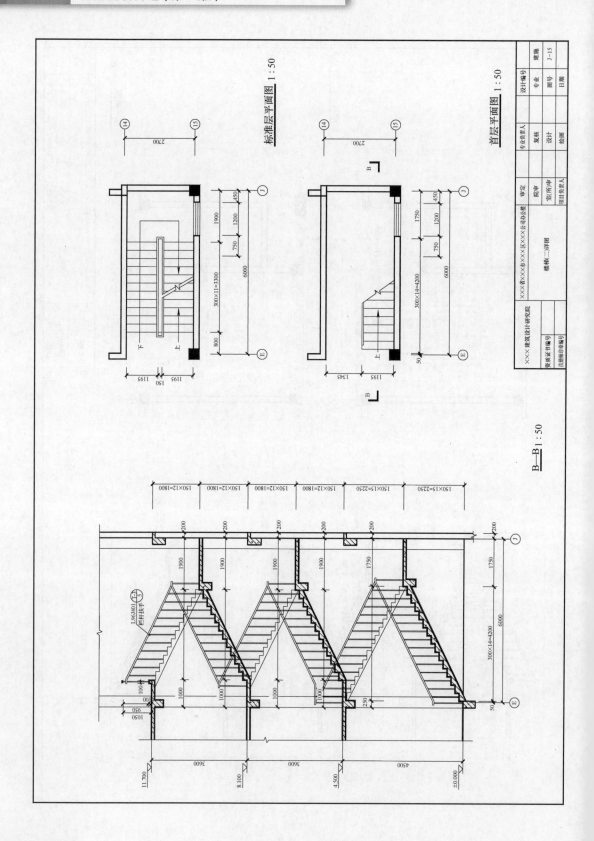

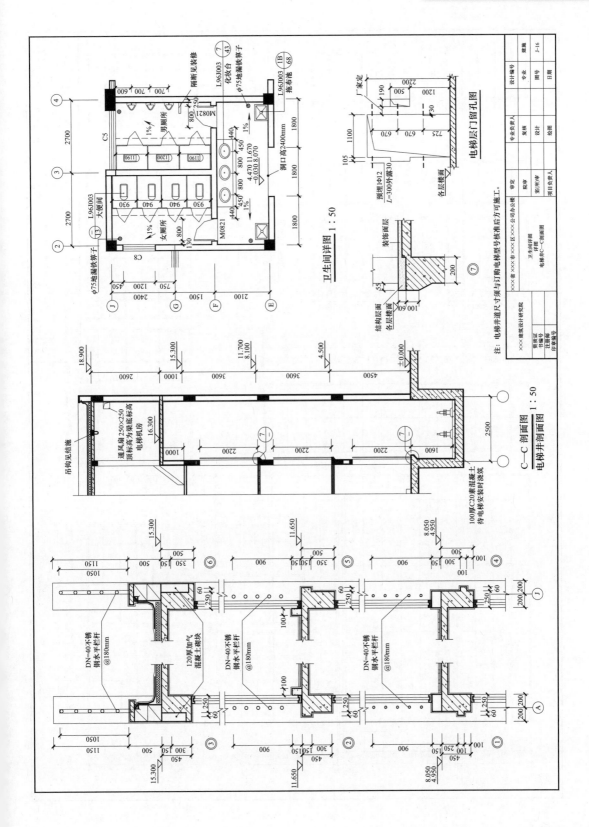

卫生间详图 1:50

电梯层门留孔图

C—C 剖面图 1:50
电梯井剖面图

注：电梯井道尺寸须与订购电梯型号核准后方可施工。

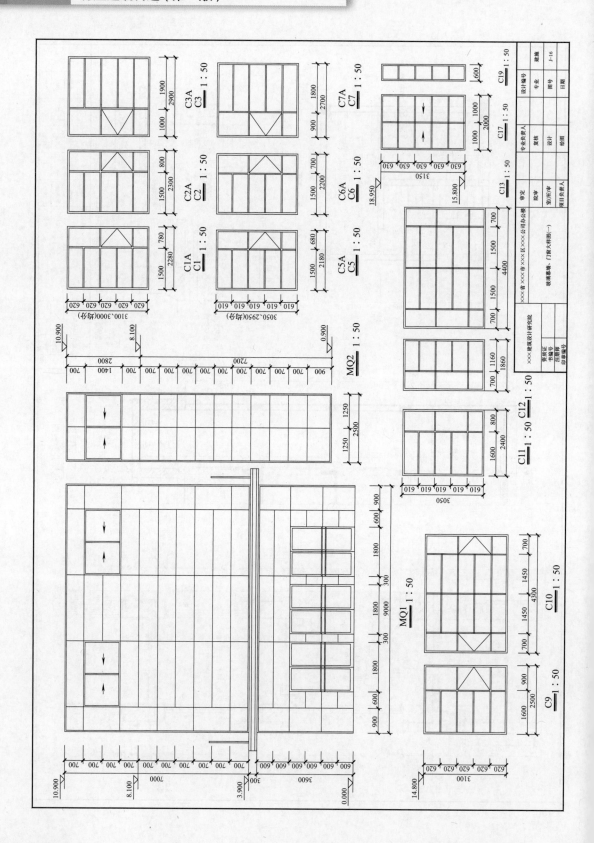

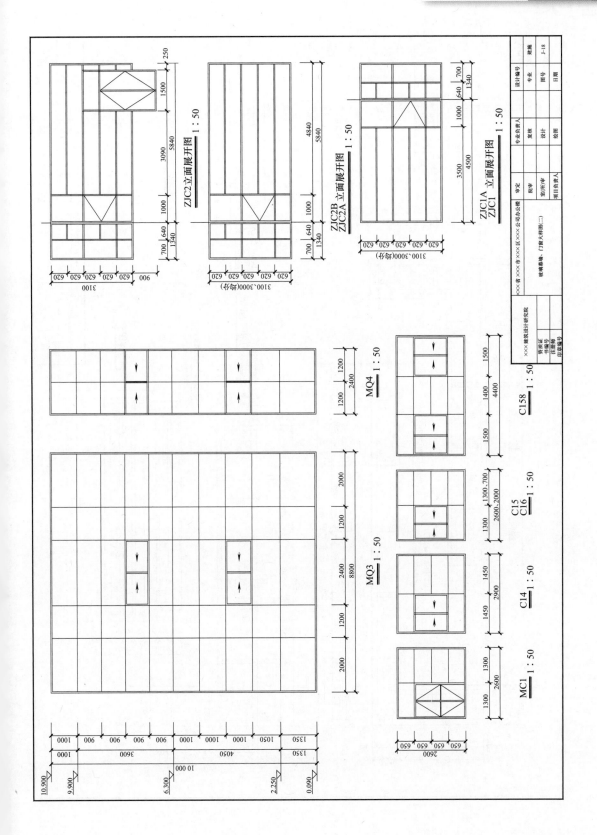

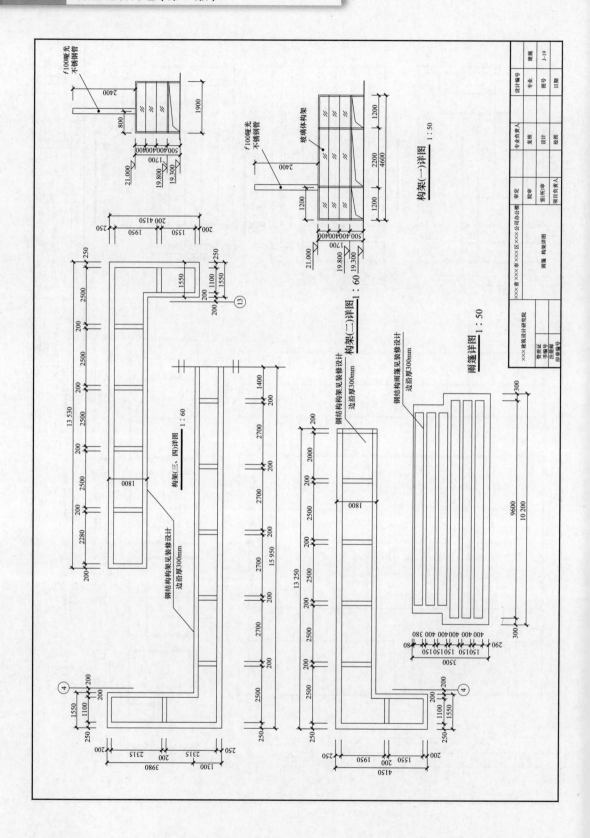

参 考 文 献

[1] 刘昭如 . 房屋建筑构成与构造 [M]. 上海：同济大学出版社，2005.

[2] 樊振和 . 建筑构造原理与设计 [M]. 天津：天津大学出版社，2011.

[3] 王东升 . 建筑工程专业基础知识 [M]. 徐州：中国矿业大学出版社，2010.

[4] 孙红玉 . 房屋建筑构造 [M]. 北京：机械工业出版社，2003.

[5] 袁雪峰 . 房屋建筑学 [M]. 北京：科学出版社，2005.

[6] 赵岩 . 建筑识图与构造 [M]. 北京：中国建筑工业出版社，2008.

[7] 同济大学等 . 房屋建筑学 [M]. 北京：中国建筑工业出版社，2008.

[8] 颜宠亮 . 建筑构造设计 [M]. 上海：同济大学出版社，2004.

[9] 陈镌 . 建筑细部设计 [M]. 上海：同济大学出版社，2009.

[10] 刘志麟 . 建筑制图 [M]. 北京：机械工业出版社，2010.

[11] 建筑设计资料集编委会 . 建筑设计资料集 [M]. 北京：中国建筑工业出版社，1996.

[12] 中国建筑标准设计研究院 . GB 50096—2011 住宅设计规范 [S]. 北京：中国建筑工业出版社，2011.

[13] 中国建筑标准设计研究院 . GB 0001—2010 房屋建筑制图统一标准 [S]. 北京：中国建筑工业出版社，2010.